詳解と演習
大学院入試問題
〈物理学〉

香取　眞理　監修
小林　奈央樹・森山　修　共著

数理工学社

サイエンス社・数理工学社のホームページのご案内
http://www.saiensu.co.jp
ご意見・ご要望は suuri@saiensu.co.jp まで．

まえがき

　本書は，理工系の大学院入学試験において近年出題された物理学の良問をピックアップして解説したものである．それでは，私たちが大学院入試問題において考える，物理学の良問とはどんなものであろうか．

　理工系の学部での物理学の講義では，力学，電磁気学，熱力学という，いわゆる古典物理学をまず初めの1年半，あるいは2年間で教え，その基礎に立って量子力学と統計力学という現代物理学を教える．古典物理学は高校での物理でも扱うが，現代物理学の内容のほとんどは大学に入ってはじめて習うものである．それにもかかわらず，学部3年間が終わるまでにこれらの物理基礎科目の講義は一通り済んでしまい，4年生はより専門的な科目と卒業研究に移行しなければならない．そのため，現状では，どうしても消化不良になってしまうことだろう．

　それでは大学院に進学したらどうであろうか．大学院は勉強を続けるだけではなく，研究を行うコースである．物理と関連がある研究テーマの場合，当然，上で述べた『力学，電磁気，熱，量子，統計』を使うことになる．その際，必要となるのはそれらの科目の個別的な知識ではない．それぞれの科目で議論された物理的なものの見方や考え方を思いだし，その中でいま自分が解明したい研究課題に適した概念や手法があるかどうか探しだす．ピッタリとしたものがない場合には，習ったものを組み合わせたり融合させたりして利用できないかどうか検討する．こういった作業が必要となるのである．例えば，物理学では「状態」という言葉を好んで用いるが，この「状態」という概念は，『力学，電磁気，熱，量子，統計』の各科目でそれぞれ違った意味をもち，異なった定式化がなされる．大学院に入って未知の現象と対峙したとき，まずはその現象の「状態」に対して，どういった物理的意味を与えることができるのか，研究者としてのセンスが問われるのである．

　私たちが良問として選んだのは，『力学，電磁気，熱，量子，統計』という基礎科目のそれぞれの特性を正確に理解し，的確に応用していくことを求めるような問題である．大学受験のときのように，類題をたくさん解く必要はない．また，いたずらに難問にチャレンジすることも勧めない．大学院に入ってから行う研究において難問に立ち向かえばよいのである．大学院入試問題の中には，しっかりと

したストーリー性を持つ良問が存在する．それらをピックアップして，じっくりと向き合うことが大切なのである．そのプロセスを通じて着実に使える物理を増やして行って欲しい．着実に使える事項が揃っていくと，上述のように，物理学の中のさまざまな概念や結果から自分に必要ないくつかの側面を選択し，それらを融合することにより，物理を自在に使うことが可能となるのである．

　本書は，大学院入試の受験参考書である．しかし，それと同時に，「物理学とは何か」という問いに対して，実践的な答えを得るための自習書でもある．大いに活用していただきたい．

　本書の出版にあたり，数理工学社の田島伸彦氏と見寺健氏に大変お世話になった．心より感謝する．

2015年12月

香取眞理，小林奈央樹，森山修

目　　次

第1章　古典力学　　1
1.1　ニュートンの運動法則 1
1.2　座　標　系 1
1.3　保　存　則 3
1.4　質　点　系 4
1.5　剛　　体 6
1.6　中　心　力 8
1.7　解　析　力　学 9
例題 PART 12
　　中心力　慣性モーメント
演 習 問 題 19
　　多自由度のバネ振動　ラグランジュ点　スイングバイ航法　球の転がり運動
　　最速降下曲線　古典粒子の散乱問題　コリオリの力

第2章　電磁気学　　27
2.1　静　電　気　学 27
2.2　電　　流 30
2.3　磁　　場 30
2.4　マクスウェル方程式 32
2.5　電　磁　波 33
例題 PART 36
　　導体球と鏡像法　導波管中の電磁波
演 習 問 題 45
　　定常電流が作る磁場　円筒導体内外の電場と磁場　電気双極子と磁気双極子
　　電磁波と電子の相互作用　磁場中の荷電粒子の相対論的運動
　　超伝導体のマイスナー効果　プラズマ状態

第3章 熱力学　53

- 3.1 絶対温度 …… 53
- 3.2 状態と状態量 …… 53
- 3.3 熱力学第1法則 …… 54
- 3.4 熱力学第2法則 …… 56
- 3.5 種々の熱力学関数 …… 57
- 3.6 相平衡 …… 59
- 例題 PART …… 61
  - 定積・定圧・断熱変化　ヘルムホルツの自由エネルギー
- 演習問題 …… 65
  - カルノー機関とヒートポンプ　音波　大気の温度変化
  - 鎖状高分子モデルの相転移　相平衡
  - 実在気体の状態方程式に対する実験的推測
  - ファン・デル・ワールスの状態方程式と2相の共存

第4章 量子力学　72

- 4.1 前期量子論 …… 72
- 4.2 量子力学の基本概念 …… 73
- 4.3 演算子 …… 75
- 4.4 シュレーディンガー方程式 …… 76
- 4.5 1次元のシュレーディンガー方程式 …… 77
- 4.6 量子力学の表示法 …… 78
- 4.7 1次元調和振動子 …… 80
- 4.8 角運動量 …… 80
- 4.9 時間を含まないシュレーディンガー方程式に対する摂動論 …… 82
- 4.10 同種粒子系 …… 84
- 4.11 クライン–ゴルドン方程式 …… 85
- 例題 PART …… 86
  - 井戸型ポテンシャルの束縛状態　角運動量の量子化
- 演習問題 …… 96
  - 2重デルタ関数型ポテンシャル　井戸型ポテンシャルによる散乱問題
  - 外力がかけられた調和振動子　1次元調和振動子と演算子法
  - 水素原子：中心力ポテンシャルと外部磁場　多粒子系の量子力学
  - エーレンフェストの定理，クライン–ゴルドン方程式

第5章　統計力学　　103

- 5.1　ミクロカノニカル分布 103
- 5.2　カノニカル分布 104
- 5.3　グランドカノニカル分布 106
- 5.4　単原子理想気体 107
- 5.5　磁 性 体 109
- 5.6　量 子 統 計 110
- 例題 PART 112
  - 混合理想気体のエントロピー　量子力学的調和振動子の統計集団
- 演習問題 120
  - 平均場イジングモデルの強磁性相転移　磁性体の統計力学モデルと断熱消磁
  - ゴムの1次元統計力学モデル
  - 分子間相互作用とファン・デル・ワールスの状態方程式
  - 1次元理想フェルミ気体とパウリ常磁性　ボース–アインシュタイン凝縮
  - 黒体放射と天体物理

第6章　物理実験・物理数学　　130

- 6.1　測定と誤差 130
- 6.2　常微分方程式の解法 132
- 6.3　留 数 定 理 133
- 6.4　フーリエ変換 134
- 6.5　ラプラス変換 135
- 例題 PART 136
  - 誤差，誤差の伝播，最小2乗法　フーリエ変換と複素積分
- 演習問題 142
  - 留数定理　ガンマ関数とスターリングの公式　エルミート関数のフーリエ変換
  - ノギスの測定原理と使い方　ブラウン運動と初期通過時刻
  - 行列の指数関数表示　常微分方程式　グリーン関数法

付　録　数学公式・物理定数　　147

A.1　マクローリン展開, テイラー展開 147
A.2　初 等 関 数 147
A.3　ベクトルとベクトル場 149
A.4　座 標 変 換 151
A.5　デ ル タ 関 数 154
A.6　ガ ン マ 関 数 154
A.7　特 殊 関 数 155
A.8　物 理 定 数 161

演習問題解答　　162

第 1 章の解答 162
第 2 章の解答 181
第 3 章の解答 200
第 4 章の解答 211
第 5 章の解答 234
第 6 章の解答 252

参 考 文 献　　265
索　　　引　　267

第1章 古典力学

1.1 ニュートンの運動法則

●**第1法則（慣性の法則）**● 質量は持つが大きさはなく，点とみなせる物体を**質点**という．質点に力がはたらいていないとき，質点は**等速度運動**（等速直線運動）をする．

●**第2法則（ニュートンの運動方程式）**● 質点の質量を m，位置ベクトルを $r = (x, y, z)$，質点にはたらく力を F としたとき，時間 t に対する 2 階の**微分方程式**

$$m\frac{d^2 r}{dt^2} = F$$

が成り立つ．ここで，$\frac{d^2 r}{dt^2}$ は質点の**加速度ベクトル** a である．これをニュートンの**運動方程式**という．

●**第3法則（作用・反作用の法則）**● 任意の質点の対 i と j に対して，質点 i から質点 j にはたらく力を $F(i \to j)$，質点 j から質点 i にはたらく力を $F(j \to i)$ と書くと

$$F(i \to j) = -F(j \to i)$$

という関係が成り立つ．

1.2 座標系

●**2次元極座標での運動表示**● 2 次元平面での**デカルト座標** (x, y) の単位ベクトルを e_x, e_y，2 次元**極座標** (r, θ) の単位ベクトルを e_r, e_θ とすると

$$e_r = \cos\theta\, e_x + \sin\theta\, e_y,$$
$$e_\theta = -\sin\theta\, e_x + \cos\theta\, e_y$$

の関係が成り立つ．f が時間 t の関数のとき，t の 1 階微分，および 2 階微分をそれぞれ $\dot{f}, \ddot{f}$ で表すことにする．上の 2 つの式の両辺を時間 t で微分すると

$$\dot{\boldsymbol{e}}_r = -\dot{\theta}\sin\theta\,\boldsymbol{e}_x + \dot{\theta}\cos\theta\,\boldsymbol{e}_y = \dot{\theta}\boldsymbol{e}_\theta,$$
$$\dot{\boldsymbol{e}}_\theta = -\dot{\theta}\cos\theta\,\boldsymbol{e}_x - \dot{\theta}\sin\theta\,\boldsymbol{e}_y = -\dot{\theta}\boldsymbol{e}_r.$$

質点の位置ベクトル $\boldsymbol{r}$ の向きに単位ベクトル $\boldsymbol{e}_r$ をとることにすると，$\boldsymbol{r} = r\boldsymbol{e}_r$ である．このことより，質点の**速度ベクトル** $\boldsymbol{v}$ と加速度ベクトル $\boldsymbol{a}$ は，2 次元極座標ではそれぞれ

$$\boldsymbol{v} = \frac{d\boldsymbol{r}}{dt} = \frac{d(r\boldsymbol{e}_r)}{dt} = \dot{r}\boldsymbol{e}_r + r\dot{\boldsymbol{e}}_r = \dot{r}\boldsymbol{e}_r + r\dot{\theta}\boldsymbol{e}_\theta,$$
$$\boldsymbol{a} = \frac{d\boldsymbol{v}}{dt} = (\ddot{r} - r\dot{\theta}^2)\boldsymbol{e}_r + (2\dot{r}\dot{\theta} + r\ddot{\theta})\boldsymbol{e}_\theta$$
$$= (\ddot{r} - r\dot{\theta}^2)\boldsymbol{e}_r + \frac{1}{r}\left\{\frac{d}{dt}(r^2\dot{\theta})\right\}\boldsymbol{e}_\theta \tag{1.1}$$

と表せることが導かれる．

●**回転座標系とコリオリの力**● 単位ベクトル $(\boldsymbol{e}_x, \boldsymbol{e}_y, \boldsymbol{e}_z)$ を**基底ベクトル**とする 3 次元デカルト座標系の座標を (x, y, z) とし，これを S 系とする．固定された S 系に対し，z 軸を回転軸として一定の**角速度** ω で回転している座標系 (x', y', z') を S′ 系と呼ぶことにする．z' 軸を z 軸に一致させ，$t = 0$ では S′ 系は S 系に等しいという**初期条件**を課すと，両者の座標系の間に

$$\boldsymbol{e}_{x'} = \cos\omega t\,\boldsymbol{e}_x + \sin\omega t\,\boldsymbol{e}_y,$$
$$\boldsymbol{e}_{y'} = -\sin\omega t\,\boldsymbol{e}_y + \cos\omega t\,\boldsymbol{e}_y,$$
$$\boldsymbol{e}_{z'} = \boldsymbol{e}_z$$

が成り立つ．これより

$$\dot{\boldsymbol{e}}_{x'} = \omega\boldsymbol{e}_{y'},\quad \dot{\boldsymbol{e}}_{y'} = -\omega\boldsymbol{e}_{x'},\quad \ddot{\boldsymbol{e}}_{x'} = -\omega^2\boldsymbol{e}_{x'},\quad \ddot{\boldsymbol{e}}_{y'} = -\omega^2\boldsymbol{e}_{y'}$$

が導かれる．これを用いて，S′ 系の (x', y') 面内を運動する質量 m の質点の運動方程式を求めると

$$\boldsymbol{F}' = F'_x\boldsymbol{e}_{x'} + F'_y\boldsymbol{e}_{y'} = m\frac{d^2}{dt^2}(x'\boldsymbol{e}_{x'} + y'\boldsymbol{e}_{y'})$$
$$= m(\ddot{x}' - 2\omega\dot{y}' - \omega^2 x')\boldsymbol{e}_{x'} + m(\ddot{y}' + 2\omega\dot{x}' - \omega^2 y')\boldsymbol{e}_{y'}.$$

x', y' 成分ごとに並べると

$$m\ddot{x}' = F'_x + 2m\omega\dot{y}' + m\omega^2 x' \tag{1.2}$$
$$m\ddot{y}' = F'_y - 2m\omega\dot{x}' + m\omega^2 y' \tag{1.3}$$

のように S′ 系の運動方程式が得られる．(1.2), (1.3) 式の右辺第 2 項は**コリオリの力**，第 3 項は**遠心力**に該当する．特に S′ 系における質点の速度ベクトルを $\boldsymbol{v}' = (\dot{x}', \dot{y}', 0)$ と表すと，S′ 系の角速度ベクトル $\boldsymbol{\omega}$ は $\boldsymbol{\omega} = (0, 0, \omega)$ であるので，コリオリの力は

$$\boldsymbol{F}_\mathrm{C} = 2m\boldsymbol{v}' \times \boldsymbol{\omega}$$

と表すことができる．

1.3 保存則

●**運動量保存則**● 質量 m と速度ベクトル $\boldsymbol{v}$ の積で定義されるベクトル

$$\boldsymbol{p} = m\boldsymbol{v}$$

を**運動量**という．

質量 m_1 および m_2 の 2 つの物体 1 および 2 に外力がはたらいていない場合，両者の運動量の和は**保存**される．つまり $\boldsymbol{v}_1, \boldsymbol{v}_2$ をある時刻における物体 1 および 2 の速度とし，$\boldsymbol{v}'_1, \boldsymbol{v}'_2$ を別の時刻における速度とすると

$$m_1\boldsymbol{v}_1 + m_2\boldsymbol{v}_2 = m_1\boldsymbol{v}'_1 + m_2\boldsymbol{v}'_2$$

が成り立つ．

●**力学的エネルギー保存則**● 位置 $\boldsymbol{r}$ にはたらく力 $\boldsymbol{F}(\boldsymbol{r})$ が，ポテンシャルエネルギー U の勾配 (grad) を用いて $\boldsymbol{F}(\boldsymbol{r}) = -\nabla U$ で与えられるとき，この力を**保存力**という．質量 m の質点が保存力 $\boldsymbol{F}(\boldsymbol{r})$ を受けて運動しており，時刻 t で位置 $\boldsymbol{r}(t)$ にあり，速度 $\boldsymbol{v}(t)$ と加速度 $\boldsymbol{a}(t)$ を持っているものとする．微小時間 dt を経た後の位置の変化と速度変化は

$$d\boldsymbol{r} = \boldsymbol{v}dt, \quad d\boldsymbol{v} = \boldsymbol{a}dt = \frac{\boldsymbol{F}(\boldsymbol{r})}{m}dt.$$

このとき，ポテンシャルエネルギー U の変化は

$$dU = \nabla U \cdot d\boldsymbol{r} = -\boldsymbol{F}(\boldsymbol{r}) \cdot d\boldsymbol{r}$$

であり，**運動エネルギー**

$$T = \frac{1}{2}mv^2 = \frac{1}{2}m\boldsymbol{v} \cdot \boldsymbol{v}$$

の変化は

$$dT = m\boldsymbol{v} \cdot d\boldsymbol{v} = \boldsymbol{v} \cdot \boldsymbol{F}(\boldsymbol{r})dt = \boldsymbol{F}(\boldsymbol{r}) \cdot d\boldsymbol{r}$$

で与えられる．したがって

$$dT + dU = 0$$

が成り立つ．すなわち**運動エネルギー** T とポテンシャルエネルギー U の和として定義される**力学的エネルギー** E は保存する．

$$E = T + U = 一定. \tag{1.4}$$

これを**力学的エネルギー保存則**という．

●**角運動量保存則**●

(1) **力のモーメント** 質点に力 F がはたらいている．質点の位置ベクトル r を，ある基準点を始点としたベクトルで表す．このとき，この基準点のまわりの**力のモーメント**（または**トルク**）N は，ベクトル

$$N = r \times F$$

で定義される．以下，基準点を座標系の原点とする．

(2) **角運動量** 質点が原点より r だけ離れたところを速度 v で進むとき，原点に関する**角運動量** l は

$$l = r \times (mv) = r \times p \tag{1.5}$$

で定義される．両辺を時間 t で微分すると

$$\begin{aligned}\frac{dl}{dt} &= \dot{r} \times (mv) + r \times (m\dot{v}) \\ &= v \times (mv) + r \times F = N\end{aligned} \tag{1.6}$$

が成り立つ．ただし，$v \times v = 0$ を用いた．これより，力のモーメント N がはたらかない場合には，角運動量は保存することが結論される．

1.4 質点系

n 個の質点からなる系を考える．各質点を添字 $j = 1, 2, \ldots, n$ でラベルする．j 番目の質点の質量を m_j，位置ベクトルを r_j，質点 j にはたらく力を F_j とする．

●**運動方程式**● 質点系の全質量 M は

$$M = \sum_{j=1}^{n} m_j$$

質点系の**重心**の位置ベクトルは

$$R = \frac{1}{M}\sum_{j=1}^{n} m_j r_j \tag{1.7}$$

で与えられる．重心の速度ベクトルを $V = \frac{dR}{dt}$ とすると，質点系の全運動量は

$$P = MV$$

となり，重心運動の運動方程式は

$$M\frac{d^2 R}{dt^2} = \sum_{j=1}^{n} F_j$$

で与えられる．

●**角運動量**● 質点系の全角運動量 L は

$$L = \sum_{j=1}^{n}\{r_j \times (m_j v_j)\} = \sum_{j=1}^{n}(r_j \times p_j)$$

力のモーメント N は

$$N = \sum_{j=1}^{n}(r_j \times F_j)$$

で与えられ，**回転の運動方程式**

$$\frac{dL}{dt} = N$$

が成り立つ．

●**重心運動の分離**● 質点 j の位置ベクトル r_j を，重心の位置ベクトル R と重心を基準点とした位置ベクトル r'_j に分離する．

$$r_j = R + r'_j. \tag{1.8}$$

両辺に m_j をかけて和をとると

$$\sum_j m_j r_j = \sum_j m_j(R + r'_j) = MR + \sum_j m_j r'_j$$

の関係が得られるが，(1.7) 式より

$$\sum_j m_j r'_j = 0 \tag{1.9}$$

が成り立つことが導かれる．ここで，質点系の運動エネルギーを求めると

$$T = \frac{1}{2}\sum_j m_j \dot{\boldsymbol{r}}_j^2 = \frac{1}{2}\sum_j m_j(\dot{\boldsymbol{R}} + \dot{\boldsymbol{r}}'_j)^2$$

$$= \frac{1}{2}\sum_j m_j(\dot{\boldsymbol{R}}^2 + \dot{\boldsymbol{r}}'^2_j) + \dot{\boldsymbol{R}} \cdot \left(\sum_j m_j \dot{\boldsymbol{r}}'_j\right)$$

$$= \frac{1}{2}M\dot{\boldsymbol{R}}^2 + \sum_j \left(\frac{1}{2}m_j \dot{\boldsymbol{r}}'^2_j\right)$$

となる．ただしここで，(1.9) 式を時間微分して得られる等式 $\sum_j m_j \dot{\boldsymbol{r}}'_j = 0$ を用いた．つまり，質点系の運動エネルギーは，重心の運動エネルギーと重心を基準にした**相対運動**の運動エネルギーとの和に分離される．

同様に，角運動量も

$$\boldsymbol{L} = \sum_j (\boldsymbol{r}_j \times m_j \dot{\boldsymbol{r}}_j) = \sum_j \{(\boldsymbol{R} + \boldsymbol{r}'_j) \times m_j(\dot{\boldsymbol{R}} + \dot{\boldsymbol{r}}'_j)\}$$

$$= \boldsymbol{R} \times M\dot{\boldsymbol{R}} + \sum_j \{\boldsymbol{r}'_j \times (m_j \dot{\boldsymbol{r}}'_j)\}$$

のように重心の回転運動と重心のまわりの回転運動に分離されることが導かれる．

1.5 剛体

質点系において，すべての質点間の距離 $r_{ij} = |\boldsymbol{r}_i - \boldsymbol{r}_j|$ を一定に保つという拘束条件を満たすものを**剛体**という．剛体は質点系の特別な場合であり，前節で述べた質点系一般で成り立つことは，剛体においても成り立つ．各点 $\boldsymbol{r}$ において質量密度 $\rho(\boldsymbol{r})$ が定義できるように，$N \to \infty$ の極限をとることを**連続極限**という．その結果得られる系を**連続体**という．

●**慣性モーメント**●

(1) **質点系の回転運動** 質点系が z 軸を中心に角速度 ω で回転しているとする．質点 j の z 軸からの距離を h_j とすると質点系の運動エネルギー T は

$$T = \sum_j \frac{1}{2} m_j v_j^2 = \sum_j \frac{1}{2} m_j h_j^2 \omega^2 = \frac{1}{2} I_z \omega^2.$$

ここで

$$I_z \equiv \sum_j m_j h_j^2$$

1.5 剛体

で定義される量を z 軸のまわりの**慣性モーメント**という．質量密度 ρ を持つ連続体の剛体の場合，この量は次の**体積積分**で与えられる．

$$I_z = \int_{\mathcal{V}} \rho(x^2 + y^2) dx dy dz.$$

質点 j の角運動量の大きさ l_j は $l_j = h_j m_j v_j = m_j h_j^2 \omega$ と書けるので，剛体の角運動量の大きさ L は，この和で与えられる．また，$h_j = $ 一定なので

$$\frac{dL}{dt} = \frac{d}{dt} \sum_j m_j h_j^2 \omega = \sum_j m_j h_j^2 \frac{d\omega}{dt} = I_z \frac{d\omega}{dt}$$

が成り立つ．

(2) 平行軸の定理 上記と同じく回転軸を z 軸にとる．(1.8) 式の 3 つのベクトルの成分をそれぞれ $\bm{r}_j = (x_j, y_j, z_j), \bm{r}'_j = (x'_j, y'_j, z'_j), \bm{R} = (R_x, R_y, R_z)$ とする．質点系の回転軸のまわりの慣性モーメント I_z は

$$\begin{aligned} I_z &= \sum_j m_j(x_j^2 + y_j^2) = \sum_j m_j\{(R_x + x'_j)^2 + (R_y + y'_j)^2\} \\ &= \sum_j m_j(R_x^2 + R_y^2) + \sum_j m_j(x'^2_j + y'^2_j) + 2R_x \sum_j m_x x'_j + 2R_y \sum_j m_y y'_j. \end{aligned} \tag{1.10}$$

(1.10) 式の最右辺第 3 項と第 4 項は (1.9) 式よりともに零であるので

$$\begin{aligned} I_z &= \sum_j m_j(R_x^2 + R_y^2) + \sum_j m_j(x'^2_j + y'^2_j) \\ &= M h^2 + I_\mathrm{C} \end{aligned} \tag{1.11}$$

となる．ここで h は重心から回転軸（z 軸）に下した垂線の長さであり，I_C は z 軸（回転軸）に平行で，かつ重心を通る軸のまわりの慣性モーメントである．(1.11) 式の関係を**平行軸の定理**という．

(3) 直交軸の定理 薄い平板に沿って直交する座標軸に x 軸および y 軸を，平板に垂直な座標軸に z 軸を選ぶ．また x, y, z 軸のまわりの慣性モーメントを，それぞれ I_x, I_y, I_z とする．このとき，平板を構成する質点 j の質量を m_j，座標を $(x_j, y_j, 0)$ とすると

$$I_x = \sum_j m_j y_j^2, \quad I_y = \sum_j m_j x_j^2, \quad I_z = \sum_j m_j(x_j^2 + y_j^2)$$

$$\implies I_z = I_x + I_y \tag{1.12}$$

が成り立つ．(1.12) 式の関係を**直交軸の定理**という．

●**剛体の運動方程式**● 質量 M の剛体が，重心を通る回転軸のまわりを回転しながら運動をしている．重心の速度を $\bm{v}$，剛体にかかる外力を $\bm{F}$ とするとき**剛体の運動方程式**は

$$M\frac{d\bm{v}}{dt} = \bm{F}, \quad I\frac{d\omega}{dt} = N$$

となる．ここで I は回転軸のまわりの慣性モーメント，ω は角速度の大きさ，N は重心を基準にした力のモーメントの回転軸成分である．

1.6 中心力

物体にはたらく力の作用線が常にある固定点を通り，力の大きさが固定点からの距離のみに依存するとき，この力を**中心力**という．

●**万有引力**● 質量 m_1, m_2 の 2 つの物体が距離 r だけ離れているものとする．物体 1 の位置を基準点としたときの物体 2 の位置ベクトルを $\bm{r}$ としたとき，物体 2 が物体 1 から受ける力は

$$\bm{F} = -G\frac{m_1 m_2}{r^2}\frac{\bm{r}}{r} \tag{1.13}$$

で与えられる．負符号は引力であることを表している．物体 1 が物体 2 から受ける力は $-\bm{F}$ である．この中心力を**万有引力**という．ここで G は**万有引力定数**（あるいは**重力定数**）と呼ばれ，$G = 6.67 \times 10^{-11}\,[\mathrm{N \cdot m^2 \cdot kg^{-2}}]$ で与えられる．

●**角運動量保存則**● 上述の中心力の定義より $\bm{r}$ と $\bm{F}$ は平行なので

$$\bm{N} = \bm{r} \times \bm{F} = 0$$

である．よって，(1.6) 式より角運動量 $\bm{l}$ は一定である．

●**面積速度**● 原点を O とする．点 P の運動にともない，動径 OP は，ある平面上を動く．点 O から P へ向いたベクトルを $\bm{r}$ としたとき，微小時間 dt の間の $\bm{r}$ の変位は $d\bm{r} = \bm{v}dt$．よって，$d\bm{S} = \frac{\bm{r} \times \bm{v}}{2}dt$ は dt の間に動径 OP が掃く面積と大きさが等しく，動径が動く平面に垂直な向きのベクトルである．

$$\frac{d\bm{S}}{dt} = \frac{1}{2}(\bm{r} \times \bm{v}) \tag{1.14}$$

を**面積速度**という．点 P が質量 m の質点の場合，(1.5) 式より，面積速度は $\frac{l}{2m}$ に等しい．(1.14) 式の大きさ $\frac{d|\bm{S}|}{dt}$ を面積速度ということもある．中心力の下では**角運動量保存則**が成り立つので，面積速度 (1.14) も一定である．

●**運動方程式**● 中心力を受けて運動する質点 m を考える．中心力は $\boldsymbol{F}(\boldsymbol{r}) = F(r)\boldsymbol{e}_r$ と書けるので，(1.1) 式より，運動方程式

$$m\left(\ddot{r} - \frac{h^2}{r^3}\right) = F(r), \quad r^2\dot{\theta} = 一定 \equiv h \tag{1.15}$$

が成り立つ．h を**速度モーメント**という．

●ケプラーの法則●

(1) 第 1 法則：惑星の運動は楕円軌道を描く
(2) 第 2 法則：惑星の運動において面積速度は一定である
(3) 第 3 法則：惑星の公転周期の 2 乗は楕円軌道の長半径の 3 乗に比例する

これらは元来は天文学における**経験則**であるが，万有引力 (1.13) 式で相互作用する 2 質点系（一方を太陽，他方を惑星とする）の運動方程式を解くことによって，理論的に導くことができる．

1.7 解析力学

●ラグランジュの方程式●

(1) **一般化座標** 自由度が N の質点系の空間配置を記述するために，デカルト座標や極座標といった特定の座標系に限定することなく，一般に N 個の独立変数

$$q_1, q_2, \ldots, q_N$$

を用いるとき，これを**一般化座標**という．また，一般化座標の時間微分 $\dot{q}_1, \dot{q}_2, \ldots, \dot{q}_N$ を**一般化速度**という．

(2) **ラグランジアン** 一般化座標と一般化速度 $(q_r, \dot{q}_r)_{r=1}^N$ および時刻 t の関数として，力学系の運動エネルギー T とポテンシャルエネルギー U が与えられる．このとき

$$\mathcal{L} = T - U$$

を**ラグランジアン**という．

$$\mathcal{L} = \mathcal{L}((q_r, \dot{q}_r)_{r=1}^N, t)$$

である．

(3) **最小作用の原理** 以下の積分を**作用**という．

$$\int_{t_0}^{t_1} \mathcal{L}\,dt = \int_{t_0}^{t_1} \mathcal{L}((q_r(t), \dot{q}_r(t))_{r=1}^N, t)\,dt. \tag{1.16}$$

運動が実際に行われる経路 C とそこからずれた経路 C' を考える．ずれを微小量とする．運動の開始時刻 $(t=t_0)$ と終了時刻 $(t=t_1)$ において C と C' の始点と終点のそれぞれを一致させたときの，2 つの経路の作用の差を作用 (1.16) の 1 次**変分**といい，$\delta \int_{t_0}^{t_1} \mathcal{L} dt$ と表す．このとき次が成り立つ．これを**最小作用の原理**という．

$$\delta \int_{t_0}^{t_1} \mathcal{L} dt = 0.$$

(4) ラグランジュの方程式 経路 C は時刻 t の関数 $(q_r(t), \dot{q}_r(t))_{r=1}^{N}$, $t_0 \leq t \leq t_1$ で表される．経路 C' を $(q_r(t)+\delta q_r(t), \dot{q}_r(t)+\delta \dot{q}_r(t))_{r=1}^{N}$, $t_0 \leq t \leq t_1$ と表すことにすると

$$\begin{aligned}
\delta \int_{t_0}^{t_1} \mathcal{L} dt &= \int_{t_0}^{t_1} \{\mathcal{L}((q_r+\delta q_r, \dot{q}_r+\delta \dot{q}_r)_{r=1}^{N}, t) - \mathcal{L}((q_r, \dot{q}_r)_{r=1}^{N}, t)\} dt \\
&= \int_{t_0}^{t_1} \sum_{r=1}^{N} \left(\frac{\partial \mathcal{L}}{\partial q_r} \delta q_r + \frac{\partial \mathcal{L}}{\partial \dot{q}_r} \delta \dot{q}_r \right) dt \\
&= \int_{t_0}^{t_1} \sum_{r=1}^{N} \left\{ \frac{\partial \mathcal{L}}{\partial q_r} \delta q_r + \frac{d}{dt}\left(\frac{\partial \mathcal{L}}{\partial \dot{q}_r} \delta q_r\right) - \frac{d}{dt}\left(\frac{\partial \mathcal{L}}{\partial \dot{q}_r}\right) \delta q_r \right\} dt \\
&= \sum_{r=1}^{N} \left[\frac{\partial \mathcal{L}}{\partial \dot{q}_r} \delta q_r \right]_{t_0}^{t_1} + \int_{t_0}^{t_1} \sum_{r=1}^{N} \delta q_r \left\{ \frac{\partial \mathcal{L}}{\partial q_r} - \frac{d}{dt}\left(\frac{\partial \mathcal{L}}{\partial \dot{q}_r}\right) \right\} dt \\
&= 0. \quad (1.17)
\end{aligned}$$

ここで経路 C と C' は始点と終点を一致させているので，$\delta q_r(t_0) = \delta q_r(t_1) = 0$ $(r=1,2,\ldots,N)$ である．よって (1.17) 式の第 1 項は零である．したがって，最小作用の原理が任意の 1 次変分に対して成り立つためには，(1.17) 式の最右辺第 2 項の被積分関数が各 $r=1,2,\cdots,N$ に対して恒等的に零，すなわち

$$\frac{d}{dt}\left(\frac{\partial \mathcal{L}}{\partial \dot{q}_r}\right) - \frac{\partial \mathcal{L}}{\partial q_r} = 0 \quad (r=1,2,\ldots,N) \quad (1.18)$$

が成り立つことが必要かつ十分である．(1.18) 式を**ラグランジュの方程式**という．

●**ハミルトンの正準方程式**●

(1) ハミルトニアン 一般化運動量を $p_r = \frac{\partial \mathcal{L}}{\partial \dot{q}_r}$ $(r=1,2,\ldots,N)$ で定義する．これよりラグランジュの運動方程式 (1.18) は

$$\dot{p}_r = \frac{\partial \mathcal{L}}{\partial q_r} \quad (r=1,2,\ldots,N)$$

と書ける．以上より，次が成り立つ．

1.7 解析力学

$$\delta\mathcal{L} = \sum_{r=1}^{N}\left(\frac{\partial\mathcal{L}}{\partial q_r}\delta q_r + \frac{\partial\mathcal{L}}{\partial \dot{q}_r}\delta \dot{q}_r\right) = \delta\left(\sum_{r=1}^{N}p_r\dot{q}_r\right) - \sum_{r=1}^{N}(\dot{q}_r\delta p_r - \dot{p}_r\delta q_r)$$

$$\iff \delta\left(\sum_{r=1}^{N}p_r\dot{q}_r - \mathcal{L}\right) = \sum_{r=1}^{N}(\dot{q}_r\delta p_r - \dot{p}_r\delta q_r). \tag{1.19}$$

ハミルトニアンを

$$\mathcal{H}((q_r, p_r)_{r=1}^{N}, t) = \sum_{r=1}^{N}p_r\dot{q}_r - \mathcal{L}((q_r, \dot{q}_r)_{r=1}^{N}, t) \tag{1.20}$$

で定義すると，(1.19) 式の右辺は $\sum_{r=1}^{N}\left(\frac{\partial\mathcal{H}}{\partial p_r}\delta p_r + \frac{\partial\mathcal{H}}{\partial q_r}\delta q_r\right)$ なので

$$\frac{dq_r}{dt} = \frac{\partial\mathcal{H}}{\partial p_r}, \quad \frac{dp_r}{dt} = -\frac{\partial\mathcal{H}}{\partial q_r} \quad (r = 1, 2, \ldots, N)$$

が得られる．これを**ハミルトンの正準方程式**という．

(2) エネルギー積分 U が $\dot{q}_r$ を含まず，T が $\dot{q}_r$ の 2 次の同次式 $T = \sum_{r,r'}c_{r,r'}\dot{q}_r\dot{q}_{r'}$ ($c_{r,r'} = c_{r',r}$ は定数) のとき

$$p_r = \frac{\partial\mathcal{L}}{\partial\dot{q}_r} = \frac{\partial T}{\partial\dot{q}_r} = 2\sum_{r'}c_{r,r'}\dot{q}_{r'}.$$

よって

$$\mathcal{H} = \sum_{r}p_r\dot{q}_r - \mathcal{L} = \sum_{r}(2\sum_{r'}c_{r,r'}\dot{q}_{r'})\dot{q}_r - \mathcal{L} = 2T - T + U = T + U$$

となり，(1.20) 式で定義されたハミルトニアン $\mathcal{H}$ は，力学的エネルギー (1.4) 式と等しくなる．特にハミルトニアンが t を陽には含まないとき

$$\frac{d\mathcal{H}}{dt} = \sum_{r}\left(\frac{\partial\mathcal{H}}{\partial q_r}\dot{q}_r + \frac{\partial\mathcal{H}}{\partial p_r}\dot{p}_r\right) = \sum_{r}(-\dot{p}_r\dot{q}_r + \dot{q}_r\dot{p}_r) = 0.$$

すなわちエネルギーが保存される．

(3) 位相空間 自由度 N の質点系に対して一般化座標 $q_1, \ldots, q_N$ と一般化運動量 $p_1, \ldots, p_N$ が与えられると，この質点系の**力学的状態**が決まる．$(q_r, p_r)_{r=1}^{N}$ を**正準変数**と呼ぶ．言いかえると，正準変数で指定される $2N$ 次元空間の 1 点として力学的状態が決定されることになる．系の力学はこの空間での点の運動として記述される．この空間を**位相空間**という．

例題 PART

例題 1.1 中心力（東北大理）

(問 1) 原点 O に質量 M の物体が固定されていて，その**重力**を受けて質量 m の質点が運動している．重力は**中心力**なので，この運動は 1 平面内で行われる．ただし，万有引力定数を G とする．

(a) 図 (a) の 2 次元極座標 (r, θ) を一般化座標にとって，この質点の運動の**ラグランジアン**を記せ．
(b) 動径 (r) 方向および角度 (θ) 方向の運動方程式を求めよ．
(c) この物体の運動は**面積速度**一定となることを示せ．ここで面積速度は $\frac{1}{2}r^2\dot{\theta}$ と定義する．

(問 2) 太陽系における地球（質量 M_E）の運動を円運動とみなして，以下の設問に答えよ．ただし，太陽（質量 M_S）は原点に静止しているものとする．

(a) 地球の円運動の半径を r として，地球の公転速度の大きさ V_E および周期 T を r の関数として表せ．

地球より外側にありながら，地球と同周期で太陽のまわりを公転する物体 A について考える．ここで物体 A（質量 m_A）は，図 (b) のように太陽と地球を通る直線上にあり，質量 m_A は十分小さく地球の運動に影響を及ぼさないとする．

(b) 太陽-地球間および地球-物体 A 間の距離を，図 (b) のようにそれぞれ r, d として，物体 A にはたらく全重力を求めよ．
(c) $r \gg d$ のとき，d が

$$d = r\left(\frac{M_E}{3M_S}\right)^{1/3}$$

と表されることを導け．

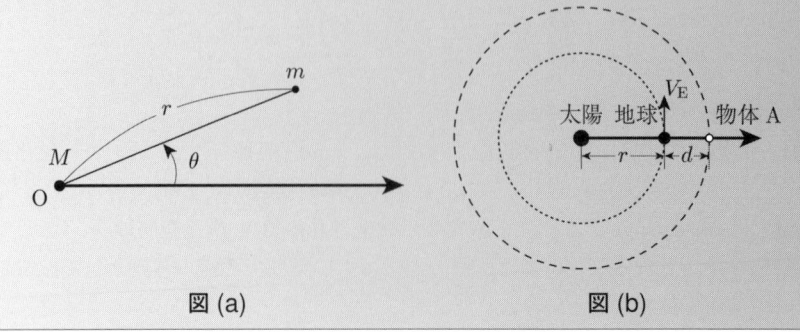

図 (a)　　　　図 (b)

解答例 (問 1) (a) 2 次元極座標表示では,位置 $\boldsymbol{r}$ は

$$\boldsymbol{r} = (r\cos\theta, r\sin\theta)$$

速度 $\boldsymbol{v}$ は

$$\boldsymbol{v} = \frac{d\boldsymbol{r}}{dt} = (\dot{r}\cos\theta - r\dot{\theta}\sin\theta, \dot{r}\sin\theta + r\dot{\theta}\cos\theta)$$

で与えられる.これを用いて運動エネルギー T を計算すると

$$T = \frac{1}{2}m|\boldsymbol{v}|^2 = \frac{1}{2}m\left(\dot{r}^2 + r^2\dot{\theta}^2\right)$$

が得られる.またポテンシャルエネルギー U は

$$U = -G\frac{mM}{r}$$

なので,ラグランジアン $\mathcal{L} = T - U$ は

$$\mathcal{L} = \frac{1}{2}m\left(\dot{r}^2 + r^2\dot{\theta}^2\right) + G\frac{mM}{r} \tag{1}$$

と求まる.

(b) **ラグランジュの方程式**

$$\frac{d}{dt}\left(\frac{\partial \mathcal{L}}{\partial \dot{r}}\right) - \frac{\partial \mathcal{L}}{\partial r} = 0,$$

$$\frac{d}{dt}\left(\frac{\partial \mathcal{L}}{\partial \dot{\theta}}\right) - \frac{\partial \mathcal{L}}{\partial \theta} = 0$$

に (1) 式を代入すると

$$m\ddot{r} - \left(mr\dot{\theta}^2 - \frac{GmM}{r^2}\right) = 0$$

および

$$\frac{d}{dt}\left(mr^2\dot{\theta}\right) = 0 \iff 2mr\dot{r}\dot{\theta} + mr^2\ddot{\theta} = 0 \tag{2}$$

が得られる.

(c) 面積速度 $\frac{dS}{dt} = \frac{1}{2}r^2\dot{\theta}$ が一定であることは,(2) 式より明らかである.

(問 2) (a) 向心力と重力はともに**動径方向**にはたらくが,その向きは逆である.大きさの**つり合いの式**

$$\frac{M_\text{E} V_\text{E}^2}{r} = G\frac{M_\text{S} M_\text{E}}{r^2}$$

より

$$V_\text{E} = \sqrt{\frac{GM_\text{S}}{r}}$$

と求まる．周期 T は
$$T = \frac{2\pi r}{V_E} = \frac{2\pi r^{3/2}}{\sqrt{GM_S}} \tag{3}$$
で与えられる．

(b) 物体 A にはたらく全重力 F は，物体 A から太陽に向かうベクトルであり，その大きさは，太陽および地球からの寄与の和
$$F = \frac{GM_S m_A}{(r+d)^2} + \frac{GM_E m_A}{d^2} \tag{4}$$
で与えられる．

(c) 物体 A の角速度を ω，加速度の大きさ a とすると，物体 A も**円運動**を行っているものとしているので
$$a = (r+d)\omega^2 \tag{5}$$
の関係が成立している．

加速度 a の大きさは (4) 式より
$$a = \frac{F}{m_A} = G\left\{\frac{M_S}{(r+d)^2} + \frac{M_E}{d^2}\right\}$$
角速度 ω は地球と同じであるので (3) 式より
$$\omega = \frac{2\pi}{T} = \frac{\sqrt{GM_S}}{r^{3/2}}$$
と，それぞれ求まる．これらを (5) 式に代入すると
$$G\left\{\frac{M_S}{(r+d)^2} + \frac{M_E}{d^2}\right\} = (r+d)\frac{GM_S}{r^3}$$
という関係式が得られる．$r \gg d$ の場合
$$\frac{1}{(r+d)^2} = \frac{1}{r^2}\left(1+\frac{d}{r}\right)^{-2} \simeq \frac{1}{r^2}\left(1-2\frac{d}{r}\right) = \frac{1}{r^2} - 2\frac{d}{r^3}$$
と近似できるので，この関係式より
$$-2d\frac{M_S}{r^3} + \frac{M_E}{d^2} \simeq d\frac{M_S}{r^3} \iff 3d\frac{M_S}{r^3} \simeq \frac{M_E}{d^2}$$
$$\iff d \simeq r\left(\frac{M_E}{3M_S}\right)^{1/3}$$
が得られる． **解答終**

例題 1.2 慣性モーメント（東大理）

図に示すように，長さ l，質量 M の一様な細い棒の両端がそれぞれ水平線（x 軸）上と鉛直線（y 軸）上を離れないように拘束されて，滑らかに動くようにしてある．棒の**重心**の座標を (x, y)，棒が鉛直線となす角を θ とする．

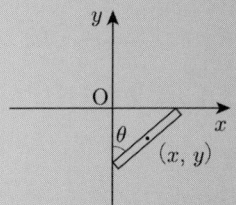

(1) 棒の重心を通り，棒に垂直な軸に関する**慣性モーメント** I は $\frac{1}{12}Ml^2$ であることを示せ．

(2) 全力学的エネルギーを書け．

棒が x 軸から受ける抗力の大きさを R_y，y 軸から受ける抗力の大きさを R_x とする．

(3) x, y, θ に対する運動方程式を書け．

(4) 設問 (2) で導いたエネルギーが保存することを運動方程式から示せ．

時刻 $t = 0$ で $\theta = 0$ に棒を置いて，θ が増す向きに初期角速度 ω_0 を与えて放した．

(5) $t \geq 0$ での棒の角速度を θ と ω_0 で表せ．

(6) θ が小さいとき運動方程式を近似的に解き，θ を時刻 t の関数として与えよ．

解答例 (1) 棒の**線密度**を ρ とすると

$$\rho = \frac{M}{l}$$

である．したがって，求める慣性モーメント I は

$$I = \int_{-l/2}^{l/2} \rho r^2 dr = 2\frac{M}{l}\int_0^{l/2} r^2 dr = \frac{1}{12}Ml^2$$

である．

(2) 重心の速さを v_G と書くと，**重心運動**の運動エネルギー T_0 は

$$T_0 = \frac{1}{2}Mv_G^2 \tag{1}$$

で与えられる．重心の座標は (x, y) なので，これを用いると (1) 式は

$$T_0 = \frac{1}{2}M(\dot{x}^2 + \dot{y}^2) \tag{2}$$

となる．次に重心のまわりの回転運動の運動エネルギー T_1 は，慣性モーメント I と回転の角速度 $\omega = \dot{\theta}$ を用いて

$$T_1 = \frac{1}{2}I\omega^2 = \frac{1}{2}I\dot{\theta}^2 \tag{3}$$

と表すことができる．また，鉛直下方に**重力**を受けるとすると，ポテンシャルエネルギーは

$$U = Mgy \tag{4}$$

と与えられる．(2)〜(4) 式より，全エネルギー E は

$$E = T_0 + T_1 + U = \frac{1}{2}M(\dot{x}^2 + \dot{y}^2) + \frac{1}{24}Ml^2\dot{\theta}^2 + Mgy \tag{5}$$

と表現できる．ここで，重心の座標とその時間微分は，l と θ を用いて

$$\begin{aligned} x &= \frac{l}{2}\sin\theta, & y &= -\frac{l}{2}\cos\theta, \\ \dot{x} &= \frac{l}{2}\dot{\theta}\cos\theta, & \dot{y} &= \frac{l}{2}\dot{\theta}\sin\theta \end{aligned} \tag{6}$$

と表されるので，これを用いて (5) 式を書き直すと

$$E = \frac{1}{6}Ml^2\dot{\theta}^2 - \frac{1}{2}Mgl\cos\theta \tag{7}$$

が得られる．

(3) 重心運動の運動方程式は

$$M\ddot{x} = R_x, \tag{8}$$

$$M\ddot{y} = -R_y - Mg \tag{9}$$

と与えられる．また，重心のまわりの回転運動の運動方程式は，θ が増大する回転を正にとると

$$I\dot{\omega} = I\ddot{\theta} = -\frac{l}{2}R_x\cos\theta + \frac{l}{2}R_y\sin\theta \tag{10}$$

と表すことができる．ここで設問 (1) の結果を用いると (10) 式は

$$M\ddot{\theta} = -6\frac{R_x}{l}\cos\theta + 6\frac{R_y}{l}\sin\theta \tag{11}$$

のように与えられる．

(4) (8), (9) 式を用いて，(11) 式より R_x, R_y を消去すると

$$M\ddot{\theta} = -6\frac{M}{l}\ddot{x}\cos\theta - 6\frac{M}{l}(\ddot{y}+g)\sin\theta$$
$$\iff M\frac{l}{6}\ddot{\theta} = -M\ddot{x}\cos\theta - M\ddot{y}\sin\theta - Mg\sin\theta \tag{12}$$

と，$\ddot{\theta}, \ddot{x}, \ddot{y}$ 間の関係式が得られる．(6) 式をもう 1 回微分すると

$$\ddot{x} = \frac{l}{2}(\ddot{\theta}\cos\theta - \dot{\theta}^2\sin\theta), \quad \ddot{y} = \frac{l}{2}(\ddot{\theta}\sin\theta + \dot{\theta}^2\cos\theta)$$

であることから，これらを (12) 式に代入すると，θ に関する微分方程式

$$\frac{Ml}{6}\ddot{\theta} = -\frac{Ml}{2}\cos\theta(\ddot{\theta}\cos\theta - \dot{\theta}^2\sin\theta) - \frac{Ml}{2}\sin\theta(\ddot{\theta}\sin\theta + \dot{\theta}^2\cos\theta) - Mg\sin\theta$$
$$\iff 2l\ddot{\theta} + 3g\sin\theta = 0 \tag{13}$$

が得られる．(7) 式を t で微分すると

$$\frac{dE}{dt} = \frac{1}{6}Ml\dot{\theta}(2l\ddot{\theta} + 3g\sin\theta)$$

となるので，(13) 式より $\frac{dE}{dt} = 0$ が結論される．

(5) 時刻 $t=0$ でのエネルギーと任意の正の時刻 $t>0$ でのエネルギーは等しいので，(7) 式より

$$\frac{1}{6}Ml^2\omega_0^2 - \frac{1}{2}Mgl = \frac{1}{6}Ml^2\dot{\theta}^2 - \frac{1}{2}Mgl\cos\theta$$
$$\iff \dot{\theta}^2 = \omega_0^2 - \frac{3g}{l}(1-\cos\theta)$$

が成り立つ．これより角速度 $\dot{\theta}$ は

$$\dot{\theta} = \sqrt{\omega_0^2 - \frac{3g}{l}(1-\cos\theta)}. \tag{14}$$

(6) $\theta \ll 1$ のとき $\sin\theta \simeq \theta$ と近似できることを用いれば，(13) 式から

$$2l\ddot{\theta} + 3g\theta = 0 \iff \ddot{\theta} = -\frac{3g}{2l}\theta$$

が導かれる．これは**単振動**の式で，初期条件 ($t=0$ で $\theta=0$ かつ $\dot{\theta}=\omega_0$) より

$$\theta = \omega_0\sqrt{\frac{2l}{3g}}\sin\sqrt{\frac{3g}{2l}}t \tag{15}$$

と求まる．

設問 (6) の別解　(14) 式で $\theta \ll 1$ とすると

$$\cos\theta \simeq 1 - \frac{\theta^2}{2}$$

なので

$$\dot{\theta} \simeq \sqrt{\omega_0^2 - \frac{3g}{2l}\theta^2}$$

$$= \sqrt{\frac{3g}{2l}}\sqrt{\frac{2l\omega_0^2}{3g} - \theta^2}$$

という微分方程式が得られる．**変数分離**すると

$$\frac{d\theta}{\sqrt{\frac{2l\omega_0^2}{3g} - \theta^2}} = \sqrt{\frac{3g}{2l}}\,dt.$$

積分公式

$$\int \frac{dx}{\sqrt{a^2 - x^2}} = \sin^{-1}\frac{x}{a} + C \quad (C \text{ は積分定数})$$

を用いる．$t = 0$ で $\theta = 0$ であるという初期条件より，$C = 0$ であり

$$\sin^{-1}\left(\frac{1}{\omega_0}\sqrt{\frac{3g}{2l}}\,\theta\right) = \sqrt{\frac{3g}{2l}}\,t$$

$$\iff \frac{1}{\omega_0}\sqrt{\frac{3g}{2l}}\,\theta = \sin\sqrt{\frac{3g}{2l}}\,t.$$

これは (15) 式に等しい． 　　　　　　　　　　　　　　　　　　　　**解答終**

第1章 演習問題

1.1 多自由度のバネ振動（京大理）

(問1) 図(a)のように質量 m の質点が3つ直線状に配置しており，1番目と2番目，2番目と3番目の質点は等しい**バネ定数** k のバネで結ばれている．この系の1次元的な運動を考察する．重力の効果は無視できるとする．初期状態ではバネは自然長である．

(a) 3つの質点の初期位置からの変位を x_1, x_2, x_3 とする．このときの系のラグランジアンを求めよ．

(b) **基準振動**を考察する．ラグランジュの方程式を解くことによって振動数 Ω を求め，求まったモードの対称性について図を使って説明せよ．

(c) さらに，真中の質点が原点を中心とするバネ定数 k_A の**調和振動ポテンシャル**のもとにあるとする．この場合の基準振動の振動数を考察せよ．また，基準振動の個数について**(問1)** (b) との相違とその理由について述べよ．

(問2) 次に，図(b)のように質量 m の質点が円状に配置しており，これらはバネ定数 k_1, k_2, k_3 の3つのバネで結ばれている．3つの質点は常に円上にあるものとし，復元力も円に沿って作用する．重力の効果は無視できるとする．円の半径を a とし，3つの質点は初期状態では等しい間隔（円の中心から $\theta = 0, \frac{2\pi}{3}, \frac{4\pi}{3}$ 方向）に置かれており，バネは自然長であるとする．

(a) まず，$k_1 = k_2 = k_3 = k$ の場合を考える．3つの質点に角度の変位（質点1, 2, 3のそれぞれに $\theta_1, \theta_2, \theta_3$）を与えた場合のラグランジアンを求めよ．ただし変位角度は微小であるとする．

(b) この場合の基準振動の振動数 Ω と3つの質点の振動の振幅に課せられる条件を求めよ．さらに，**(問1)** (b) で求めた「直線状の場合の基準振動の振動数とモードの対称性の関係」が，いまの円状の場合にはどう変化するかについて簡単に述べよ．

(c) バネ定数 k_3 が k_A に変化した場合（残りは k）の基準振動の振動数を求めよ．

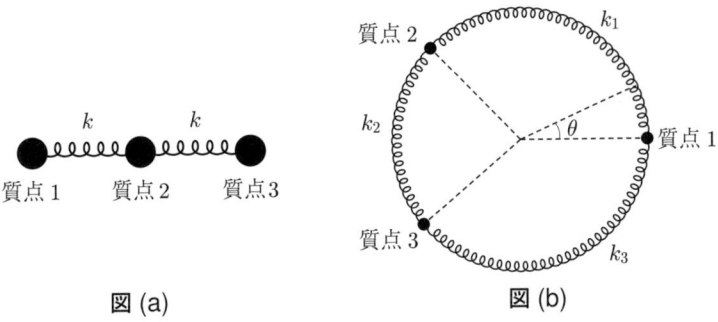

図(a) 図(b)

1.2 ラグランジュ点 (東大理)

質量 m_1 の太陽と質量 m_2 の地球がお互いの重力によって**ケプラー運動**しているものとする．簡単のために，以下では軌道の**離心率**は無視して**円運動**の場合のみを考える．それらの公転面上で太陽と地球の重心を原点とする 2 次元座標系として，慣性系 S と，太陽と地球が常に x 軸上の点 P_1 と P_2 に位置するような回転系 S′ を考える．太陽と地球の距離を a とすれば，P_1 と P_2 の座標はそれぞれ $(-\mu_2 a, 0), (\mu_1 a, 0)$ で与えられる．ただし

$$\mu_1 \equiv \frac{m_1}{m_1+m_2}, \quad \mu_2 \equiv \frac{m_2}{m_1+m_2} \qquad ①$$

である．また，この回転系の角速度 ω は**ケプラーの第 3 法則**より

$$G(m_1+m_2) = \omega^2 a^3 \qquad ②$$

を満たす（G はニュートンの**万有引力定数**）．

(1) この平面上の任意の点を P としたとき，S 系における P の成分 (ξ, η) を S′ 系での成分 (x, y) で表せ（図 (a) 参照）．

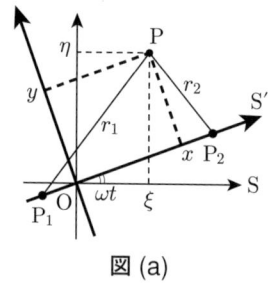

図 (a)

(2) S′ 系から見て (x, y) の位置にある質量 m の質点を考える．m は m_1 および m_2 に比べて十分小さく，この質点は太陽と地球のケプラー運動には影響を与えないとしたとき，設問 (1) の結果からこの質点に対するラグランジアンが

$$\mathcal{L} = \frac{m}{2}(\dot{x}^2+\dot{y}^2) + \frac{m\omega^2}{2}(x^2+y^2) + m\omega(x\dot{y}-\dot{x}y) + Gm\left(\frac{m_1}{r_1} + \frac{m_2}{r_2}\right) \qquad ③$$

となることを示せ．ただし

$$r_1 \equiv \sqrt{(x+\mu_2 a)^2 + y^2}, \quad r_2 \equiv \sqrt{(x-\mu_1 a)^2 + y^2}$$

である．

(3) この質点の S′ 系における運動方程式の x 成分および y 成分を書き下せ．

(4) S' 系から見たとき，この質点の加速度と速度がともに零となるような特別な点（$\ddot{x}=\ddot{y}=\dot{x}=\dot{y}=0$）は**ラグランジュ点**と呼ばれ，全部で 5 つあることが知られている．運動方程式の y 成分を考えることで，ラグランジュ点は

$$\mu_1\left(\frac{a}{r_1}\right)^3+\mu_2\left(\frac{a}{r_2}\right)^3=1 \qquad ④$$

あるいは

$$y=0 \qquad ⑤$$

のいずれかを満たすことを示せ．

(5) ⑤式を満たす S' 系の x 軸上にあるラグランジュ点は，P_1 と P_2 の外側に 1 つずつ（L_3, L_2），および P_1 と P_2 の中間に 1 つ（L_1），合わせて 3 個存在することが知られている（図 (b) 参照）．特に，地球（P_2）から見て太陽（P_1）と逆方向にある L_2 点は，**天文観測衛星**に適した位置である．この L_2 点と P_2 との距離を r_2 として運動方程式の x 成分を考えれば，$\frac{\mu_2}{\mu_1}$ が $u\equiv\frac{r_2}{a}$ の関数として

$$\frac{\mu_2}{\mu_1}=\frac{3u^3}{(1+u)^2}\frac{1+u+\frac{u^2}{3}}{1-u^3} \qquad ⑥$$

と書けることを示せ．変形の際，$\mu_1+\mu_2=1$ であることに注意せよ．

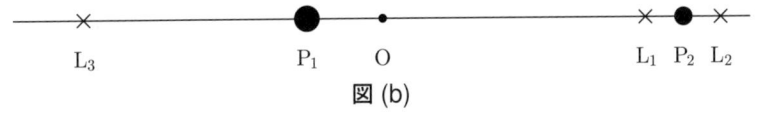

図 (b)

(6) ⑥式から，$\frac{\mu_2}{\mu_1}\ll 1$ の場合 $u\ll 1$ となることがわかる．この場合，L_2 点の位置 u を $\frac{\mu_2}{\mu_1}$ の最低次で求めよ．特に，太陽と地球の系（$\frac{\mu_2}{\mu_1}\simeq 3\times 10^{-6}$，$a=1.5\times 10^{11}$ [m]）の場合，地球と L_2 点までの距離の値を近似的に求めよ．

1.3 スイングバイ航法（東大理）

宇宙探査機は燃料不足を補うため，しばしば**スイングバイ**という航法で加速を行うことがある（例えばアポロ 13 号は月の重力を，火星探査機のぞみは地球の重力を使って加速した）．中心力場の力学からこの原理について考える．

(1) 2 次元の極座標系 (r,ϕ) を用いて中心力ポテンシャル $U(r)$ 中を運動する質量 m の質点のラグランジアンを書き，ラグランジュの方程式を用いて**角運動量保存則**を導け．

(2) 図 (a) のように質量 m の探査機が質量 M の惑星に対して距離 b の漸近線 SS' に沿って無限遠方から速さ v で進入し，漸近線 TT' に沿って出てゆくものとす

る．ただし，$M \gg m$ の関係があり，惑星は静止しているとみなしてよい．惑星の位置を原点とし，探査機の座標を (r, ϕ) とするとき次式が成り立つことを示せ．
$$\dot{\phi} = \frac{vb}{r^2}. \qquad ①$$

(3) 探査機が惑星に最も近づいたときの惑星までの距離 r_0 を v, b, M と万有引力定数 G を用いて表せ．ただし，ポテンシャル $U(r)$ は $U(r) = -\frac{GMm}{r}$ と表される．

(4) 探査機の (x, y) 座標系における速度を (v_x, v_y) とおくと，v_x と ϕ の間に次の微分方程式が成立することを示せ．ただし，① 式を用いてよい．
$$dv_x = -\frac{GM}{vb} \cos \phi d\phi. \qquad ②$$

(5) 入射前後における角度変化 θ が $\tan \frac{\theta}{2} = \frac{GM}{v^2 b}$ で表されることを示せ．ただし，② 式を用いてよい．

(6) 図 (b) のように惑星が速度ベクトル $\boldsymbol{W}$ で太陽に対して運動していたところへ，探査機がやってきた．探査機の太陽に対する相対速度ベクトルが入射前は $\boldsymbol{v}$，出射後は $\boldsymbol{v}'$ であったとして，惑星の運動量の変化を無視せずに，入射前後における探査機のエネルギー変化 $\frac{1}{2}m|\boldsymbol{v}'|^2 - \frac{1}{2}m|\boldsymbol{v}|^2$ を求めよ．ただし，惑星の引力圏内では，太陽からの引力は無視できるものとする．

(7) 上の結果から，探査機の加速が可能なことを示せ．また，増加した探査機のエネルギーはどこから来たかを答えよ．

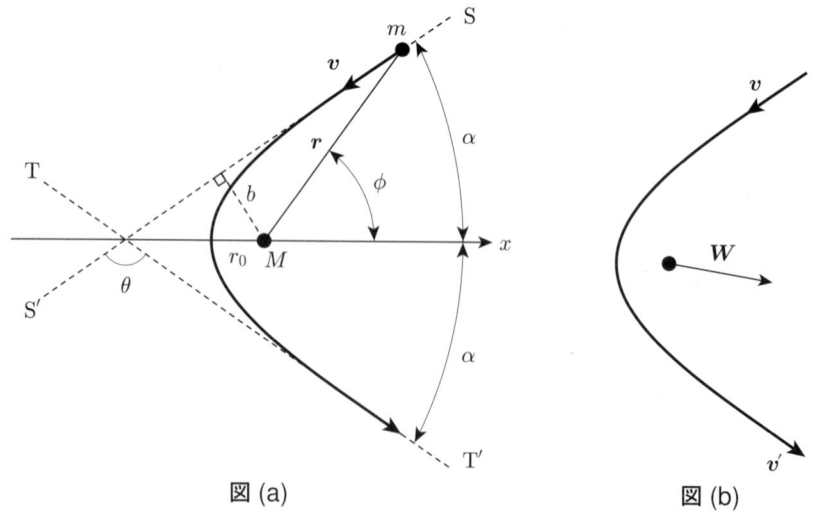

図 (a)　　　　　図 (b)

1.4 球の転がり運動（東大理）

(1) 半径 a, 厚さ d ($\ll a$), 一様な密度 ρ の薄い円板を考える．この円板の中心を通り面に垂直な軸のまわりの**慣性モーメント** I_z, および中心を通り面に平行な軸のまわりの慣性モーメント I_x を求めよ．

(2) 半径 a, 質量 M の一様な球を考える．この球の質量中心を通る軸のまわりの慣性モーメントは次式であることを示せ．
$$I = \frac{2}{5}Ma^2.$$

(3) この球を摩擦のある水平な面に置き，中心の高さを中心に向かって水平に突いて初速 v_0 を与えた．球と面の**静止摩擦係数**を μ, **動摩擦係数**を μ' とするとき，球が滑らずに転がるようになるまでの時間と，それまでに質量中心が進む距離を求めよ．また，滑らずに転がるようになってからの質量中心の速さ v と回転の角速度 ω を求めよ．ただし，以下の設問を含め，転がり摩擦は無視するものとする．

(4) 図のように，面が前方で傾斜角 θ ののぼり斜面になっているとする．θ がある値より大きいと，滑らずに転がってきた球は滑りながら斜面をのぼるようになる．その θ の値を求めよ．ただし，斜面の下端は図のように十分短い範囲で緩やかに変化しており，斜面全体にわたって摩擦係数は水平な部分と同じであるとする．

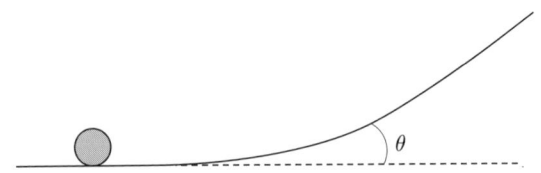

(5) 前方の斜面の部分に摩擦があり球が滑らずに転がってのぼる場合と，斜面の部分が滑らかで摩擦がない場合では，球はどちらが高くまでのぼることができるか．理由を付けて簡単に説明せよ．

1.5 最速降下曲線（京大理）

一様な重力を受ける質点の，滑らかな曲線に沿った運動を考える．図 (a) のように鉛直下方に x 軸，水平方向に y 軸をとる．原点 O から質点を初速度零で放つと，xy 面内の曲線にそって運動をはじめ，点 $\mathrm{P}(x_1, y_1)$ に達する．曲線との摩擦，空気抵抗ははたらかないとする．ここで O, P 間の所要時間 T_1 を最小にする曲線の形を決定する問題を考えてみよう．必要であれば，$\sin^2 \frac{\alpha}{2} = \frac{1}{2}(1 - \cos \alpha)$, $\cos^2 \frac{\alpha}{2} = \frac{1}{2}(1 + \cos \alpha)$ を用いよ．

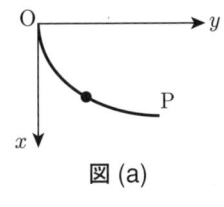

図 (a)

(1) 時刻 t における位置 (x, y) での質点の速さは**力学的エネルギー保存則**より $\sqrt{2gx}$ である．ただし，g は重力加速度である．曲線に沿って原点から測った質点ま

での距離を s とする．$ds = \sqrt{2gx}\,dt$ であることを考慮して，所要時間 T_1 を $x, \frac{dy}{dx}$ を含む関数の x に関する積分の形に表せ．

一般に，定まった 2 点間での関数 L の積分
$$\int L\left(x, y, \frac{dy}{dx}\right) dx$$
が停留値（極値）をとるように関数 $y(x)$ を決定するには，**変分原理**に従って次の**ラグランジュの方程式**を解けばよい．
$$\frac{\partial L}{\partial y} - \frac{d}{dx}\frac{\partial L}{\partial \frac{dy}{dx}} = 0. \qquad ①$$

(2) ラグランジュの方程式を用いて次式が成り立つことを示せ．a は正定数である．
$$\left(\frac{dx}{dy}\right)^2 = \frac{2a}{x} - 1. \qquad ②$$

(3) 次式が微分方程式 ② の解であることを示せ．ただし，ϕ は助変数である．
$$x = a(1 - \cos\phi), \qquad ③$$
$$y = a(\phi - \sin\phi). \qquad ④$$

これは，半径 a の円が直線上を転がる場合に，その円周の 1 点が描く**サイクロイド**と呼ばれる曲線である．したがって，サイクロイドが**最速降下曲線**であることがわかった．

次に ③ と ④ 式で表されるサイクロイドが持つ，もうひとつの性質について調べてみよう．この曲線に沿って図 (b) のように $\phi = \pi$ を中心とし往復運動する質量 m の質点を考える．この場合も，重力は一様で x 軸方向を向き，摩擦，空気抵抗ははたらかないものとする．

(4) エネルギー保存則より $\left(\frac{d\phi}{dt}\right)^2$ を ϕ を用いて表す式を導け．ただし，質点が左側に最大に振れる位置を $\phi = \phi_0$ とする（図 (b) 参照）．

(5) 往復運動の周期 T は ϕ を用いて $T = 4\int_{\phi_0}^{\pi} d\phi \left(\frac{d\phi}{dt}\right)^{-1}$ と表される．周期 T を求め，サイクロイドに沿った往復運動が等時性（周期が振幅によらないこと）を持つことを示せ．

(6) 京都と東京の間にサイクロイドの形をしたトンネルを考える．その際，図 (b)

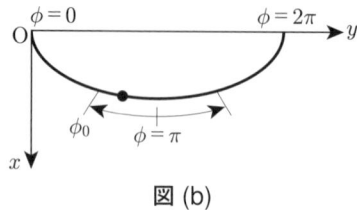

図 (b)

の両端が京都 ($\phi = 0$) と東京 ($\phi = 2\pi$) である．このトンネルへ京都側から初速 0 で落とした物体が，東京へ達するまでの時間を求めよ．京都–東京間の直線距離は 310 km とし，重力は一様で x 軸方向を向き，重力加速度は $g = 9.8\,[\mathrm{m \cdot s^{-2}}]$ とする．ただし地球の回転運動，空気抵抗，トンネル壁との摩擦は無視する．答えは有効数字 1 桁の分単位で求めよ．

1.6 古典粒子の散乱問題（京大理）

図 (a) のように質量 m_1 で無限遠点で速度 v を持つ粒子 1 と質量 m_2 で静止した粒子 2 との**散乱**を考える．粒子 1 と 2 の間には中心力ポテンシャル $U(r) = \frac{k}{r}$（r は粒子間距離，$k > 0$）による力がはたらいている．粒子の速度は非相対論的範囲であると仮定する．

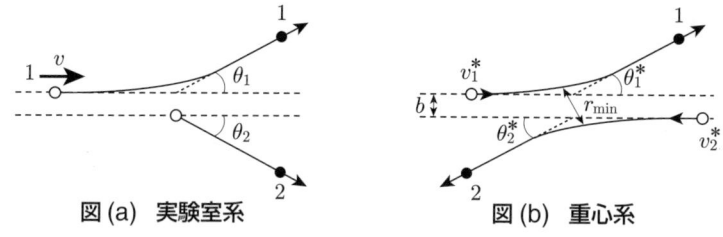

図 (a) 実験室系　　　　　**図 (b) 重心系**

(1) **重心系**での粒子 1 の速度 v_1^* と粒子 2 の速度 v_2^* を m_1, m_2, v を使って表せ．

(2) 重心系での粒子 1 の散乱角 θ_1^* と**実験室系**での粒子 1 の散乱角 θ_1 の間に次の関係式が成り立つことを示せ．
$$\tan \theta_1 = \frac{m_2 \sin \theta_1^*}{m_1 + m_2 \cos \theta_1^*}. \qquad ①$$

(3) **換算質量**を $\mu \equiv \frac{m_1 m_2}{m_1 + m_2}$，重心系での**衝突径数**を図 (b) のように b としたとき，重心系での散乱角 θ_1^* は
$$\theta_1^* = \pi - 2 \int_{r_{\min}}^{\infty} \frac{b}{r^2} \frac{dr}{\sqrt{1 - \frac{b^2}{r^2} - \frac{2k}{\mu v^2 r}}} \qquad ②$$
となることを示せ．ここで r は粒子間距離で $r_{\min}$ は r の最小値である．

(4) ② 式より重心系での**微分散乱断面積**を次のように導くことができる．
$$\left. \frac{d\sigma}{d\Omega} \right|_{\text{重心系}} = \left(\frac{k}{2\mu v^2} \right)^2 \frac{1}{\sin^4 \left(\frac{\theta_1^*}{2} \right)}. \qquad ③$$
ここで微小立体角は $d\Omega|_{\text{重心系}} \equiv \sin \theta_1^* \, d\theta_1^* d\phi_1^*$ と定義され，ϕ_1^* は粒子 1 の無限遠からの進行方向を軸とした方位角 ($0 \leq \phi \leq 2\pi$) である．③ 式をもとに $m_1 = m_2$ ($\equiv m$) の場合の実験室系での微分散乱断面積が次式となることを示せ．

$$\left.\frac{d\sigma}{d\Omega}\right|_{\text{実験室系}} = \left(\frac{2k}{mv^2}\right)^2 \frac{\cos\theta_1}{\sin^4\theta_1}.$$

(5) 散乱後の粒子 2 の実験室系での運動エネルギーを m, v, θ_1 の関数として求めよ．この際に $\theta_1 + \theta_2 = \frac{\pi}{2}$ の関係が成り立つことを使ってもよい．

(6) 粒子 2 の運動エネルギーが $\frac{1}{4}mv^2$ 以上になる場合の全断面積を求めよ．

(7) これまでに展開してきた計算をもとに，速度 v で宇宙に漂う未発見の質量 m の**素粒子**を**原子核**との散乱を使って検出する方法を考える．ここで，簡単のためにこの未知の素粒子の質量と原子核の質量は同じとする．未知の素粒子の速度は原子核に対し，地球の公転の影響で夏に速度 $1.1v$，冬に速度 $0.9v$ になるとする．原子核の運動エネルギーが $\frac{1}{4}mv^2$ を超えたときに未知物質が検出できるとして，夏と冬での検出数の比を有効数字 2 桁で求めよ．参考までに，この検出率の季節変化を信号として**暗黒物質**の候補である未発見の素粒子を探索する方法がある．

1.7 コリオリの力（東工大理）

(1) **極座標系**でその位置が表される平面上の質点 (r, ϕ) がある．この質点の速度 $\boldsymbol{v} = (v_r, v_\phi)$ および加速度 $\boldsymbol{a} = (a_r, a_\phi)$ を極座標で表せ．ただし，速度ベクトル $\boldsymbol{v}$ の r 方向成分が v_r，ϕ 方向成分が v_ϕ である．加速度についても同様である．

(2) 北緯 $30°$ にある野球場でバッターが真北に向かって球を打ったところ，$150\,\text{m}$ 飛んでスタンドに到達した．打球はまっすぐに飛んでいくはずであったが，**コリオリの力**のために到達点が直線方向から少しずれた．どちらの方向にどれだけずれたか．球の鉛直方向の運動は無視し，$50\,\text{m}\cdot\text{s}^{-1}$ の一定の速さで飛んでいったとする．なお，北緯 $30°$ における，地表面に垂直な方向を回転軸とした地表面の角速度は地球の自転の角速度の $\sin 30°$ になる．

(3) 回転できる大きな円板がある．この円板に乗って中心から動径方向（r 方向）に 1 本の直線を引く．円板が止まっているとき，この直線に沿って歩くことは容易であるが，円板が回転しているとまっすぐに歩いているつもりでも直線からずれていってしまう．つまり，r 方向と直角な方向（ϕ 方向）に速度の変化が生じている．これがコリオリの力による加速度であるが，その大きさは次の 2 つの要因に分けて考えることができる．

(a) 半径 r が変化することによる ϕ 方向の速度の変化．
(b) 回転で r 方向が変化することによる ϕ 方向の速度の変化．

それぞれの大きさを求めよ．ただし歩く速度の r 方向成分 $\dot{r}$ および円板の角速度 $\dot{\phi}$ はどちらも一定であるとする．

ヒント：ある時刻での位置 (r, ϕ) およびそれから Δt 秒経過した後の位置でのそれぞれの速度ベクトルを r, ϕ 成分に分けて図に描くと求めやすい．

第2章

電磁気学

2.1 静電気学

●**クーロンの法則**● 質点 1 から質点 2 へ向く位置ベクトルを r とする．この 2 点に**点電荷**が存在し，その大きさがそれぞれ q_1, q_2 の場合，質点 2 が質点 1 から受ける力は

$$F = \frac{1}{4\pi\varepsilon_0} \frac{q_1 q_2}{r^2} \frac{r}{r} \tag{2.1}$$

で与えられる．ここで ε_0 は真空の**誘電率**である．この力を**クーロン力**といい，(2.1) 式を**クーロンの法則**という．2 つの点電荷が同符号のとき（$q_1 q_2 > 0$）クーロン力は**斥力**，異符号のとき（$q_1 q_2 < 0$）は**引力**となる．クーロン力の大きさは 2 つの点電荷間の距離 $r = |r|$ の 2 乗に反比例する．

電荷 q にはたらくクーロン力が

$$F = qE$$

と表せるとき，E を**電場**という．これは**ベクトル場**であり，**スカラー場**である**電位** V を用いて

$$E = -\nabla V \tag{2.2}$$

で与えられる．電位 V は**静電ポテンシャル**（あるいは**スカラーポテンシャル**）とも呼ばれるが，V の単位は力学でのポテンシャルエネルギーの単位である J（ジュール）を電荷の単位である C（クーロン）で割ったものである．E は**渦なし**

$$\nabla \times E = 0$$

である．

●**ガウスの法則**● 電場 E を閉曲面 S に関して面積分した値は，S 内部に存在する電荷の総量を真空の誘電率 ε_0 で割ったものに等しい．

$$\int_S E \cdot dS = \frac{q}{\varepsilon_0}. \tag{2.3}$$

ここで，左辺の $d\boldsymbol{S}$ は面素ベクトル（面積要素ベクトル）であり，面素の大きさ（面積）を $dS = |d\boldsymbol{S}|$ とし，表面 S の外向き単位法線ベクトルを $\boldsymbol{n}$ とすると，$d\boldsymbol{S} = \boldsymbol{n}dS$ で与えられる．(2.3) 式を**ガウスの法則の積分形**という．**電荷密度**を ρ とすると，(2.3) 式の右辺は $\int_\mathcal{V} \frac{\rho}{\varepsilon_0} d\mathcal{V}$ で与えられる．ここで，$d\mathcal{V}$ は体積要素（デカルト座標 (x, y, z) では $d\mathcal{V} = dxdydz$）であり，積分は空間領域 $\mathcal{V}$ 全体での体積積分を表す．ガウスの定理を用いると，左辺は $\int_\mathcal{V} \nabla \cdot \boldsymbol{E} d\mathcal{V}$ と書けるので，(2.3) 式は

$$\int_\mathcal{V} \left(\nabla \cdot \boldsymbol{E} - \frac{\rho}{\varepsilon_0} \right) d\mathcal{V} = 0$$

となる．これが任意の空間領域 $\mathcal{V}$ で成り立つことより，**ガウスの法則の微分形**

$$\nabla \cdot \boldsymbol{E} = \frac{\rho}{\varepsilon_0} \tag{2.4}$$

が導かれる．

● **ポアソン方程式** ● 次の微分演算子を**ラプラシアン**という．

$$\Delta = \nabla^2 = \frac{\partial^2}{\partial x^2} + \frac{\partial^2}{\partial y^2} + \frac{\partial^2}{\partial z^2}.$$

(2.4) 式に (2.2) 式を代入すると，電位（静電ポテンシャル）V に対して

$$\Delta V = -\frac{\rho}{\varepsilon_0}$$

が導かれる．これを**ポアソン方程式**という．電荷が存在しない空間中では

$$\Delta V = 0$$

が成り立つ．これを**ラプラス方程式**という．

(1) **一意性の定理** 領域 $\mathcal{V}$ の境界における電位 V の値が与えられた場合，$\mathcal{V}$ 内のラプラス方程式の解は一意的に決定される．これを**一意性の定理**という．

(2) **鏡像法（電気影像法）** 一意性の定理を利用し，考えている領域外に仮想的な電荷（**鏡像電荷**あるいは**電気影像**という）を置いて，考えている領域の電場を求める方法を**鏡像法（電気影像法）**という．

● **コンデンサ** ●

(1) **静電容量（電気容量）** 無限遠を基準にした電位が V の導体が電荷 Q を持つとき，**静電容量**（または**電気容量**）C は

$$C = \frac{Q}{V}$$

で定義される．

2.1 静電気学

(2) **平行平板コンデンサ** 誘電率 ε の誘電体に満たされた面積 S, 厚さ d の平行平板**コンデンサ**の静電容量は

$$C = \frac{\varepsilon S}{d}.$$

(3) **コンデンサのエネルギー** U

$$U = \frac{1}{2}QV = \frac{1}{2}CV^2 = \frac{1}{2}\frac{Q^2}{C}.$$

(4) **コンデンサの接続** 複数のコンデンサ（静電容量 $C_j, j = 1, 2, \cdots$）を接続したときの静電容量 C は

$$並列接続 : C = \sum_j C_j,$$

$$直列接続 : \frac{1}{C} = \sum_j \frac{1}{C_j}.$$

● **誘電体** ●

(1) **分極** 誘電体に外部電場 E を印加すると，誘電体内部で**電気双極子**が整列することで**分極**が生じる．分極ベクトル P は単位体積当たりの電気双極子の数として

$$P = \chi_e \varepsilon_0 E$$

で定義される．ここで，χ_e は**電気感受率**．双極子モーメントは外部電場を弱める方向に整列する．分極電荷を $q_{分極}$，分極電荷密度を $\rho_{分極}$ とすると

$$\int_S P \cdot dS = -q_{分極}, \quad \nabla \cdot P = -\rho_{分極}$$

の関係が成り立つ．

(2) **電束密度** 電束密度 D は

$$D = \varepsilon E = \varepsilon_0 E + P$$

で定義される．ここで $\varepsilon = \varepsilon_0(1 + \chi_e)$．

(3) **電束密度に対するガウスの法則** **自由電子**に由来する電荷密度 $\rho_{自由}$ と分極に由来する電荷密度 $\rho_{分極}$ がともに存在するとき，ガウスの法則は D を用いて

$$\varepsilon_0 \nabla \cdot E = \rho_{自由} + \rho_{分極} = \rho_{自由} - \nabla \cdot P$$

$$\iff \nabla \cdot (\varepsilon_0 E + P) = \nabla \cdot D = \rho_{自由}$$

と書ける．

(4) 誘電体表面の境界条件 誘電率 ε_1 の物質 1 と誘電率 ε_2 の物質 2 が平面で接しており，物質 1 から物質 2 へ向く単位法線ベクトルを $\bm{n}$ とする．また，物質 1, 2 中の電場をそれぞれ $\bm{E}_1, \bm{E}_2$，電束密度を $\bm{D}_1, \bm{D}_2$ とする．境界面上の極薄い閉曲面（面積 S，厚さ $d \ll 1$）をガウス面として，ガウスの法則を適用すると

$$\bm{n} \cdot (\bm{D}_2 - \bm{D}_1)S = 0 \iff \bm{n} \cdot (\varepsilon_2 \bm{E}_2 - \varepsilon_1 \bm{E}_1)S = 0.$$

すなわち，異なる誘電体の表面で電束密度 $\bm{D}$ の法線成分は連続であるが，電場 $\bm{E}$ の法線成分は不連続である．

物質 1 と物質 2 の境界に接する単位ベクトルを $\bm{t}$ とする．極細長い長方形（長辺 l，短辺 $d, l \gg d$）の閉経路（長辺が誘電体の境界面に平行に沿う）で電場 $\bm{E}$ を線積分すると $\nabla \times \bm{E} = 0$ の関係より

$$\bm{t} \cdot (\bm{E}_2 - \bm{E}_1)l = 0 \iff \bm{t} \cdot \left(\frac{\bm{D}_2}{\varepsilon_2} - \frac{\bm{D}_1}{\varepsilon_1} \right) l = 0.$$

すなわち，異なる誘電体の表面で電束密度 $\bm{D}$ の接線成分は不連続であるが，電場 $\bm{E}$ の接線成分は連続である．

2.2 電流

●**電荷保存則**● 電荷密度を ρ としたとき，電荷の保存則

$$\frac{\partial \rho}{\partial t} + \nabla \cdot \bm{j} = 0$$

が成り立つ．ここで $\bm{j}$ は**電流密度ベクトル**である．

●**オームの法則**●

$$\bm{j} = \sigma \bm{E}$$

を**オームの法則**という．σ は**電気伝導率**を表す．

2.3 磁場

●**磁場の発散**● 磁場 $\bm{B}$ は発散（div）が零のベクトル場である．

$$\nabla \cdot \bm{B} = 0.$$

このことは，磁荷は存在しないことを意味している．$\bm{B}$ を**磁束密度ベクトル**，その大きさ $B = |\bm{B}|$ を**磁束密度**ということもあるが，本書ではこの用語は用いない．

2.3 磁場

●**ベクトルポテンシャル**● 発散が零であるため，磁場 B は

$$B = \nabla \times A$$

の形で与えることができる．上記の関係を満たす A を**ベクトルポテンシャル**という．

●**ビオ–サバールの法則**● 電流 I が流れる導線の微小な一部分を考える．その長さを ds としたとき，大きさ ds で電流が流れる向きを持つベクトルを線素ベクトル $d\boldsymbol{s}$ とする．この導線の一部分が，そこからベクトル $\boldsymbol{r}$ だけ離れた位置に作る磁場 $d\boldsymbol{B}$ は

$$d\boldsymbol{B} = \mu_0 \frac{I d\boldsymbol{s} \times \boldsymbol{r}}{4\pi r^3}$$

で与えられる．これを**ビオ–サバールの法則**という．ただし，$r = |\boldsymbol{r}|$ で μ_0 は真空の**透磁率**である．$d\boldsymbol{s}$ と $\boldsymbol{r}$ のなす角度を θ とすると，磁場の大きさ $dB = |d\boldsymbol{B}|$ は

$$dB = \mu_0 \frac{I \sin\theta}{4\pi r^2} ds.$$

●**アンペールの法則**● 真空中の閉じた経路 C に沿って，磁場 B を線積分したものは，この閉じた経路 C を貫く電流の総和 I の μ_0 倍に等しい．

$$\oint_C \boldsymbol{B} \cdot d\boldsymbol{s} = \mu_0 I. \tag{2.5}$$

ただし，周回積分をする向きを右ネジを回す方向と考えたときに，右ネジが進む向きに流れる電流 I を正の値，反対向きに流れる電流を負の値とする．これを**アンペールの法則の積分形**という．**ストークスの定理**より，閉じた経路 C を縁（境界）とする任意の曲面 S を用いて，(2.5) 式の左辺は $\int_S (\nabla \times \boldsymbol{B}) \cdot d\boldsymbol{S}$ と表せる．また，電流密度ベクトルを $\boldsymbol{j}$ とすると，右辺は $\int_S \mu_0 \boldsymbol{j} \cdot d\boldsymbol{S}$ で与えられる．よって，(2.5) 式は

$$\int_S (\nabla \times \boldsymbol{B} - \mu_0 \boldsymbol{j}) \cdot d\boldsymbol{S} = 0$$

と書き直せる．これが，導線が貫く任意の曲面 S に対して成り立つことより

$$\nabla \times \boldsymbol{B} = \mu_0 \boldsymbol{j}$$

が結論される．これを**アンペールの法則の微分形**という．

●**電磁誘導の法則**● 電気回路 C の起電力 V_e は，電場 $\boldsymbol{E}$ をこの回路の閉経路に沿って周回積分することによって得られる．

$$V_e = \oint_C \boldsymbol{E} \cdot d\boldsymbol{s}. \tag{2.6}$$

この回路を貫く磁束 Φ は，回路を覆う任意の面 S に対する面積分

$$\Phi = \int_S \boldsymbol{B} \cdot d\boldsymbol{S}$$

で定義される．このとき，次が成り立つ．

$$V_e = -\frac{d\Phi}{dt}.$$

これは磁束が変化すると，その変化を抑制する向きに系が変化することを意味する．この関係を**電磁誘導の法則**という．ストークスの定理を用いることにより，(2.6) 式の右辺は $\int_S (\nabla \times \boldsymbol{E}) \cdot d\boldsymbol{S}$ で与えられる．これより，電磁誘導の法則の微分形

$$\nabla \times \boldsymbol{E} = -\frac{\partial \boldsymbol{B}}{\partial t}$$

が導かれる．

2.4 マクスウェル方程式

●**ローレンツ力**● 電場 $\boldsymbol{E}$ および磁場 $\boldsymbol{B}$ の中を，電荷 q の粒子が速度 $\boldsymbol{v}$ で運動するとき，粒子は

$$\boldsymbol{F} = q(\boldsymbol{E} + \boldsymbol{v} \times \boldsymbol{B})$$

の力を受ける．これを**ローレンツ力**という．

●**マクスウェル方程式**● 電荷密度を ρ，電流密度ベクトルを $\boldsymbol{j}$ とする．真空中の電場 $\boldsymbol{E}$ と磁場 $\boldsymbol{B}$ は次の 4 つの偏微分方程式に従う．

$$\nabla \cdot \boldsymbol{E} = \frac{\rho}{\varepsilon_0},$$
$$\nabla \cdot \boldsymbol{B} = 0,$$
$$\nabla \times \boldsymbol{E} = -\frac{\partial \boldsymbol{B}}{\partial t}, \tag{2.7}$$
$$\frac{1}{\mu_0} \nabla \times \boldsymbol{B} = \boldsymbol{j} + \varepsilon_0 \frac{\partial \boldsymbol{E}}{\partial t}. \tag{2.8}$$

これを真空中の**マクスウェル方程式**という．また (2.8) 式の右辺第 2 項の $\varepsilon_0 \frac{\partial \boldsymbol{E}}{\partial t}$ を**変位電流**という．

2.5 電磁波

●**エネルギー密度**● 真空中に電場 E および磁場 B が存在するとき，単位体積あたりのエネルギー U_em は，$E=|E|, B=|B|$ として

$$U_\mathrm{em} = \frac{1}{2}\left(\varepsilon_0 E^2 + \frac{1}{\mu_0} B^2\right)$$

で与えられる．ベクトル場 H を

$$B = \mu_0 H$$

で定義する．これと電束密度 D を用いると

$$U_\mathrm{em} = \frac{1}{2}\left(E\cdot D + H\cdot B\right)$$

と書ける．

●**ポインティングベクトル**● 真空中の**電磁場**に対する**ポインティングベクトル** S は次式で定義される．

$$S = \frac{1}{\mu_0}(E\times B) = E\times H.$$

●**波動方程式**● 電場 E および磁場 B は**波動方程式**

$$\Delta E = \frac{1}{c^2}\frac{\partial^2 E}{\partial t^2}, \quad \Delta B = \frac{1}{c^2}\frac{\partial^2 B}{\partial t^2} \tag{2.9}$$

に従い，真空中を速さ $c = \frac{1}{\sqrt{\varepsilon_0\mu_0}}$ で伝播する．ここで，c は**光速**を与える．

●**平面波**● x 方向に**偏光**して z 方向に進行する電場

$$E = (E_x, E_y, E_z) = \left(E_0 \cos\frac{2\pi(z-ct)}{\lambda}, 0, 0\right)$$

および y 方向に偏光して z 方向に進行する磁場

$$B = (B_x, B_y, B_z) = \left(0, B_0 \cos\frac{2\pi(z-ct)}{\lambda}, 0\right)$$

は波動方程式 (2.9) を満たす．ここで E_0, B_0 は**振幅**，λ は**波長**，c は**位相速度**．
マクスウェルの方程式 (2.7) に代入すると，振幅 E_0 と B_0 の関係

$$\nabla \times \boldsymbol{E} = \left(0, \frac{\partial E_x}{\partial z}, 0\right) = -\frac{\partial \boldsymbol{B}}{\partial t} = \left(0, -\frac{\partial B_y}{\partial t}, 0\right)$$
$$\implies E_0 = cB_0$$

が求まる．

平面波の表式を用いると

$$U_{\rm em} = \frac{1}{2}\left(\varepsilon_0 |E|^2 + \frac{1}{\mu_0}|B|^2\right) = \frac{\varepsilon_0}{2}\left(E_0^2 + \frac{1}{\varepsilon_0\mu_0}B_0^2\right) = \varepsilon_0 E_0^2$$

$$|\boldsymbol{S}| = \frac{1}{\mu_0}|\boldsymbol{E}\times\boldsymbol{B}| = \frac{1}{\mu_0}E_0 B_0 = \frac{\varepsilon_0}{\varepsilon_0\mu_0}cE_0^2 = \varepsilon_0 E_0^2$$

より，ポインティングベクトル $\boldsymbol{S}$ の大きさが**エネルギー密度** $U_{\rm em}$ に等しいことが確認できる．また，ポインティングベクトル $\boldsymbol{S}$ の向きは平面波が進行する向きに等しい．

● **波の屈折** ●

(1) **屈折率** 物質中を伝搬する波（電磁波，音波など）の位相速度が物質 1 で v_1，物質 2 で v_2 のとき物質 1 に対する物質 2 の**屈折率** n_{12} は

$$n_{12} = \frac{v_1}{v_2}$$

で定義される．電磁波の場合，物質 1 の誘電率および透磁率がそれぞれ ε_1, μ_1，物質 2 で ε_2, μ_2 ならば

$$n_{12} = \frac{v_1}{v_2} = \sqrt{\frac{\varepsilon_2 \mu_2}{\varepsilon_1 \mu_1}}.$$

また，真空に対する屈折率を**絶対屈折率**という．物質 1 の絶対屈折率 n_1 は

$$n_1 = \frac{c}{v_1} = \sqrt{\frac{\varepsilon_1 \mu_1}{\varepsilon_0 \mu_0}}.$$

相対屈折率 n_{12} は

$$n_{12} = \frac{v_1}{v_2} = \frac{n_2}{n_1}.$$

(2) **スネルの法則** 2 つの媒質が水平面を境に接している．一方の媒質から速度 v_1，入射角（法線方向からの角度）θ_1 で入射した波が，もう一方の媒質で速度 v_2，透過角（法線方向からの角度）θ_2 で透過した場合

$$\frac{v_1}{v_2} = \frac{\sin\theta_1}{\sin\theta_2}$$

の関係が成り立つ．これを**スネルの法則**という．

2.5 電磁波

●**電磁ポテンシャル**● マクスウェルの方程式で時間微分の項を零とすると，**静電磁場**に対する方程式が得られる．特に $\nabla \cdot \boldsymbol{A} = 0$ を仮定すると，静電ポテンシャル（スカラーポテンシャル）ϕ とベクトルポテンシャル $\boldsymbol{A}$ について

$$\boldsymbol{E} = -\nabla \phi, \quad \boldsymbol{B} = \nabla \times \boldsymbol{A}$$
$$\iff \Delta \phi = -\frac{\rho}{\varepsilon_0}, \quad \Delta \boldsymbol{A} = -\mu_0 \boldsymbol{j}$$

が成り立つ．ここで ρ は電荷密度，$\boldsymbol{j}$ は電流密度ベクトル．ϕ および $\boldsymbol{A}$ を求める表式は積分表示で

$$\phi(\boldsymbol{r}) = \frac{1}{4\pi\varepsilon_0} \int_{\mathcal{V}} \frac{\rho(\boldsymbol{r}')}{|\boldsymbol{r} - \boldsymbol{r}'|} d\mathcal{V}',$$
$$\boldsymbol{A}(\boldsymbol{r}) = \frac{\mu_0}{4\pi} \int_{\mathcal{V}} \frac{\boldsymbol{j}(\boldsymbol{r}')}{|\boldsymbol{r} - \boldsymbol{r}'|} d\mathcal{V}'.$$

積分は電荷と電流が分布している $(\rho(\boldsymbol{r}') \neq 0, \boldsymbol{j}(\boldsymbol{r}') \neq 0)$ 領域 $\mathcal{V}$ すべてにわたる体積積分である（$\boldsymbol{r}' = (x', y', z')$ に対して $d\mathcal{V}' = dx'dy'dz'$）．

●**遅延ポテンシャル**● 時間に依存する電磁場 $\boldsymbol{E}, \boldsymbol{B}$ に対して，**ローレンツゲージ**

$$\nabla \cdot \boldsymbol{A} + \frac{1}{c^2} \frac{\partial \phi}{\partial t} = 0$$

を選ぶと

$$\boldsymbol{E} = -\nabla \phi - \frac{\partial \boldsymbol{A}}{\partial t},$$
$$\boldsymbol{B} = \nabla \times \boldsymbol{A}$$

が成り立つ．ϕ および $\boldsymbol{A}$ は，電荷密度 ρ と電流密度ベクトル $\boldsymbol{j}$ が与えられると

$$\phi(\boldsymbol{r},t) = \frac{1}{4\pi\varepsilon_0} \int_{\mathcal{V}} \frac{\rho\left(\boldsymbol{r}', t - \frac{|\boldsymbol{r}-\boldsymbol{r}'|}{c}\right)}{|\boldsymbol{r} - \boldsymbol{r}'|} d\mathcal{V}',$$
$$\boldsymbol{A}(\boldsymbol{r},t) = \frac{\mu_0}{4\pi} \int_{\mathcal{V}} \frac{\boldsymbol{j}\left(\boldsymbol{r}', t - \frac{|\boldsymbol{r}-\boldsymbol{r}'|}{c}\right)}{|\boldsymbol{r} - \boldsymbol{r}'|} d\mathcal{V}'$$

に従って定まる．これらの式の被積分関数の中の ρ と $\boldsymbol{j}$ の時刻は $t - \frac{|\boldsymbol{r}-\boldsymbol{r}'|}{c}$ となっている．これは，位置 $\boldsymbol{r}'$ における電荷および電流が位置 $\boldsymbol{r}$ における電磁ポテンシャルに影響を与えるまでには，$\frac{|\boldsymbol{r}-\boldsymbol{r}'|}{c}$ だけの時間がかかるからである．電磁ポテンシャル $\phi(\boldsymbol{r},t)$ と $A(\boldsymbol{r},t)$ の時刻 t は，電荷密度 ρ と電流密度 $\boldsymbol{j}$ の時刻 $t - \frac{|\boldsymbol{r}-\boldsymbol{r}'|}{c}$ に比べて，$\frac{|\boldsymbol{r}-\boldsymbol{r}'|}{c}$ だけ遅れていることから，**遅延ポテンシャル**と呼ばれる．

例題 PART

例題 2.1 導体球と鏡像法（早大理工）
原点 O を中心とする半径 a の導体球を誘電率 ε の**誘電体**に満たされた空間中に置く．この導体球に正の電荷 Q を与える．
(1) 球の中心から距離 r の点における電場を**ガウスの法則**を用いて求めよ．
(2) 同様に，距離 r における電位を求めよ．

中心 O から距離 $b\,(>a)$ の位置に正の点電荷 Q を与える（図 (a) 参照）．ただし，導体球は接地されているとする．

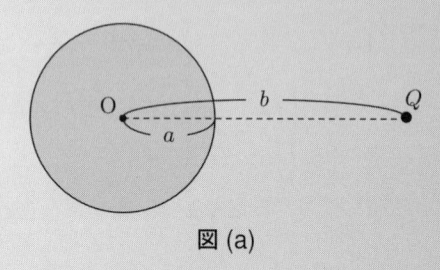

図 (a)

(3) どのような**鏡像電荷**を置けば，導体球表面における境界条件が満たされるか，説明せよ．
(4) 点電荷にはたらくクーロン力を**クーロンの法則**を用いて求めよ．

上記の導体球に全電荷 Q が存在する状態で接地をやめた．導体球は誘電率 ε の誘電体に満たされた空間中に置かれている．
(5) 孤立した導体球の電気容量と静電エネルギーを求めよ．
(6) 球外の正の電荷 Q にはたらくクーロン力と中心からの距離 $b\,(>a)$ の関係をグラフで示せ．

解答例 (1) 考えている系が原点 O を中心とする**球対称性**を持つことから，電場は動径方向外向きのベクトル場である．導体球の中心から距離 r の電場の大きさを $E(r)$ とする．$r>a$ に対しては，ガウスの法則より

$$4\pi r^2 E(r) = \frac{Q}{\varepsilon}$$
$$\implies E(r) = \frac{1}{4\pi\varepsilon}\frac{Q}{r^2}$$

と求まる．また，導体球の内部には電荷は存在しないので，$r<a$ では $E(r)=0$ と

なる．

(2) $r > a$ のとき，電位 $\phi(r)$ は
$$\phi(r) = -\int_\infty^r E(r')dr' = \frac{1}{4\pi\varepsilon}\frac{Q}{r}.$$
$r < a$ では，電位は導体球表面での値と同じであり
$$\phi(r) = \frac{1}{4\pi\varepsilon}\frac{Q}{a}$$
となる．

(3) 導体球は**接地**されているので，導体表面で電位は零である．この境界条件を満たすように鏡像電荷を置く必要がある（図 (b) 参照）．中心 O と正電荷の位置（これを点 A とする）を通る線分を考える．導体球内に含まれる線分上のある 1 点（これを点 B とする）に鏡像電荷 $-Q'$ を置くとする．このようにして置かれた鏡像電荷は導体球の球面上の任意の点 C において

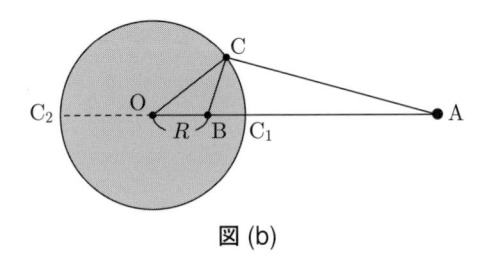

図 (b)

$$\phi = \frac{1}{4\pi\varepsilon}\left(\frac{Q}{\overline{\mathrm{CA}}} - \frac{Q'}{\overline{\mathrm{CB}}}\right) = 0$$

すなわち
$$\frac{\overline{\mathrm{CA}}}{\overline{\mathrm{CB}}} = \frac{Q}{Q'}$$

という関係を満たさなければならない．したがって，$\overline{\mathrm{OB}} = R$ とすると，点 C が線分 AB 上に位置するとき（図 (b) の点 C_1）には

$$\frac{b-a}{a-R} = \frac{Q}{Q'} \tag{1}$$

が成り立ち，点 C が直線 AO 上の点 O に対して，点 B と反対側に位置するとき（図 (b) の点 C_2）には

$$\frac{b+a}{a+R} = \frac{Q}{Q'} \tag{2}$$

が成り立つ必要がある．よって

$$\frac{b-a}{a-R} = \frac{b+a}{a+R}$$

が必要になる．これより

$$R = \frac{a^2}{b} \tag{3}$$

と決まる．(3) 式を (1) 式または (2) 式に代入すると

$$Q' = \frac{a}{b}Q$$

と定まる．つまり，線分 OA 上の点 O から $\frac{a^2}{b}$ の点に，$-\frac{a}{b}Q$ の鏡像電荷を置けばよい．

(4) 点電荷とその鏡像電荷との間の距離は

$$\overline{\mathrm{AB}} = b - R = b - \frac{a^2}{b}$$

なので，求める力 F は，クーロンの法則より

$$F = \frac{1}{4\pi\varepsilon} \frac{1}{\left(b - \frac{a^2}{b}\right)^2} Q \times \left(-\frac{a}{b}Q\right)$$
$$= -\frac{Q^2}{4\pi\varepsilon} \frac{ab}{(b^2 - a^2)^2}.$$

(5) 無限遠点の電位 $\phi(\infty)$ を 0 とすると，導体球表面の電位は

$$\phi(a) = \frac{Q}{4\pi\varepsilon a}$$

なので，この間の電位差 V は

$$V = \phi(a) - \phi(\infty) = \frac{Q}{4\pi\varepsilon a}$$

となる．2 つの導体板が導体球表面および無限遠点に存在し，その間を誘電率 ε の誘電体で満たされた**コンデンサ**があると考える．電荷 Q, **電気容量** C, 電位差 V の間に $Q = CV$ の関係があるので

$$C = 4\pi\varepsilon a$$

が得られる．

また，静電エネルギー U は

$$U = \frac{1}{2}QV = \frac{Q^2}{8\pi\varepsilon a}$$

と計算できる．

(6) 設問 (3) で求めた鏡像電荷は，導体表面の電位を零とするものであった．そのときの導体球内の電荷は $-Q'$ であった．孤立した導体球の場合でも導体表面は**等電位面**である．ただし，今度は導体球内の全電荷は Q でなければならない．導体球表面を等電位に保ちつつ，導体球内の全電荷を Q にするために，新たな鏡像電荷

$$Q'' = Q + Q' = Q\left(1 + \frac{a}{b}\right)$$

を球の中心に置けばよい．したがって，中心から距離 b だけ離れている正電荷に加わるクーロン力 F' は

$$\begin{aligned}F' &= F + \frac{1}{4\pi\varepsilon}\frac{QQ''}{b^2} \\ &= -\frac{Q^2}{4\pi\varepsilon}\frac{ab}{(b^2-a^2)^2} + \frac{1}{4\pi\varepsilon}\frac{Q^2}{b^2}\left(1+\frac{a}{b}\right) \\ \iff F' &= \frac{Q^2}{4\pi\varepsilon}\left\{\frac{1}{b^2} + \frac{a}{b^3} - \frac{ab}{(b^2-a^2)^2}\right\}\end{aligned} \quad (4)$$

で与えられる．b が十分大きいとき，(4) 式の括弧内の第 1 項の寄与が残る．つまり，F' は距離 b だけ離れた 2 つの電荷（それぞれ Q）にはたらく斥力 $\frac{Q^2}{4\pi\varepsilon b^2}$ に漸近する．逆に，b が a に近くなると，第 3 項の寄与が大きくなり F' は引力になる（下図 (c) を参照）．

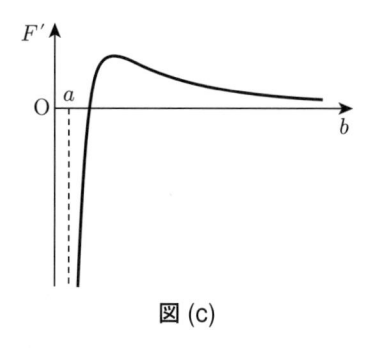

図 (c)

解答終

例題 2.2　導波管中の電磁波（東大理）

以下の設問を通して，自由空間と**導波管**（金属でできた中空の管）における**電磁波**の伝搬の違いについて考えよう．

(1) 電場を $\widetilde{\bm{E}}$，磁場を $\widetilde{\bm{B}}$ とすると，真空中の**マクスウェル方程式**は

$$\nabla \cdot \widetilde{\bm{E}} = 0,$$

$$\nabla \times \widetilde{\bm{E}} = -\frac{\partial \widetilde{\bm{B}}}{\partial t},$$

$$\nabla \cdot \widetilde{\bm{B}} = 0,$$

$$\nabla \times \widetilde{\bm{B}} = \frac{1}{c^2}\frac{\partial \widetilde{\bm{E}}}{\partial t}$$

と書ける．ここで c は真空中の光速度である．これらの式から，次の波動方程式を導け．

$$\left(\nabla^2 - \frac{1}{c^2}\frac{\partial^2}{\partial t^2}\right)\widetilde{\bm{E}} = 0,$$

$$\left(\nabla^2 - \frac{1}{c^2}\frac{\partial^2}{\partial t^2}\right)\widetilde{\bm{B}} = 0.$$

以下では，z 方向に伝播する電磁場の関数形を

$$\widetilde{\bm{E}}(x,y,z,t) = \bm{E}(x,y)\exp[i(kz-\omega t)],$$
$$\widetilde{\bm{B}}(x,y,z,t) = \bm{B}(x,y)\exp[i(kz-\omega t)]$$

と仮定する（自由空間中を z 方向に伝播する電磁波では，電磁場の z 成分はともに零であるが，境界が存在する場合には，それらは必ずしも零ではないことに注意せよ）．

(2) このとき，k と ω で表されるある γ を用いると，$\bm{E}(x,y), \bm{B}(x,y)$ の z 成分 E_z, B_z が

$$\left(\frac{\partial^2}{\partial x^2} + \frac{\partial^2}{\partial y^2} + \gamma^2\right)E_z = 0, \tag{1}$$

$$\left(\frac{\partial^2}{\partial x^2} + \frac{\partial^2}{\partial y^2} + \gamma^2\right)B_z = 0 \tag{2}$$

という形の方程式を満たすことを示し，そのときの γ^2 を具体的に書き表せ．

次に，図のような長方形 ($a > b$) の断面を持つ導波管内を，z 方向に伝搬する電磁波を考える．導波管の壁面は完全導体でできており，内部は真空とする．ただし，壁面の厚さは無視してよいものとする．また，n を壁面の内側を向く単位法線ベクトルとしたとき，壁面での**境界条件**は $n \times \widetilde{E} = 0, n \cdot \widetilde{B} = 0$ で与えられる．

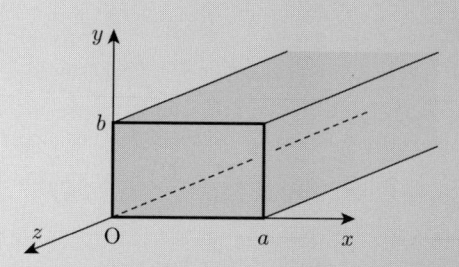

z 方向に無限に伸びている導波管の模式図．
ただし，$z < 0$ の領域のみ描かれている．

(3) **変数分離法**を用いて，(1) 式を E_z について解くことを考える．導波管壁面の境界条件に注意すると，整数 m, n を用いて

$$\gamma^2 = \frac{m^2\pi^2}{a^2} + \frac{n^2\pi^2}{b^2}$$

と書けることを示せ．また，この整数の組 (m, n) に対する解 E_z を求めよ．ただし，E_z の最大値を E とせよ．

(4) 設問 (3) と同じ整数の組 (m, n) を用いると，(2) 式の解は

$$B_z = B \cos \alpha x \cos \beta y$$

と書ける．ただし

$$\alpha = \frac{m\pi}{a}, \quad \beta = \frac{n\pi}{b}$$

である．このとき，残りの成分 E_x, E_y, B_x, B_y を求めよ．

(5) 設問 (3) と (4) で得られた解 $\boldsymbol{E}(x, y), \boldsymbol{B}(x, y)$ のうち，$E_z = 0$ を満たす特別な場合を考える．4 つの整数の組 $(m, n) = (0, 0), (1, 0), (0, 1), (1, 1)$ に対応する電磁場の解のうち，z 方向に伝搬する電磁波を表し，かつその振動数が最小となるものはどれか．その最小振動数と (m, n) を答え，理由も述べよ．

(6) 設問 (5) で $E_z = 0$ の代わりに，$B_z = 0$ を満たす場合はどうなるか．同じく，最小振動数と (m, n) を，理由をつけて答えよ．

解答例 (1) 問題文中に与えられたマクスウェル方程式の第 2 式の両辺に $\nabla\times$ を作用すると

$$\nabla \times (\nabla \times \widetilde{\boldsymbol{E}}) = -\nabla \times \frac{\partial \widetilde{\boldsymbol{B}}}{\partial t} \tag{3}$$

が得られる．(3) 式の左辺は演算子 ∇ の公式を使うと

$$\nabla \times (\nabla \times \widetilde{\boldsymbol{E}}) = \nabla(\nabla \cdot \widetilde{\boldsymbol{E}}) - \nabla^2 \widetilde{\boldsymbol{E}} = -\nabla^2 \widetilde{\boldsymbol{E}}$$

となる．ただし，2 番目の等式で，マクスウェル方程式の第 1 式を用いた．他方，(3) 式の右辺はマクスウェル方程式の第 4 式を用いると

$$-\nabla \times \frac{\partial \widetilde{\boldsymbol{B}}}{\partial t} = -\frac{\partial}{\partial t}(\nabla \times \widetilde{\boldsymbol{B}}) = -\frac{1}{c^2}\frac{\partial^2 \widetilde{\boldsymbol{E}}}{\partial t^2}$$

と変形できる．以上より

$$\left(\nabla^2 - \frac{1}{c^2}\frac{\partial^2}{\partial t^2}\right)\widetilde{\boldsymbol{E}} = 0$$

が導かれる．磁場 $\widetilde{\boldsymbol{B}}$ についても

$$\nabla \times (\nabla \times \widetilde{\boldsymbol{B}}) = \nabla \times \frac{1}{c^2}\frac{\partial \widetilde{\boldsymbol{E}}}{\partial t}$$

から出発し，同様の計算を行うことで

$$\left(\nabla^2 - \frac{1}{c^2}\frac{\partial^2}{\partial t^2}\right)\widetilde{\boldsymbol{B}} = 0$$

を得ることができる．

(2) $\widetilde{\boldsymbol{E}}$ の z 成分

$$\widetilde{E}_z = E_z(x,y)\exp\{i(kz-\omega t)\}$$

を**波動方程式**に代入すると

$$\left(\nabla^2 - \frac{1}{c^2}\frac{\partial^2}{\partial t^2}\right)\widetilde{E}_z = 0 \iff \left(\frac{\partial^2}{\partial x^2} + \frac{\partial^2}{\partial y^2} - k^2 + \frac{\omega^2}{c^2}\right)\widetilde{E}_z = 0$$

を得る．B_z に関しても同様．したがって

$$\gamma^2 = -k^2 + \frac{\omega^2}{c^2}.$$

(3) $E_z(x,y)$ が x のみの関数（これを $X(x)$ とする）と y のみの関数（これを $Y(y)$ とする）の積

$$E_z(x,y) = X(x)Y(y) \tag{4}$$

で与えられるものと仮定する（**変数分離法**）．(4) 式を (1) 式に代入して，$X(x)Y(y) \neq 0$ で割ると

$$\frac{1}{X(x)}\frac{d^2X(x)}{dx^2} + \frac{1}{Y(y)}\frac{d^2Y(y)}{dy^2} + \gamma^2 = 0$$
$$\iff \frac{1}{X(x)}\frac{d^2X(x)}{dx^2} = -\frac{1}{Y(y)}\frac{d^2Y(y)}{dy^2} - \gamma^2 \qquad (5)$$

となる．(5) 式の左辺は x のみの関数であり，右辺は y のみの関数である．任意の x, y に対して (5) の等式が成り立つのは，両辺ともが x にも y にもよらない定数である場合だけである．この定数を $-k_x^2$ とおき，また $k_y^2 = \gamma^2 - k_x^2$ とすると

$$\frac{d^2X(x)}{dx^2} = -k_x^2 X(x), \quad \frac{d^2Y(y)}{dy^2} = -k_y^2 Y(y)$$

という 2 つの常微分方程式が得られる．一般に $k_x \neq 0, k_y \neq 0$ とすると，これらはともに 1 次元調和振動子の方程式であるので

$$\begin{aligned} X(x) &= C_1 \sin k_x x + C_2 \cos k_x x \\ Y(y) &= C_3 \sin k_y y + C_4 \cos k_y y \\ \gamma^2 &= k_x^2 + k_y^2 \end{aligned} \qquad (6)$$

の形の解を持つことは明らかである (C_1, C_2, C_3, C_4 は定数)．ここで，境界条件を考える．壁面は**完全導体**なので，境界における接線方向の電場は零 ($\boldsymbol{n} \times \widetilde{\boldsymbol{E}} = 0$)，すなわち $x = 0$ または $x = a$，および $y = 0$ または $y = b$ で $E_z = 0$ である．$E_z(x, y)$ の振幅を E とすると，(6) 式において，$C_2 = C_4 = 0, C_1 = C_3 = E$ であり，(m, n) を整数の組としたとき

$$k_x = \frac{m\pi}{a}, \quad k_y = \frac{n\pi}{b}$$

でなければならないことになる．よって

$$\gamma^2 = k_x^2 + k_y^2 = \left(\frac{m\pi}{a}\right)^2 + \left(\frac{n\pi}{b}\right)^2$$

であり

$$E_z = E \sin\frac{m\pi}{a}x \sin\frac{n\pi}{b}y \qquad (7)$$

と求められる．

(4) 設問 (1) で仮定した電磁場の関数形を用いると，マクスウェル方程式の第 2 式より

$$\frac{\partial E_z}{\partial y} - ikE_y = i\omega B_x, \quad ikE_x - \frac{\partial E_z}{\partial x} = i\omega B_y \qquad (8)$$

および，第 4 式より

$$\frac{\partial B_z}{\partial y} - ikB_y = -\frac{i\omega}{c^2}E_x, \quad ikB_x - \frac{\partial B_z}{\partial x} = -\frac{i\omega}{c^2}E_y \qquad (9)$$

を得る.

ここで (8) 式と (9) 式において B_y を消去すると

$$i\left\{k^2 - \left(\frac{\omega}{c}\right)^2\right\} E_x = k\frac{\partial E_z}{\partial x} + \omega\frac{\partial B_z}{\partial y}$$

$$\implies E_x = \frac{i}{\gamma^2}\left(k\frac{\partial E_z}{\partial x} + \omega\frac{\partial B_z}{\partial y}\right)$$

を得る. ここで, 設問 (3) で求めた (7) 式および設問 (4) の問題文中で与えてある B_z の表式を代入すると

$$E_x = \frac{i}{\gamma^2}(\alpha k E - \beta\omega B)\cos\alpha x \sin\beta y$$

と求められる. 同様に

$$E_y = \frac{i}{\gamma^2}\left(k\frac{\partial E_z}{\partial y} - \omega\frac{\partial B_z}{\partial x}\right) = \frac{i}{\gamma^2}(\beta k E + \alpha\omega B)\sin\alpha x \cos\beta y,$$

$$B_x = \frac{i}{\gamma^2}\left(-\frac{\omega}{c^2}\frac{\partial E_z}{\partial y} + k\frac{\partial B_z}{\partial x}\right) = \frac{i}{\gamma^2}\left(-\frac{\beta\omega}{c^2}E - \alpha k B\right)\sin\alpha x \cos\beta y,$$

$$B_y = \frac{i}{\gamma^2}\left(\frac{\omega}{c^2}\frac{\partial E_z}{\partial x} + k\frac{\partial B_z}{\partial y}\right) = \frac{i}{\gamma^2}\left(\frac{\alpha\omega}{c^2}E - \beta k B\right)\cos\alpha x \sin\beta y$$

と求まる.

(5) z 方向に伝搬する電磁波であるための条件は k が実数であること, すなわち

$$k^2 = \frac{\omega^2}{c^2} - \left(\frac{m\pi}{a}\right)^2 - \left(\frac{n\pi}{b}\right)^2 > 0$$

$$\iff \omega > \omega_c = c\sqrt{\left(\frac{m\pi}{a}\right)^2 + \left(\frac{n\pi}{b}\right)^2}$$

が成り立つことである. ただし, $(m,n) = (0,0)$ の場合は, $\alpha = \beta = 0$ であるから, 設問 (4) の答より $E_x = E_y = B_x = B_y = 0$ となってしまい**導波管**を伝わる電磁波としてふさわしくない. $a > b$ であることを考えると, 最小振動数 ω_c は $(m,n) = (1,0)$ のときの

$$\omega_c = \frac{c\pi}{a}$$

であることが結論される.

(6) m および n のどちらか一方が零の場合, (7) 式より $E_z = 0$ となり題意に反する. よって, 最小振動数 ω_c は $(m,n) = (1,1)$ のときの

$$\omega_c = c\sqrt{\frac{\pi^2}{a^2} + \frac{\pi^2}{b^2}}$$

となる.

解答終

第 2 章　演習問題

2.1　定常電流が作る磁場（九大理）

太さが無視できる直線状の電線を流れる電流が作る磁場について，以下の設問に答えよ（以下，μ_0 は真空の透磁率，Δ はラプラシアンを表す）．

(1) **アンペールの法則の積分形**を書き，その意味を説明せよ．

(2) 図 (a) のような直交座標系の y 軸上に，無限に長い直線状の電線がある．その電線を，定常電流 I が y 軸の正の向きに流れている．アンペールの法則を用いて，この電流が点 $(b,0,0)$ $(b>0)$ に作る磁場 $\boldsymbol{B}$ の z 成分を求めよ．

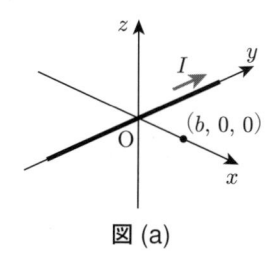

図 (a)

設問 (2) の結果を，**ベクトルポテンシャル**を使って，以下のように導出しよう．

真空中を流れる定常電流が作るベクトルポテンシャル $\boldsymbol{A}$ は，$\nabla\cdot\boldsymbol{A}=0$ のゲージの場合，$\Delta\boldsymbol{A}=-\mu_0\boldsymbol{j}$（$\boldsymbol{j}$ は電流密度ベクトル）を満たし，$\boldsymbol{j}$ が無限遠で零の場合には，解は

$$\boldsymbol{A}(\boldsymbol{r}) = \frac{\mu_0}{4\pi}\int dx'dy'dz'\frac{\boldsymbol{j}(\boldsymbol{r}')}{|\boldsymbol{r}-\boldsymbol{r}'|} \quad ①$$

で与えられる．ただし，$\boldsymbol{r}=(x,y,z)$, $\boldsymbol{r}'=(x',y',z')$ とする．

無限に長い定常電流の代わりに，一辺 $2L$ の大きな正方形の閉回路を考えると（図 (b) 参照），① 式を用いることができる．この回路の一辺が y 軸上 $-L$ から L にあるとして，以下に答えよ．

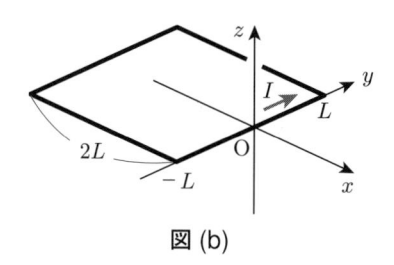

図 (b)

(3) 一般の場合について，ベクトルポテンシャル $\boldsymbol{A}$ と磁場 $\boldsymbol{B}$ の関係を書け．

(4) 図 (b) の y 軸上の電流は，$\boldsymbol{j}=I\delta(x)\delta(z)\widehat{\boldsymbol{y}}$ $(-L\leq y\leq L)$ と表される．こ

こで, $\delta(x)$ と $\delta(z)$ は**デルタ関数**, $\widehat{\boldsymbol{y}}$ は y 方向の単位ベクトルである. これを用いて, y 軸上の定常電流が作るベクトルポテンシャルの表式を導け (y 方向の積分の計算はしなくてよい).

(5) $b \ll L$ のとき, y 軸上以外の電流が $(b, 0, 0)$ に作る磁場は無視できる. このことから, 設問 (4) の結果を用いて, この定常電流が $(b, 0, 0)$ に作る $\boldsymbol{B}$ の各成分を求めよ. ただし, $L \to \infty$ として積分を実行せよ.

2.2 円筒導体内外の電場と磁場 (東大理)

真空中に無限に長い直線状導線と半径 R [m] の無限に長い中空の**円筒導体**が図のように置かれている. 導線は円筒の中心 O から x 軸方向に x_0 [m] ($0 \le x_0 < R$) の位置にあるものとする. 任意の点 A (中心 O から距離 r [m], x 軸からの角度 ϕ [rad]) での電場の動径方向成分と円周方向成分を E_r, E_ϕ [V·m^{-1}], 磁場の動径方向成分と円周方向成分を B_r, B_ϕ [Wb·m^{-2}] として, 以下の設問に答えよ. ただし, 真空中の誘電率と透磁率を ε_0, μ_0 とし, **SI 単位系** (**MKSA 単位系**) を用いるものとする.

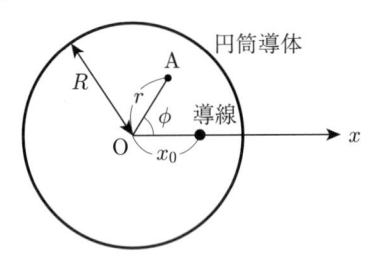

まず, 導線が円筒の中心 O にある場合 ($x_0 = 0$) を考える. 以下の設問に答えよ.

(**問 1**) 導線に電流 I [A] が紙面の下から上の方向に, 円筒導体にはその反対方向に電流 I [A] が一様に流れているとする. 円筒内 ($r < R$) および円筒外 ($r > R$) の各領域で, 磁場の成分 B_r, B_ϕ [Wb·m^{-2}] を求めよ.

(**問 2**) 導線が λ [C·m^{-1}] の線電荷密度 (単位長さ当たりの電荷) で一様に帯電している場合を考える. ただし, 円筒は接地されているものとする.

 (a) 円筒内 ($r < R$) および円筒外 ($r > R$) の各領域で, 電場の成分 E_r, E_ϕ [V·m^{-1}] を求めよ.

 (b) 円筒面に生じる面電荷密度 σ [C·m^{-2}] と単位長さ当たりの総電荷量 λ_t [C·m^{-1}] を求めよ.

 (c) 円筒が接地されずに**絶縁**されていた場合, 電場は円筒内と円筒外でどうなるか. ただし, 絶縁前に帯電はされていないものとする.

次に, 導線が円筒導体の中心 O からずれている場合 ($0 < x_0 < R$) を考える (図

参照).以下の設問に答えよ.

(問 3) (問 1) と同様に,導線に電流 I [A] が紙面の下から上の方向に,円筒導体にはその反対方向に電流 I [A] が一様に流れている.円筒外 ($r > R$) での磁場の成分 B_r, B_ϕ [Wb·m^{-2}] を求めよ.

(問 4) (問 2) と同様に,導線が λ [C·m^{-1}] の線電荷密度(単位長さ当たりの電荷)で一様に帯電している.ただし,円筒は接地されているものとする.

(a) 円筒導体に対する**電気影像**が,中心 O から x 軸方向に $\frac{R^2}{x_0}$ 離れた位置にある線電荷密度 $-\lambda$ の無限に長い導線であることを示し,円筒内での電場の成分 E_r, E_ϕ [V·m^{-1}] を求めよ.

(b) 円筒面に生じる面電荷密度 σ [C·m^{-1}] を求めよ.

(c) 円筒を左右半分に分けて考えたとき,$x > 0$ の部分($0° \leq \phi < 90°$ および $270° < \phi \leq 360°$)と $x < 0$ の部分($90° < \phi < 270°$)の半円筒面に帯電する単位長さ当たりの電荷 λ_+, λ_- [C·m^{-1}] をそれぞれ求め

$$\frac{\lambda_+ - \lambda_-}{\lambda_+ + \lambda_-} = Sx_0$$

となる S を求めよ.ただし,$x_0 \ll R$ として考えよ.

2.3 電気双極子と磁気双極子 (京大理)

電気双極子と**磁気双極子**について考えよう.

(1) $(x, y, z) = \left(0, 0, \frac{d}{2}\right)$ に正の電荷 q (> 0),$(x, y, z) = \left(0, 0, -\frac{d}{2}\right)$ に負の電荷 $-q$ が置かれているとき,任意の点 $\boldsymbol{r} = (x, y, z)$ における**静電ポテンシャル** ϕ を求めよ.ただし,真空の誘電率を ε_0 とする.

(2) 設問 (1) において $qd = p$ を一定に保ちつつ,$d \to 0$ とすると電気双極子となる.このとき双極子モーメント $\boldsymbol{p} = (0, 0, p)$ を用いて,任意の点 $\boldsymbol{r}$ における静電ポテンシャル ϕ を表せ.また,電気双極子によってできる電場は

$$\boldsymbol{E} = \frac{1}{4\pi\varepsilon_0} \left\{ -\frac{\boldsymbol{p}}{r^3} + \frac{3\boldsymbol{r}(\boldsymbol{p} \cdot \boldsymbol{r})}{r^5} \right\} \qquad ①$$

となることを示せ.

(3) 一様な静電場 $\boldsymbol{E} = (E_x, E_y, E_z) = (0, 0, E_0)$ の中に置かれた導体球の表面に誘起される電荷が作る電場は,導体球の外では電気双極子が作る電場と等価になることを示せ.ただし,導体球の全電荷は零である.なお,導体球の外側での静電ポテンシャル ϕ は**ラプラス方程式**の解として得られる.軸対称のとき,$z = r\cos\theta$ とする **3 次元極座標** (r, θ, φ) を用いると,ラプラス方程式の一般解は

$$\phi(r,\theta) = \sum_{l=0}^{\infty} \left(A_l r^l + \frac{B_l}{r^{l+1}} \right) P_l(\cos\theta) \qquad ②$$

と与えられる．ここで $P_l(\cos\theta)$ は**ルジャンドル多項式**であり

$$P_0(x) = 1$$
$$P_1(x) = x$$
$$P_2(x) = \frac{1}{2}\left(3x^2 - 1\right)$$

となる．また，導体球面上ではポテンシャル＝一定（＝ 0 とおいてよい），遠方では一様な静電場という**境界条件**が成り立つことに注意せよ．

(4) 閉電流が作る磁場は遠方では磁気双極子が作る磁場と等価になる．この証明を考えよう．ただし，ここでは簡単のために閉電流の流れる閉回路 C は平面上にあるとし，座標の原点 O は閉回路と同一平面内の閉回路の近傍にあるとする（図参照）．閉回路 C を一定の電流 I が流れているときに，点 P に作られるベクトルポテンシャルは，点 P の位置ベクトルを $\boldsymbol{r}$ としたとき

$$\boldsymbol{A}(\boldsymbol{r}) = \frac{\mu_0 I}{4\pi} \int_C \frac{d\boldsymbol{s}}{|\boldsymbol{r} - \boldsymbol{s}|} \qquad ③$$

で与えられる．ここで μ_0 は真空の透磁率，$\boldsymbol{s}$ は閉回路 C 上の点を表す位置ベクトルである．まず，遠方では $|\boldsymbol{r}| \gg |\boldsymbol{s}|$ となることを用いて，被積分関数を $\frac{|\boldsymbol{s}|}{|\boldsymbol{r}|}$ の 1 次まで展開したときのベクトルポテンシャルを書き下せ．

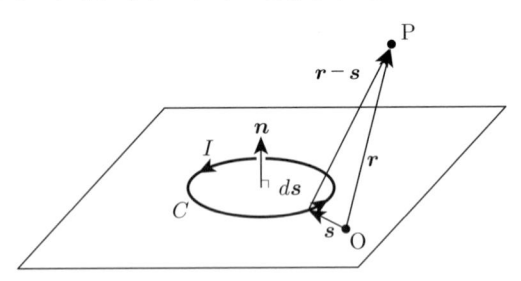

次に，公式

$$\int_C (\boldsymbol{r}\cdot\boldsymbol{s})d\boldsymbol{s} = \frac{1}{2}\int_C (\boldsymbol{s}\times d\boldsymbol{s})\times\boldsymbol{r} \qquad ④$$

および

$$\int_C (\boldsymbol{s}\times d\boldsymbol{s}) = 2\boldsymbol{n}S \qquad ⑤$$

を用いて，遠方でのベクトルポテンシャルを求めよ．ここで，S は平面内に閉回路が囲む面積，$\boldsymbol{n}$ は平面に垂直な単位ベクトルである（図参照）．

さらに，遠方での磁場 B を求め，$m = \mu_0 SIn$ を用いて表せ．これは設問 (2) の電場と定数倍を除き同じ関数形になっており，磁気双極子の作る磁場と等価である．

(5) 原点 $(x, y, z) = (0, 0, 0)$ に正の電荷 $2q$ (> 0)，$(x, y, z) = (0, 0, d)$ に負の電荷 $-q$，$(x, y, z) = (0, 0, -d)$ に負の電荷 $-q$ が置かれているとき，遠方では四重極子電場となる．遠方で，これと定数倍を除き同じ関数形を持つ四重極子磁場を作る電流分布の一例を図に描いて示せ．

2.4 電磁波と電子の相互作用（東大理）

真空中で，高い強度の**単色光**（電磁波）と**自由電子**（質量 m，電荷 $-e$）との相互作用を考える．電子にはたらく力 $F = -e(E + v \times B)$（E, B はそれぞれ光の電場と磁場，v は電子の速度）のうち，光の磁場成分と電子との相互作用の寄与が十分小さいのはどのような場合かを具体的に考察しよう．空間内のある点で，x 方向に直線偏光した角振動数 ω を持つ単色平面波の電場を $E_x = E_0 \sin \omega t$ と表すとき，以下の設問に答えよ．ただし，真空中での光の速さを c とする．

(1) 光の電場の振幅 E_0 と磁場の振幅 B_0 の比 $\frac{E_0}{B_0}$ が c であることに注意し，電子にはたらく力のうち，光の磁場成分と電子との相互作用の寄与が十分小さくなるための v の大きさに関する条件を求めよ．

以下の設問 (2), (3), (5) では設問 (1) で考察した光の磁場成分と電子との相互作用の寄与が十分小さく，無視してよい場合を考える．

(2) 時刻 $t = t_0$ で電子の速度が零であったとする．時刻 $t > t_0$ における光の電場 E_x 中での電子の運動エネルギーを求めよ．

(3) 設問 (2) で求めた運動エネルギーについて，光の電場の 1 周期 $T = \frac{2\pi}{\omega}$ にわたる平均を求めよ．また，求めた平均が取り得る最小値を明示し，その物理的意味を簡潔に説明せよ．時間に依存するある物理量 $u(t)$ の 1 周期にわたる平均 $\langle u(t) \rangle$ は

$$\langle u(t) \rangle = \frac{1}{T} \int_t^{t+T} u(t') dt'$$

で定義される．

(4) 光の強度 $I\,[\mathrm{W \cdot m^{-2}}]$ が**ポインティングベクトル** $S = \frac{1}{\mu_0}(E \times B)$ （μ_0 は真空の透磁率）の大きさの 1 周期平均に相当することに注意し，電場の振幅 E_0 を光の強度 I と $Z_0 = \sqrt{\frac{\mu_0}{\varepsilon_0}}$ （ε_0 は真空の誘電率）を含む式で表せ．Z_0 は**真空の放射インピーダンス**と呼ばれる．

(5) 電子の運動エネルギーについて，設問 (3) で求めた平均が取り得る最小値を U と書く．設問 (4) の結果を用い，$U\,[\mathrm{J}]$ の表式を，光の強度 $I\,[\mathrm{W \cdot m^{-2}}]$，その波長 $\lambda\,[\mathrm{m}]$，電子の質量 $m\,[\mathrm{kg}]$ と電荷の大きさ $e\,[\mathrm{C}]$，光の速さ $c\,[\mathrm{m \cdot s^{-1}}]$，および Z_0

を用いて表せ．

(6) 設問 (5) で得られた U の表式に光の強度 I と波長 λ 以外の物理量を代入すると，数値係数は 1.5×10^{-24} s となる．いま，$\lambda = 0.8\,[\mu\mathrm{m}] = 8 \times 10^{-7}\,[\mathrm{m}]$ のとき，$I < 10^{18}\,[\mathrm{W \cdot m^{-2}}]$ であれば，設問 (1) で考察したように，電子にはたらく力のうち，光の磁場成分と電子との相互作用の寄与が十分小さいことを示せ．ただし，$m = 9 \times 10^{-31}\,[\mathrm{kg}]$ とする．

2.5 磁場中の荷電粒子の相対論的運動（東大理）

電磁場中での電荷 q，静止質量 m を持つ粒子の加速を考える．電場 $\boldsymbol{E}$，磁場 $\boldsymbol{B}$ の下で荷電粒子は**ローレンツ力**

$$\boldsymbol{F} = q(\boldsymbol{E} + \boldsymbol{v} \times \boldsymbol{B}) \qquad ①$$

を受ける．ここで，$\boldsymbol{v}$ は粒子の速度で，磁場 $\boldsymbol{B}$ は常に z 軸方向に一様で一定，つまり $\boldsymbol{B} = (0, 0, B)$ とする．また，荷電粒子の運動に伴なう電磁波の放出を無視する．

まず，粒子の速度は光速度 c に比べて十分小さく，したがって相対論的効果を考えなくて良いとする．

(1) 電場が存在せず，一様な磁場だけがある場合，粒子を時刻 $t = 0$ に初速度 $\boldsymbol{v} = (v_0, 0, 0)$ で $\boldsymbol{x} = (0, 0, 0)$ から放出した場合にこの粒子の時刻 t での速度と位置を求めよ．

(2) 一様磁場に周期的に変動する電場 $\boldsymbol{E} = (-E\sin\Omega t, -E\cos\Omega t, 0)$ を加え，設問 (1) と同じ初期条件で荷電粒子を放出した場合，時刻 t での粒子の速度を求めよ．ただし，E は定数である．

(3) $\Omega = \dfrac{qB}{m}$ のとき，十分時間がたてば荷電粒子の運動エネルギーが時間とともに増大することを示せ．

次に，粒子の速度が**光速度**に比べて無視できない（相対論的な）場合を考える．このときは粒子の運動量 p，エネルギー $\mathcal{E}$ は**相対論的表式**

$$\boldsymbol{p} = \frac{m\boldsymbol{v}}{\sqrt{1 - \frac{v^2}{c^2}}}, \quad \mathcal{E} = \frac{mc^2}{\sqrt{1 - \frac{v^2}{c^2}}}$$

で与えられる．ここで，$v = |\boldsymbol{v}|$ である．また，相対論的な場合も ① 式で与えられるローレンツ力 $\boldsymbol{F}$ を使って運動方程式は $\dfrac{d\boldsymbol{p}}{dt} = \boldsymbol{F}$ と書ける．

(4) 設問 (1) と同じく一様な磁場だけがあり，電場がない場合，粒子の速度が相対論的のときも，運動方程式の両辺と速度 $\boldsymbol{v}$ との内積をとることによって粒子の速さ v が運動中一定であることを示せ．

(5) 前問までの結果を使って運動方程式を解き，粒子の速度 $\boldsymbol{v}(t)$ を求めよ．

(6) 相対論的な場合の結果を考慮して，設問 (3) と同じく一様な磁場と振動数 $\Omega = \frac{qB}{m}$ で変動する電場が存在する場合，粒子の運動エネルギー（$\mathcal{E} - mc^2$）の増加は止まる．その理由を述べよ．ただし，最初荷電粒子の速さは光速に比べて小さいとして，具体的な**相対論的な運動方程式**を解く必要はない．

2.6 超伝導体のマイスナー効果 （京大理）

電気抵抗が零である**超伝導体**では，散乱されない電子が電気伝導を担っていると考えることができる．超伝導体の外部に磁場があるとき，超伝導体内部への磁場侵入を考察する．設問に出てくる定数 $n, -e, m$ は電子の数密度，電荷，および質量である．超伝導体内部も誘電率，透磁率は真空中と同じで，それぞれ ε_0, μ_0 とする．すなわち超伝導体の反磁性効果は，超伝導体の電流によって生じる磁場への寄与として扱う．

(1) 電子が全く散乱を受けないとすると電流密度 $\boldsymbol{J}$ は，電場 $\boldsymbol{E}$ に対して次式が成り立つことを示せ．

$$\frac{\partial \boldsymbol{J}}{\partial t} = \frac{ne^2}{m} \boldsymbol{E}. \qquad ①$$

他方，**常伝導体**状態の電流密度 $\boldsymbol{J}_{\mathrm{N}}$ と電場との関係式は，この式と大きく異なる．異なる理由を簡潔に述べよ．

(2) 前問の ① 式と**マクスウェル方程式**から，$\boldsymbol{J}$ と磁場 $\boldsymbol{B}$ に関する次の式が導かれることを示せ．

$$\frac{\partial}{\partial t}\left(\mathrm{rot}\,\boldsymbol{J} + \frac{ne^2}{m}\boldsymbol{B}\right) = 0. \qquad ②$$

(3) 前問の ② 式を積分し，マクスウェル方程式を使い，定常状態になるとして次の式を導き，λ^2 の表式を求めよ．ただし，$\boldsymbol{B}_0$ は時間に依存しないベクトルである．

$$\lambda^2 \nabla^2 \boldsymbol{B} = \boldsymbol{B} + \boldsymbol{B}_0. \qquad ③$$

(4) 超伝導体の表面から深く入った内部では，磁場は零である．これが**マイスナー効果**である．超伝導体のあらゆるところで $\boldsymbol{B}_0 = 0$ とすることにより，③ 式でマイスナー効果を説明できる．図のように，$-d \le x \le d$ に板状の超伝導体があり，y, z 方向に十分遠方まで広がっている（図参照）．y, z に依存しない z 方向の外部の磁場 $\boldsymbol{B}_{\mathrm{out}}$ が超伝導体表面にあるとき，③ 式を解き，超伝導体内部の磁場の大きさ分布を求めよ．また，$d \gg \lambda$ であるとき，磁場は超伝導体表面から λ 程度しか侵入できないことを示せ．

(5) 前問で得られた磁場を用いて，超伝導体内部を流れる電流密度を $d \gg \lambda$ の場合について計算せよ．結果を電流の方向や x 依存性がわかるように図示せよ．

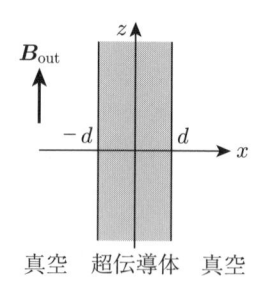

2.7 プラズマ状態 （東工大理）

大気の上層部には，太陽光線や宇宙線により気体分子が陽イオンと電子とに分離した**プラズマ状態**にある**電離層**が存在する．地上から入射した電波が電離層で反射されることを利用して，遠距離通信を行うことができる．この問題について考えてみよう．電子の電荷は $-e$，質量は m，単位体積当たりの電子数は n とする．以下では，座標軸は地表に平行な平面を x–y 平面，それに垂直上向きに z 軸をとるものとする．また，真空の誘電率を ε_0，透磁率を μ_0 とし，プラズマの比透磁率は 1 と仮定する．この電離層に，電波が地上から入射する状況を考える．それにより電離層内に誘起された電場が

$$\bm{E} = (E_0 \sin(kz - \omega t), 0, 0)$$

で与えられるものとする．ここで，電場 E_0，波数 k，角振動数 ω は一定とする．次の設問に答えよ．

(1) 上の電場によってプラズマ中に誘起される電流密度 $\bm{j}_\mathrm{e}$ および**変位電流密度** $\bm{j}_\mathrm{D}$ を求めよ．ただし，**陽イオン**は電子に比べて十分に重く動かないものとし，また，電子の速度は光速度 c に比べて十分に小さいものと仮定して，磁場によるローレンツ力は無視せよ．

(2) 設問 (1) で求めた全電流によって誘起される磁場を求めよ．

(3) 電離層の**屈折率**を求め，電場が電離層で**全反射**される条件を求めよ．

(4) ラジオなどに利用される電波は，昼間に比べて夜間はより遠方に届くようになる．その理由を考察せよ．

第3章 熱力学

3.1 絶対温度

●**絶対温度**● セ氏温度 $t\,[^\circ\mathrm{C}]$ と熱力学絶対温度(ケルビン温度) $T\,[\mathrm{K}]$ の間の関係は

$$T\,[\mathrm{K}] = t\,[^\circ\mathrm{C}] + 273.15$$

で与えられる.

3.2 状態と状態量

●**系と外界**● 全系のうち,取り扱う対象としてその一部分だけに注目したとき,これを**系**と呼ぶ.熱力学で扱う系は,空間的および時間的な広がりを持つ**巨視的**なもので,自由度が極めて大きいものである.系以外の部分を**外界**という.外界は系に対して,**温度**一定,あるいは**圧力**一定というようなある条件を備えた環境を与える.

●**熱平衡状態と熱力学的状態**● 外界との間に熱の出入りも物質の出入りもない系を**孤立系**という.孤立系を放置すると,その初期状態に依存せずに,やがてある定常的な状態に落ち着く.この**定常状態**を**熱平衡状態**という.外界との間に熱の出入りがある系や,物質の出入りがある系でも,外界が温度一定,あるいは**化学ポテンシャル**一定といった環境条件を備えている場合,系は速やかに熱平衡状態に緩和し定常となる.熱平衡状態は,少数の変数(例えば,温度と圧力)を与えることによって一意的に定まる単純な状態である.

系全体が熱平衡状態になくても,その部分部分が熱平衡状態にある場合,系全体はある**熱力学的状態**にあるものとして扱うことができる.例えば,2つの物体 A と B からなる系がそれぞれ温度 T_A と T_B である場合,全系は $(T_\mathrm{A}, T_\mathrm{B})$ で指定される熱力学的状態であるという.

●**準静的過程**● 変化の途中,系も外界も常に熱平衡状態(あるいは熱力学的状態)を保つような,極めてゆっくりとした状態変化を**準静的過程**という.

●**状態量**● 系の熱力学的状態ごとに定まった値をとる**物理量**を一般に**状態量**という.体積 V,温度 T,圧力 p,粒子数 N,さらには**内部エネルギー** U,**エントロピー** S,**ヘルムホルツの自由エネルギー** F,**ギブスの自由エネルギー** G などがその例で

ある．熱力学的状態を指定するのに必要かつ十分な数の状態量の組を**独立変数**に選べば，他の状態量はそれらの関数となる．

系の体積 V と温度 T を状態量の独立変数として，それらの関数 $F(V,T)$ が状態量であるための条件を考えることにする．(V,T) 平面内の点 $\mathrm{A}=(V_\mathrm{A},T_\mathrm{A})$ で指定される 1 つの熱平衡状態から，$\mathrm{B}=(V_\mathrm{B},T_\mathrm{B})$ で指定される別の熱平衡状態まで，準静的過程によって変化させた場合，F が状態量であるならば，その変化量は (V,T) 平面内での過程の経路に依存しない．すなわち

$$\int_{\mathrm{A}\to\mathrm{B}} dF = F(V_\mathrm{B},T_\mathrm{B}) - F(V_\mathrm{A},T_\mathrm{A})$$

が任意の経路 $\mathrm{A}\to\mathrm{B}$ に対して成り立つ．このことは，関数 F の全微分 dF が

$$dF(V,T) = \left(\frac{\partial F}{\partial V}\right)_T dV + \left(\frac{\partial F}{\partial T}\right)_V dT$$

で与えられることを意味する．ただしここで，$\left(\frac{\partial F}{\partial V}\right)_T$ は $T=$ 一定のもとでの，F の V による偏微分を表す．言い換えれば

$$\left(\frac{\partial}{\partial T}\left(\frac{\partial F}{\partial V}\right)_T\right)_V = \left(\frac{\partial}{\partial V}\left(\frac{\partial F}{\partial T}\right)_V\right)_T$$

が成り立つことになる．これが，$F=F(V,T)$ が状態量であるための必要十分条件である．

3.3 熱力学第 1 法則

系が外界から熱量 δQ を受け取り，外界から仕事 $\delta W = -pdV$ をされるとき，系の内部エネルギー U は

$$dU = \delta Q + \delta W = \delta Q - pdV$$

だけ変化する．内部エネルギー U は状態量なので，その微小変化は**全微分** dU で与えられるが，熱量や仕事は状態量ではないので，その微小変化（出入り）を dQ, dW と書くことはできない．本書では，これらの微小変化を $\delta Q, \delta W$ と書くことにする．δQ や δW は状態変化過程の経路のとり方に依存する（実際，$\delta W = -pdV$ は体積の変化量 dV だけでは決まらず，変化時の圧力 p に依存する）．

● **熱容量と比熱** ●

(1) **熱容量** 系に熱量 δQ を与え，系の温度が dT だけ上昇したとき，$\frac{\delta Q}{dT}$ を**熱容量**という．上述のように δQ は全微分ではないので，熱容量の値は以下のように加熱の仕方に依存する．

① **定積熱容量** 熱力学第 1 法則より $\delta Q = dU + pdV$ であるが，系の体積 V が一定の条件下で加熱した場合は $dV = 0$ なので，$\delta Q = dU$ である．このときの熱容量を**定積熱容量**と呼び，C_V と記す．

$$C_V = \left(\frac{\partial U}{\partial T}\right)_V. \tag{3.1}$$

② **定圧熱容量** 圧力一定という条件のもとで加熱したときの熱容量を**定圧熱容量**と呼び，C_p と記す．熱力学第 1 法則より，$\delta Q = dU + pdV$ なので

$$C_p = \left(\frac{\partial U}{\partial T}\right)_p + p\left(\frac{\partial V}{\partial T}\right)_p. \tag{3.2}$$

(2) **熱容量間の関係式** (3.1) 式と (3.2) 式より次の関係式が導かれる．

$$C_p - C_V = p\left(\frac{\partial V}{\partial T}\right)_p.$$

特に n モルの**理想気体**に対しては，R を**気体定数**としたとき**状態方程式**

$$pV = nRT$$

が成り立つので

$$C_p - C_V = nR$$

となる．これを**マイヤーの関係式**という．

(3) **モル比熱** 物質 1 モル当たりの熱容量を**モル比熱**という．n モルの物質の定積熱容量と定圧熱容量がそれぞれ C_V, C_p と与えられたとき，定積モル比熱 c_V と定圧モル比熱 c_p はそれぞれ $c_V = \frac{C_V}{n}, c_p = \frac{C_p}{n}$ である．$\gamma = \frac{c_p}{c_V}$ を**比熱比**という．

(4) **断熱過程** 理想気体の**準静的断熱過程**において，以下の式が成り立つ．

$$pV^\gamma = 一定, \quad TV^{\gamma-1} = 一定.$$

ただし，γ は比熱比である．

● **音速** ●

(1) **ニュートンの表式** ニュートンは**音波**の伝播が**等温過程**にあると考えて**音速** v の計算を行った結果

$$v = \sqrt{\frac{RT}{\widehat{M}}} \tag{3.3}$$

を得た．ただし，$\widehat{M}$ は媒質 1 モルあたりの質量であり，媒質の**分子量**が M の場合，$M \times 10^{-3}$ kg で与えられる．

(2) **ラプラスによる補正**　ラプラスは音波の伝搬が**断熱過程**にあると考え

$$v = \sqrt{\gamma \frac{RT}{\widehat{M}}}$$

という表式を得た．(3.3) 式に比べて，こちらの方が実測値により近い値を与える．

(3) **音速，波長，振動数**　音波の伝搬速度（音速）を v，波長を λ，振動数を ν，周期を T とすると

$$vT = \lambda, \quad \nu = \frac{1}{T} \iff v = \lambda\nu.$$

3.4 熱力学第 2 法則

●**熱力学第 2 法則のいくつかの表現**●

(1) **クラウジウスの原理**　「自然に（他に何の変化を残すことなく），熱を低温の物体から高温の物体に移すことはできない」

(2) **トムソンの原理**　「1 つだけの熱源を利用して，その熱源から熱を取り入れ，それを全部仕事に変えるような**熱機関は存在しない**」

●**エントロピーの定義**●　可逆なサイクル C において，熱源との熱量のやり取りを δQ と書くことにする（吸収のとき $\delta Q > 0$，放出のとき $\delta Q < 0$ とする）．各熱源の絶対温度が T のとき，比 $\frac{\delta Q}{T}$ を 1 サイクルについて積分すると

$$\oint_C \frac{\delta Q}{T} = 0 \tag{3.4}$$

が成り立つ．これを**クラウジウスの関係式**という．これより，(3.4) 式の被積分関数は全微分を与えることが結論される．したがって，基準とするある熱平衡状態 O から任意の熱平衡状態 A まで，$\frac{\delta Q}{T}$ を準静的過程に沿って積分して得られる

$$S = S_O + \int_{O \to A} \frac{\delta Q}{T}$$

は状態量であることになる．これを**エントロピー**という．この定義より明らかなように，エントロピーの全微分は

$$dS = \frac{\delta Q}{T} \tag{3.5}$$

で与えられる（この式より $\delta Q = TdS$ という表式が得られる．熱量の変化はエントロピーの変化量 dS だけでは決まらず，変化時の温度 T に依存するのである）．

●**エントロピー増大の法則**●　一般の過程ではエントロピー変化に対して

$$dS \geq \frac{\delta Q}{T}$$

が成り立つ．これを**エントロピー増大の法則**という．エントロピー増大の法則は，クラウジウスの原理およびトムソンの原理と等価である．等式 (3.5) が成り立つのは，可逆過程に限られる．

●**熱機関の効率**● 高温熱源 R_1 の温度を T_1，低温熱源 R_2 の温度を T_2 とする $(T_1 > T_2)$．熱機関が高温熱源 R_1 と接触して行われる等温過程の間に熱量を δQ_1 (>0) だけ吸収し，低温熱源 R_2 と接触して熱量を δQ_2 (>0) だけ放出し，外部に δW の仕事をしたとする．このとき熱機関の**効率** η に対して

$$\eta = \frac{\delta W}{\delta Q_1} = 1 - \frac{\delta Q_2}{\delta Q_1} \leq 1 - \frac{T_2}{T_1}$$

という不等式が成立する．熱機関が可逆な場合には等号が成り立つ．

3.5 種々の熱力学関数

●**粒子数の変化をともなう過程**● 粒子の流入や流出（あるいは生成・消滅）がある場合，系の粒子数 N が変化する．このとき内部エネルギーの変化は

$$dU = \delta Q - pdV + \mu dN$$

と拡張される．μ は系に粒子 1 個が加わることで増加するエネルギーのことで，**化学ポテンシャル**と呼ばれる．

●**内部エネルギー U**●
(1) **独立変数** 準静的過程においては，可逆なので $\delta Q = TdS$ であるから

$$\begin{aligned}dU &= \delta Q - pdV + \mu dN \\ &= TdS - pdV + \mu dN.\end{aligned}$$

この式は，内部エネルギーの変化 dU は S の変化 dS，V の変化 dV，N の変化 dN によって生じることを表している．したがって内部エネルギー U は S, V, N を独立変数として，それらの関数として表される状態量であることが結論される．すなわち $U = U(S, V, N)$ である．

(2) **実現される状態** 一般には $\delta Q \leq TdS$ なので

$$dU = \delta Q - pdV + \mu dN \leq TdS - pdV + \mu dN.$$

特に S, V, N が一定の場合（$dS = dV = dN = 0$），$dU \leq 0$ となる．このことは S, V, N が一定のもとでは，内部エネルギー U が極小値をとる状態が熱平衡状態として実現されることを意味する．

● エンタルピー $H = U + pV$ ●

(1) **独立変数** 準静的過程においては

$$dH = dU + d(pV)$$
$$= TdS - pdV + \mu dN + Vdp + pdV$$
$$= TdS + Vdp + \mu dN.$$

よって，$H = H(S, p, N)$．p と N が一定の準静的過程 $(dp = dN = 0)$ では

$$dH = TdS = \delta Q.$$

p, N 一定のもとでの断熱過程 $(\delta Q = 0)$ では

$$dH = 0.$$

(2) **実現される状態** 一般の過程では

$$dH = dU + d(pV) \leq TdS + Vdp + \mu dN$$

より，S, p, N が一定の場合，$dH \leq 0$．このことは S, p, N が一定のもとでは，エンタルピー H が極小値をとる状態が熱平衡状態として実現されることを意味する．

● ヘルムホルツの自由エネルギー $F = U - TS$ ●

(1) **独立変数** 準静的過程においては

$$dF = dU - d(TS)$$
$$= TdS - pdV + \mu dN - SdT - TdS$$
$$= -SdT - pdV + \mu dN.$$

よって，$F = F(T, V, N)$．T と N が一定の準静的過程では

$$dF = -pdV = \delta W.$$

粒子数 N が一定の等温過程においては，ヘルムホルツの自由エネルギーの変化は系が外界からされた仕事に等しい．

(2) **実現される状態** 一般の過程では

$$dF = dU - d(TS) \leq -SdT - pdV + \mu dN$$

より，T, V, N が一定の場合，$dF \leq 0$．このことは T, V, N が一定のもとでは，ヘルムホルツの自由エネルギー F が極小値をとる状態が熱平衡状態として実現されることを意味する．

● **ギブスの自由エネルギー** $G = F + pV$ ●

(1) **独立変数** 準静的過程においては

$$dG = dF + d(pV)$$
$$= -SdT - pdV + \mu dN + Vdp + pdV$$
$$= -SdT + Vdp + \mu dN.$$

よって，$G = G(T, p, N)$．T, p はともに**示強性**の量（粒子数 N によらない量）であるが，G は**示量性**の量（粒子数 N に比例する量）であるので

$$G(T, p, N) = N\mu(T, p)$$

と書けることになる．ここで μ は化学ポテンシャルである．

(2) **実現される状態** 一般の過程では

$$dG = dF + d(pV)$$
$$= dU - d(TS) + d(pV) \leq -SdT + Vdp + \mu dN$$

より，T, p, N が一定の場合，$dG \leq 0$．このことは T, p, N が一定のもとでは，ギブスの自由エネルギー G が極小値をとる状態が熱平衡状態として実現されることを意味する．

3.6 相 平 衡

● **ファン・デル・ワールスの状態方程式** ● 気相と液相の共存状態を定性的に記述するファン・デル・ワールスの状態方程式は，R を気体定数，n をモル数とすると

$$\left(p + \frac{n^2}{V^2}a\right)(V - nb) = nRT$$

で与えられる．a は**気体分子間引力**による**圧力降下**を，b は気体分子の**排除体積効果**を表す定数である．ファン・デル・ワールスの状態方程式は十分に高い温度では理想気体の運動方程式 $pV = nRT$ と同じ性質を持つが

$$\left(\frac{\partial p}{\partial V}\right)_T = 0 \quad \text{かつ} \quad \left(\frac{\partial^2 p}{\partial V^2}\right)_T = 0 \tag{3.6}$$

となる温度（**臨界温度** T_c）以下で気相と液相が共存する**相平衡状態**が出現する．**臨界状態** (3.6) を満たす圧力，体積，温度をそれぞれ p_c, V_c, T_c とすると

$$p_c = \frac{a}{27b^2}, \quad V_c = 3nb, \quad T_c = \frac{8a}{27Rb}.$$

●**相平衡の条件**● 2相共存の例として，圧力 $p_0 = 1\,[\mathrm{atm}]$，温度 $T_0 = 100\,[\mathrm{°C}]$ での $\mathrm{H_2O}$ の液相である水と気相である水蒸気の相平衡状態があげられる．温度と圧力が一定のもとではギブスの自由エネルギー最小の状態が熱平衡状態として実現するので，この2相が共存するということは，1粒子当たりのギブスの自由エネルギーである化学ポテンシャルの (T_0, p_0) での値が2相で同じ，つまり

$$\mu_\text{水}(T_0, p_0) = \mu_\text{水蒸気}(T_0, p_0) \tag{3.7}$$

ということである．

●**潜熱**● (p, T) 平面内の**共存線**をはさんで，点1（相 I）と点2（相 II）が隣接しているとする．点1から点2へ状態が微小変化することで，相 I から相 II への**相転移**が起こったときに発生する熱量を考える．点1から点2への変化は微小であり，その間 p, T は一定であるとみなしてよいものとする．

$$G = U - TS + pV$$

なので，1粒子当たりの内部エネルギー，エントロピーおよび体積をそれぞれ，u, s, v と書くと，このときの化学ポテンシャルの変化は

$$d\mu = du - Tds + pdv.$$

これに熱力学第1法則 $du = \delta q - pdv$（δq は系が得た1粒子当たりの熱量）を代入すると

$$d\mu = \delta q - Tds$$

という関係式が得られる．(3.7) 式より，左辺は零である．以上より，相 I から相 II への相転移にともなう1粒子当たりの熱量の出入りに対して

$$\delta q = Tds$$

という表式が導かれたことになる．相 I が気相（水蒸気）で，相 II が液相（水）の場合，$ds < 0$ であり，$\delta q < 0$ となる．すなわち，相転移にともなって系はまわりに熱を放出する．これを**凝縮**（あるいは**液化**）にともなう**潜熱**と呼ぶ．

例題 PART

例題 3.1　定積・定圧・断熱変化（東大理）
気体の比熱においては，その体積を一定に保ちながら測る場合の定積モル比熱 $c_V = \frac{1}{n}\left(\frac{\delta Q}{dT}\right)_V$ と，圧力を一定に保ちながら測る場合の定圧モル比熱 $c_p = \frac{1}{n}\left(\frac{\delta Q}{dT}\right)_p$ とは値が異なる．ただし，n は気体の物質量（モル数），T は温度，V は体積，p は圧力，Q は熱量である．

(1) **理想気体の状態方程式**を書き，これを用いて理想気体の c_V と c_p の関係を導け．ただし，気体定数を R とせよ．

(2) 理想気体が**準静的な断熱変化**をするときに
$$nc_V dT + pdV = 0 \tag{1}$$
が成り立つことを示せ．

(3) 理想気体が準静的な断熱変化をするときに
$$pV^{c_p/c_V} = \text{一定} \tag{2}$$
が成り立つことを示せ．

(4) **ディーゼル機関**ではシリンダ内で空気を圧縮して温度を上げ，重油の霧を点火させる．この圧縮が準静的かつ断熱的に行われ，空気は理想気体であると仮定しよう．重油の霧の点火温度が 627°C の場合，シリンダ内の空気の体積を何分の 1 に圧縮させればこの点火温度に達するか，有効数字 2 桁で計算せよ．ただし，圧縮前の空気の温度は 27°C であり，空気の**比熱比**は $\frac{c_p}{c_V} = \frac{7}{5}$ とする．

解答例　(1)　内部エネルギーを U とすると**熱力学第 1 法則**は
$$dU = \delta Q - pdV \tag{3}$$
と書ける．この関係から定積モル比熱は
$$c_V = \frac{1}{n}\left(\frac{\delta Q}{dT}\right)_V = \frac{1}{n}\left(\frac{\partial U}{\partial T}\right)_V \tag{4}$$
で与えられることがわかる．また，内部エネルギーが T と V の関数
$$U = U(T, V)$$
であると考えると，全微分は

$$dU = \left(\frac{\partial U}{\partial T}\right)_V dT + \left(\frac{\partial U}{\partial V}\right)_T dV$$

となるので,(3) 式と比較すると

$$\delta Q = \left(\frac{\partial U}{\partial T}\right)_V dT + \left\{p + \left(\frac{\partial U}{\partial V}\right)_T\right\} dV \tag{5}$$

が求まる.よって,定圧モル比熱は

$$c_p = \frac{1}{n}\left(\frac{\delta Q}{dT}\right)_p$$
$$= \frac{1}{n}\left(\frac{\partial U}{\partial T}\right)_V + \frac{1}{n}\left\{p + \left(\frac{\partial U}{\partial V}\right)_T\right\}\left(\frac{\partial V}{\partial T}\right)_p \tag{6}$$

で与えられる.
いま,理想気体を考えているので

$$\left(\frac{\partial U}{\partial V}\right)_T = 0 \tag{7}$$

であり,また理想気体の状態方程式

$$pV = nRT \tag{8}$$

より

$$\left(\frac{\partial V}{\partial T}\right)_p = \frac{nR}{p} \tag{9}$$

が成り立つ.(7),(9) 式を (6) 式に代入すると

$$c_p = \frac{1}{n}\left(\frac{\partial U}{\partial T}\right)_V + R = c_V + R$$
$$\implies c_p - c_V = R \tag{10}$$

が得られる.この関係式を**マイヤーの関係式**という.
 (2) 断熱変化では $\delta Q = 0$ なので,(4) および (5) 式より

$$nc_V dT + \left\{p + \left(\frac{\partial U}{\partial V}\right)_T\right\} dV = 0$$

が成り立つ.これに理想気体で成り立つ (7) 式を用いると (1) 式が導かれる.
 (3) (1),(8),および (10) 式より

$$c_V \frac{dT}{T} + (c_p - c_V)\frac{dV}{V} = 0$$

という微分方程式が導かれる．これを積分すると

$$c_V \ln T + (c_p - c_V) \ln V = 一定$$
$$\iff \ln T^{c_V} V^{c_p - c_V} = 一定$$

より

$$T^{c_V} V^{c_p - c_V} = 一定 \tag{11}$$

が得られる．理想気体の状態方程式 (8) と連立させて T を消去すると（R は定数なので），(2) 式が得られる．

(4) 圧縮前の空気の体積，温度をそれぞれ V_1, T_1，圧縮後を V_2, T_2 とする．(11) 式より $TV^{c_p/c_V - 1} = 一定$ が成り立つので

$$T_1 V_1^{2/5} = T_2 V_2^{2/5}$$

の関係を得る．$T_1 = 300\,[\mathrm{K}]$, $T_2 = 900\,[\mathrm{K}]$ を代入すると

$$\left(\frac{V_2}{V_1}\right)^{2/5} = \frac{1}{3}$$
$$\implies \frac{V_2}{V_1} = \frac{1}{9\sqrt{3}}$$

のように体積比が決定される．

$$9\sqrt{3} = 15.58\cdots \simeq 16$$

なので，点火温度に達するためには，シリンダ内の空気を約 16 分の 1 に圧縮させればよいことになる． **解答終**

例題 3.2　ヘルムホルツの自由エネルギー（九大理）

系の温度 T, 体積 V, 粒子数 N を準静的に変化させる．系の内部エネルギーを U, エントロピーを S, 圧力を p, 化学ポテンシャルを μ として，以下の設問に答えよ．

(1) 準静的な微小変化では，$dU = TdS - pdV + \mu dN$ が成り立つ．この式の右辺各項の意味を説明し，式全体の意味を述べよ．ここに，dX は X の微小変化を表すものとする．

(2) ヘルムホルツの自由エネルギー F をルジャンドル変換 $F = U - TS$ によって導入する．dU が前問のように与えられるとき，dF を求めよ．

(3) 前問の結果をもとに，エントロピー S, 圧力 p, 化学ポテンシャル μ をそれぞれ F の偏微分で表せ．

解答例　(1)　内部エネルギーの微小変化

$$dU = TdS - pdV + \mu dN \tag{1}$$

は**熱力学第 1 法則**，つまり熱エネルギーも含めた系のエネルギー保存則を表す．右辺第 1 項は絶対温度 T の熱源から吸収する熱量を表し，第 2 項は外部からなされた仕事を表す．また，第 3 項は外部からの流入や外部への流出，あるいは化学反応などによる粒子の生成・消失による系の粒子数変化にともなうエネルギー変化を表す．

(2)　ヘルムホルツの自由エネルギー $F = U - TS$ を全微分すると

$$dF = dU - d(TS) = dU - TdS - SdT$$

となる．これに (1) 式を代入すると

$$dF = -SdT - pdV + \mu dN \tag{2}$$

が得られる．

(3)　ヘルムホルツの自由エネルギーを $F = F(T, V, N)$ のように T, V, N の関数と見なすと，全微分 dF は以下のように与えられる．

$$dF = \left(\frac{\partial F}{\partial T}\right)_{V,N} dT + \left(\frac{\partial F}{\partial V}\right)_{T,N} dV + \left(\frac{\partial F}{\partial N}\right)_{T,V} dN. \tag{3}$$

(2) 式と (3) 式を比較することで

$$S = -\left(\frac{\partial F}{\partial T}\right)_{V,N}, \quad p = -\left(\frac{\partial F}{\partial V}\right)_{T,N}, \quad \mu = \left(\frac{\partial F}{\partial N}\right)_{T,V}$$

が得られる．　　　　　　　　　　　　　　　　　　　　　　　　　　**解答終**

第3章 演習問題

3.1 カルノー機関とヒートポンプ（阪大理）

カルノー機関は等温膨張過程，断熱膨張過程，等温圧縮過程，断熱圧縮過程のサイクルからなる可逆な熱機関である．カルノー機関には「同じ熱源ではたらくカルノー機関の**効率**は同じである」という性質がある（**カルノーの定理**）．これを証明するために以下の設問に答えよ．

(1) 図 (a) のように，2 つのカルノー機関 C, C′ を考える．これらが外部にする仕事を W とする．カルノー機関 C, C′ が高温源から吸収する熱量はそれぞれ Q_1, Q_1'，低温源に放出する熱量はそれぞれ Q_2, Q_2' である．図の一方のカルノー機関を逆に動かして，もう一方のカルノー機関との複合機関を考察することにより，カルノー機関 C, C′ の効率

$$\eta = 1 - \frac{Q_2}{Q_1}, \quad \eta' = 1 - \frac{Q_2'}{Q_1'}$$

が等しくないと**熱力学第 2 法則**（**クラウジウスの原理**）に反することを示せ．

前問の結果から，$\frac{Q_2}{Q_1} = \frac{T_2}{T_1}$ として高温源と低温源の絶対温度をそれぞれ T_1, T_2 と定義すると，カルノー機関の効率は

$$\eta = \frac{W}{Q_1} = 1 - \frac{Q_2}{Q_1} = 1 - \frac{T_2}{T_1}$$

と表される．

一方，近年では**省エネルギー**の重要性が認識され，水を温めるのに**ヒートポンプ**給湯機が使われるようになってきた．では，ヒートポンプを使うとなぜ省エネルギーになるのだろう？ これを理解するために，ヒートポンプがカルノー機関を逆に運転した逆カルノー機関であることに留意して，以下の設問に答えよ．

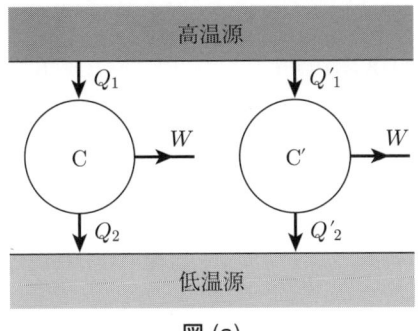

図 (a)

(2) いま，**熱容量** C_w の水を外気温 T_0 から温度 T まで温めた．そのとき，必要な熱量 Q を求めよ．また，熱量の微小変化 δQ と水温の微小変化 δT との関係を求めよ．ただし，C_w と T_0 は一定とする．

次に，逆カルノー機関であるヒートポンプからの放熱を使って水を温めた．ポンプにする仕事 W と水を温めるのに必要な熱量 Q との関係について考えてみよう．

(3) 図 (b) のように外気温を T_0，水温を T として，ヒートポンプ H に微小の仕事 δW をした．ヒートポンプから水に放出される熱量を δQ，外気からヒートポンプが吸収する熱量を δQ_0 としたとき，$\frac{\delta W}{\delta Q}$ を T と T_0 を用いて表せ．

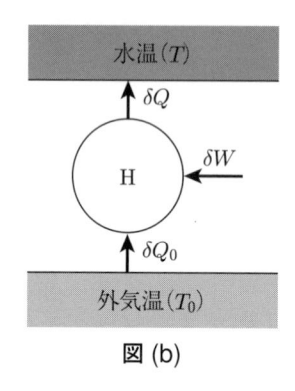

図 (b)

(4) 設問 (2) と (3) の結果を用いて，水温 T_0 の水を T まで温めるのに必要な仕事 W を T, T_0, C_w を用いて表せ．
(5) ヒートポンプの**成績係数** $\gamma = \frac{Q}{W}$ を求めよ．
(6) $T > T_0$ での γ を T の関数として，その概形をグラフに描け．
(7) 外気温 T_0 と水温 T との温度差を大きくしたとき，γ はどのようになるか．
(8) $\frac{\Delta T}{T_0} \ll 1$ $(\Delta T = T - T_0)$ としたとき，$\ln\left(\frac{T}{T_0}\right)$ を微小量 $\left(\frac{\Delta T}{T_0}\right)$ の 2 次まで近似して，設問 (5) で求めた γ の近似式を求めよ．
(9) 外気温 $T_0 = 290\,[\mathrm{K}]$（約 17°C），水温 $T = 340\,[\mathrm{K}]$（約 67°C）のとき，設問 (8) で求めた近似式を使って γ の値を求めよ．
(10) いままでは，ヒートポンプは**可逆機関**であると考えてきたが，現実のヒートポンプは**不可逆機関**である．その場合 γ の値は設問 (5) で求めた γ に比べて，その大小関係はどうなるか？ その理由とともに答えよ．
ヒント：不可逆機関ヒートポンプとカルノー機関の複合機関にクラウジウスの原理を適用して考察せよ．

3.2 音波（東大理）

媒質中を伝播する音は，媒質の密度の波である．$\Delta\rho$ を平均質量密度 ρ からのずれとすると，x 方向に伝播する**音波**は，**波動方程式**

$$k\frac{\partial^2 \Delta\rho}{\partial x^2} = \frac{\partial^2 \Delta\rho}{\partial t^2} \qquad ①$$

に従う．ここで，k は断熱過程での ρ に対する圧力 p の変化率

$$k = \left(\frac{dp}{d\rho}\right)_{\text{断熱過程}}$$

である．

媒質が，温度 T の理想気体である場合について，以下の設問に答えよ．ただし，理想気体の分子量を M，定積比熱に対する定圧比熱の比を γ，気体定数を R とする．

(1) 理想気体の圧力 p を ρ, M, T および R を用いて表せ．

(2) k を M, γ, T および R を用いて表せ．ただし，断熱過程では，$\frac{p}{\rho^\gamma} = $ 一定 であることを用いてよい．

(3) **ヘリウムガス**（$M = 4.0, \gamma = \frac{5}{3}$）中の**音速**は，同じ温度の窒素ガス（$M = 28.0, \gamma = \frac{7}{5}$）中の音速の何倍になるか，有効数字 2 桁で答えよ．

(4) 理想気体中に，片端を閉じ他端を開いた長さ l の管をおく．管の中の気柱にたつ音の基本定在波の振動数 ν_0 を，音速を v として求めよ．それにもとづいて，ヘリウムガス中と**窒素ガス**中での ν_0 の違いを簡潔に説明せよ．

(5) 同じ温度のヘリウムガスと窒素ガスが図のように薄膜で隔てられているとき，ヘリウムガス中から窒素ガスへ斜めに入射した音波はどのように進むか図示し，簡潔に説明せよ．

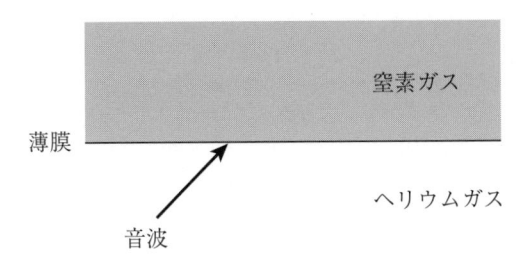

3.3 大気の温度変化（東北大理）

高度上昇にともなう大気の温度降下を以下の手順で考察する．

(問 1) まず，地上から高さ z の位置での空気の圧力 $p(z)$ および質量密度 $D(z)$ について考える．空気は乾燥した理想気体とし，その 1 モル当たりの質量を M とする．気体定数は R とする．

(a) $\frac{dp(z)}{dz} = -D(z)g$ を示せ．ここで g は重力加速度である．

(b) **理想気体の状態方程式**を用いて $D(z)$ を圧力および温度の関数として求めよ．

(問2) 地表付近の空気は上昇する際に圧力の減少に対応して膨張するが，この過程を準静的断熱膨張と近似することで高度上昇に伴なう大気の温度降下を見積もる．以下では，1モルの乾燥した理想気体の塊を考える．

(a) **断熱過程**に対する熱力学第1法則を用いて，温度変化率 $\frac{dT(z)}{dz}$ を M, g および定圧モル比熱 c_p で表せ．必要ならば1モルの理想気体に対して内部エネルギーの微小変化が $dU = c_V dT$ で与えられることを用いてよい．ここで c_V は定積モル比熱である．

(b) 理想気体の定圧モル比熱を温度によらず $c_p = 29\,[\mathrm{J \cdot mol^{-1} \cdot K^{-1}}]$ とし，さらに $M = 0.029\,[\mathrm{kg \cdot mol^{-1}}]$, $g = 9.8\,[\mathrm{m \cdot s^{-2}}]$ として，温度変化の値を求めよ．

(問3) 実際の空気にはかなりの水蒸気が含まれている．この水蒸気を考慮に入れると，実際の空気の温度変化率の絶対値は上で求めた理想気体のそれより大きくなるか，それとも小さくなるかを答えよ．また，その理由を以下に示すキーワードをすべて用いて定性的に答えよ．ただし，地表付近の空気に含まれる水蒸気の分圧はそこでの気温における飽和水蒸気圧以下とする．

キーワード：エントロピー，相転移，飽和水蒸気圧．

3.4 鎖状高分子モデルの相転移 （東大理）

実験においては，熱力学的な孤立系を取り扱うことは極めてまれである．例えば，温度を一定に保つために恒温槽を用いたり，圧力を一定に保つために大気圧下で実験を行う．このような系では，外界と系との間で熱の出入りや仕事のやりとりがあり，実験に都合のよい熱力学量を用いることが必要である．その1つが**ギブスの自由エネルギー** G であり

$$G = H - TS$$

で与えられる．ここで，H, T, S はそれぞれエンタルピー，絶対温度，エントロピーである．以下の設問に答えよ．ただし，$H = U + pV$ である（U, p, V はそれぞれ系の内部エネルギー，圧力，体積である）．

(1) 可逆過程において，外界より系に流入する微小な熱量 δQ とエントロピーの微小変化 dS との間に成り立つ関係式を示せ．

(2) 可逆過程において，G の全微分 dG が

$$dG = Vdp - SdT$$

で与えられることを，熱力学の第1法則から出発して示せ．

(3) 一般に，以下の関係が成立することを証明せよ．

$$S = -\left(\frac{\partial G}{\partial T}\right)_p, \quad ①$$
$$H = -T^2\left(\frac{\partial (G/T)}{\partial T}\right)_p.$$

(4) 次に，大気圧下で温度上昇によりもたらされる，**鎖状高分子の立体構造変化（熱転移）** について考えてみよう．この鎖状高分子（例えば，蛋白質などの生体高分子を考える）は N 個のユニットが直鎖状につながったものであり，低温では唯一の立体構造をとるが，温度を上昇させると，ある温度で協同的に熱転移してランダム構造に変わる．ランダム構造では，1 ユニット当たり n 通りの状態を自由に取ることができると仮定すると，1 つの鎖状分子当たりの可能な状態数は n^N 通りあることになる．$N=100$ かつ $n=10$ のとき，低温構造から高温ランダム構造への変化にともなって起こる分子 1 モル当たりのエントロピー変化 ΔS_C を求めよ．必要であれば，$\ln 10 = 2.3$，気体定数 $R = 8.3\,[\mathrm{J\cdot K^{-1}\cdot mol^{-1}}]$ を使ってよい．

(5) 設問 (4) における熱転移は **1 次相転移** として扱うことができる．転移に伴なうエントロピー変化が設問 (4) の ΔS_C のみであると仮定すると，**熱転移温度** が $90\,°\mathrm{C}$ のとき，熱転移に伴なう**エンタルピー**変化はいくらか．

3.5 相平衡（東北大理）

氷，水，および水蒸気はともに H_2O 分子から構成される．図は気相（水蒸気）と液相（水），および気相と固相（氷）との相境界を絶対温度 (T)–圧力 (p) 平面で示したものである．3 つの相が共存する点 A は **3 重点** と呼ばれる．以下の設問に答えよ．

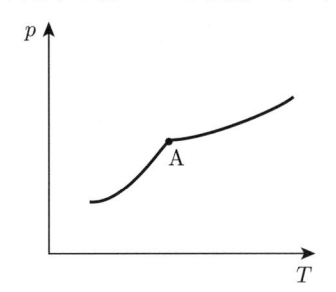

H_2O の温度 (T)–圧力 (p) 平面における気相との境界線

(1) **ギブスの自由エネルギー** G と内部エネルギー U は $G = U - TS + pV$ と関係付けられる．U の全微分が $dU = TdS - pdV + \mu dN$ であることを用いて，G の全微分を求めよ．ここで，S はエントロピー，V は体積，μ は化学ポテンシャル，N は粒子数（ここでは H_2O 分子の数）である．

(2) p や T のように，系の大きさに依存しない量を**示強性状態量**と呼ぶ．この性質に注意すると，G の関数形は $G = Nf(T,p)$ と表現できることを示せ．ここで，$f(T,p)$ は N に依存しない関数である．この関数形を用いて $G = N\mu$ となることを示せ．

(3) 液相において 1 分子当たりのエントロピーを s_ℓ，1 分子当たりの体積を v_ℓ と書く．同様に気相では s_g, v_g，固相では s_s, v_s と書く．これらの量を用いて**気相・液相境界線**の傾き $\frac{dp}{dT}|_{気相・液相}$，および**液相・固相境界線**の傾き $\frac{dp}{dT}|_{液相・固相}$ を表現せよ．ただし 2 つの相が共存する (T, p) においては，G が両相で等しいので，相の境界線に沿った G の微小変化も両相で等しくなることに注意せよ．

(4) 図を参考にし，さらに液相と固相の境界線を加えて，各領域と 3 つの相を対応させた**状態図**を描け．その際，液相・固相境界線は直線と近似してよい．また，液相・固相境界線の傾き（符号と大きさ）について，設問 (3) の結果と関連させて説明せよ．

3.6 実在気体の状態方程式に対する実験的推測（東大理）

通常，気体は高温低密度の極限で理想気体に近づくが，一般には理想気体からのずれが観測される．このようなずれを示す気体 1 モルに対して，以下の設問に答えよ．

(問 1) この気体を体積 V に保って熱容量（定積モル比熱）を測定したところ，温度 $T_1 < T_2$ の間で，$c = 2.5R - gT^{-2}$ と表されることがわかった．ただし，R は気体定数であり，g は温度によらない定数である．この測定で，温度 T_1 から温度 T_2 まで気体の温度を上昇させたときの気体のエントロピーの増加量を求めよ．

(問 2) **熱膨張率** α と**等温圧縮率** κ を測定したところ，次のような関数で表されることがわかった．

$$\alpha \equiv \frac{1}{V}\left(\frac{\partial V}{\partial T}\right)_p = \frac{1}{T}\left(1 + \frac{a}{VT}\right) \quad \text{①}$$

$$\kappa \equiv -\frac{1}{V}\left(\frac{\partial V}{\partial p}\right)_T = \frac{1}{p}\left(1 + \frac{b}{VT}\right). \quad \text{②}$$

ただし，V, T, p はそれぞれ気体の体積，温度，圧力である．また，a, b は同じ次元を持つ定数である．V の 2 階偏導関数を考えることにより，$a = 2b$ であることを証明せよ．

(問 3) この気体の**状態方程式**を以下の順で求めよ．

(a) まず，② 式のみを用いて，等温過程における，p と V の関係を求めよ．

(b) (a) の結果を ① 式に代入して，状態方程式を決定せよ．

3.7 ファン・デル・ワールスの状態方程式と 2 相の共存（京大理）

(1) **ファン・デル・ワールスの状態方程式**で記述される流体がある．すなわち圧力 p は温度 T と粒子数密度 n により

$$p = \frac{k_B T n}{1 - bn} - a n^2 \qquad ①$$

と表せる．正の定数 a, b の物理的意味を述べよ．k_B はボルツマン定数である．

(2) 一定温度 T での p–v 曲線が図のような形状のときには，気体相と液体相が共存する．ただし $v = \frac{1}{n}$ は 1 粒子当たりの体積．v_g と v_ℓ は気体相と液体相での v の値である．共存するときの圧力 $p = p_{cx}(T)$ は温度の関数であるが，どのように決まるのか考えよう．平衡では 2 相の圧力と化学ポテンシャル μ が等しくなることを利用して，1 粒子当たりのヘルムホルツ自由エネルギー f の 2 相の間の差を v_g, v_ℓ, p_{cx} を用いて書け．また温度一定の場合の微分式 $df = -p \, dv$ も用いて，平衡での 2 相共存の条件として，領域 A と領域 B の面積が等しいことを導け（**マクスウェルの規則**）．

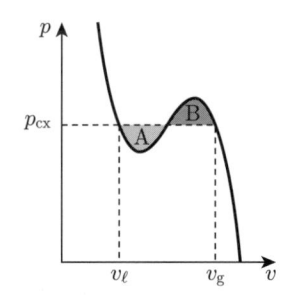

(3) ① 式より，**等温圧縮率** $K_T = \frac{1}{n} \left(\frac{\partial n}{\partial p} \right)_T$ は

$$n k_B K_T = \frac{(1 - bn)^2}{T - T_s(n)} \qquad ②$$

の形に書ける．n に依存した温度 $T_s(n)$ を計算せよ．図で $T = T_s(n)$ となる点はどこに位置するか答えよ．

(4) 温度 T を臨界温度 T_c まで上昇させると，2 相の体積差 $\Delta v = v_g - v_\ell$ が零になり，2 相の区別がなくなる**臨界点**と呼ばれる状態が達成できる．$T_s(n)$ が密度 n の関数として最大となり，かつ温度が $T = T_s(n)$ である状態が臨界点になることを示せ．このことから臨界点における密度 n_c と温度 T_c を a, b で表せ．

次に，密度 n を臨界値 n_c に保ったまま温度 T を**臨界温度** T_c に高温側から近づけてみよう．等温圧縮率 K_T がどのように振舞うか図示せよ．

第4章 量子力学

4.1 前期量子論

●**光子**● 振動数 ν を持つ**光子**のエネルギー ε と運動量 p は

$$\varepsilon = h\nu, \quad p = \frac{h\nu}{c} = \frac{h}{\lambda}$$

で与えられる．したがって，両者の間には

$$\varepsilon = pc$$

の関係が成り立つ．ここで，c は光速，λ は光の波長，また h は

$$h = 6.62607015 \times 10^{-34}\,[\mathrm{J\cdot s}]$$

で与えられる物理定数であり，**プランク定数**と呼ばれる．

●**光電効果**● 金属にある値以上の振動数を持つ光を照射すると電子が飛び出す．これを**光電効果**という．自由電子の質量を m，飛び出すときの（最大）速度を v，照射する光の波長を ν とするとエネルギー保存則より

$$\frac{1}{2}mv^2 = h\nu - W$$

の関係が成り立つ．ここで，W は電子を飛び出させるために必要な最低エネルギーを表し，**仕事関数**と呼ばれる．

●**ハイゼンベルクの不確定性原理**● **量子力学**では位置ベクトルの x 成分 x と運動量ベクトルの x 成分 p_x を同時に正確に測定することができない．測定された位置 x の**不確定性**（標準偏差）Δx と運動量 p_x の不確定性 Δp_x との間には

$$\Delta x \Delta p_x \geq \frac{\hbar}{2}$$

という関係が成り立つ．ここで

$$\hbar = \frac{h}{2\pi}.$$

また，エネルギー E の不確定性 ΔE と測定時間 t の不確定性 Δt の間にも

$$\Delta E \Delta t \geq \frac{\hbar}{2}$$

の関係が成り立つ．これを**ハイゼンベルクの不確定性原理**という．

4.2 量子力学の基本概念

●**波動関数**●

(1) 系の**量子力学的状態**（**量子状態**）を記述する，一般には複素数値をとる解析的な関数を**シュレーディンガーの波動関数**という．**波動関数**は座標 r の関数 $\Psi(r)$，または座標と時間 t の関数 $\Psi(r,t)$ である．

(2) 波動関数の 2 乗は粒子の**存在確率密度**を表す．すなわち，時刻 t に位置 r 近傍の微小領域 $d\mathcal{V} = dxdydz$ の中に粒子を見出す確率は

$$|\Psi(r,t)|^2 d\mathcal{V}$$

で与えられる．

(3) $|\Psi(r,t)|^2$ の実空間全体にわたる体積積分が有限であるとき

$$\int |\Psi(r,t)|^2 d\mathcal{V} = 1 \tag{4.1}$$

となるように**規格化**を行う．$|\Psi(r,t)|^2$ の全空間での積分が発散する場合（例えば $\Psi(r,t)$ が平面波の場合）には，適当な有限領域（例えばサイズ L の立方体）での体積積分の値が 1 となるように規格化を行う．

●**内積**● r の関数で複素数値をとる f と g の内積 (f,g) を

$$(f,g) = \int f^*(r) g(r) d\mathcal{V}$$

で定義する．ただし，f^* は f の**複素共役**を表す．**ディラックのブラケット記法**では，関数 f の複素共役 f^* は**ブラベクトル**と呼ばれるベクトル $\langle f|$ と，また関数 g は**ケットベクトル**と呼ばれるベクトル $|g\rangle$ と同一視され，その間の内積は

$$\langle f|g\rangle$$

と表記される．自分自身との内積 (f,f) あるいは $\langle f|f\rangle$ を f の**ノルム**という．$(f,g) = 0$，あるいは $\langle f|g\rangle = 0$ のとき，f と g は**直交**するという．波動関数 Ψ，または $|\Psi\rangle$ の規格化条件は，内積を使うと

$$(\Psi,\Psi) = 1 \iff \langle \Psi|\Psi\rangle = 1$$

すなわち，ノルムを 1 とすることに他ならない．

●**期待値**● 波動関数 Ψ とそれに**演算子** A を作用させた $A\Psi$ の内積 $(\Psi, A\Psi)$ は，波動関数 Ψ で表された量子状態における演算子 A の**期待値** $\langle A \rangle$ を与える．このことは，ブラケット記法では $\langle A \rangle = \langle \Psi | A | \Psi \rangle$ と表される．

●**物理量とエルミート演算子**●

(1) 量子力学では**物理量**は，それぞれ**対応する**演算子を持つ．例えば，運動量ベクトルの x 成分 p_x とエネルギー E はそれぞれ，微分演算子と

$$p_x \leftrightarrow -i\hbar \frac{\partial}{\partial x}, \quad E \leftrightarrow i\hbar \frac{\partial}{\partial t} \tag{4.2}$$

という**対応関係**を持つ．ただし，$i = \sqrt{-1}$．

(2) 系の量子状態が波動関数 Ψ で与えられているとき，物理量の**観測値**は，その物理量に対応する**演算子の期待値**に等しい．例えば運動量ベクトルの x 成分 p_x の場合，量子状態 Ψ における観測値は

$$\langle p_x \rangle = (\Psi, p_x \Psi) = \int \Psi^* \left(-i\hbar \frac{\partial}{\partial x} \right) \Psi d\mathcal{V}$$

で与えられる．これは $\langle p_x \rangle = \langle \Psi | p_x | \Psi \rangle$ とも表せる．

(3) 任意の関数 f, g および定数 c に対して

$$A(f + g) = Af + Ag,$$
$$Acf = cAf$$

が成り立つ演算子 A を**線形演算子**という．2つの線形演算子 A, B に対して

$$(f, Ag) = (Bf, g) \iff \int f^* Ag d\mathcal{V} = \int (Bf)^* g d\mathcal{V}$$
$$\iff \langle f | Ag \rangle = \langle Bf | g \rangle$$

が成り立つとき B は A の**エルミート共役**であるといい，$B = A^\dagger$ と書く．

A の**転置** $\widetilde{A}$ を

$$\int f Ag d\mathcal{V} = \int (\widetilde{A}f) g d\mathcal{V}$$

と定義すると

$$(f, Ag) = \int f^* Ag d\mathcal{V} = \int (\widetilde{A}f^*) g d\mathcal{V} = \int (\widetilde{A}^* f)^* g d\mathcal{V} = (\widetilde{A}^* f, g)$$

であるから，$A^\dagger = \widetilde{A}^*$ が結論される．すなわちエルミート共役とは転置と複素共役の合成を意味する．よって，エルミート共役に対して

$$(A^\dagger)^\dagger = A, \quad (AB)^\dagger = B^\dagger A^\dagger$$

が成り立つ.

(4) 特に $A^\dagger = A$ が成り立つとき，A を**エルミート演算子**という．このとき

$$(f, Ag) = (Af, g) \iff \int f^* Ag d\mathcal{V} = \int (Af)^* g d\mathcal{V}$$
$$\iff \langle f|Ag\rangle = \langle Af|g\rangle .$$

(5) ある演算子 A と関数 f に対して，ある定数 a が存在して

$$Af = af \iff A|f\rangle = a|f\rangle$$

が成り立つとき，a を A の**固有値**，f（あるいは $|f\rangle$）を a に対する A の**固有関数**（あるいは**固有ベクトル**または**固有状態**）という．エルミート演算子の固有値は実数で，規格化された固有関数全体の集合は**正規直交系**を成す．

(6) 観測される物理量は実数であるため，物理量に対応する演算子はエルミート演算子でなければならない．

4.3 演 算 子

●**演算子の交換関係**● 演算子は通常の数（これを **c–数**という）のように**交換可能**（**可換**）とはかぎらない．つまり，演算子 A, B について一般に，$AB \neq BA$（**非可換**）である（演算子を **q–数**ということもある）．

●**位置演算子と運動量演算子の交換関係**● 位置ベクトルの x 成分 x と運動量ベクトルの x 成分 p_x に対し，対応関係 (4.2) を適用すると，任意の微分可能な関数 f に対して

$$\begin{aligned}(xp_x - p_x x)f &= \left\{x\left(-i\hbar\frac{\partial}{\partial x}\right) - \left(-i\hbar\frac{\partial}{\partial x}\right)x\right\}f \\ &= i\hbar\left(-x\frac{\partial f}{\partial x} + f + x\frac{\partial f}{\partial x}\right) = i\hbar f\end{aligned}$$

が成り立つ．よって，演算子の間に $xp_x - p_x x = i\hbar$ という関係式が成り立つことが導かれる．**交換子**の記号を導入して，これを

$$[x, p_x] \equiv xp_x - p_x x = i\hbar$$

と書き，**交換関係**と呼ぶ．位置ベクトル $\boldsymbol{r} = (x, y, z) = (q_1, q_2, q_3)$，および運動量ベクトル $\boldsymbol{p} = (p_x, p_y, p_x) = (p_1, p_2, p_3)$ の演算子の各成分の間の交換関係をまとめると

$$[q_j, q_k] = [p_j, p_k] = 0, \quad [q_j, p_k] = i\hbar \delta_{jk} \quad (1 \leq j, k \leq 3).$$

ただし，δ_{jk} は**クロネッカーのデルタ記号**であり，$j = k$ のとき $\delta_{jk} = 1$，それ以外のときは $\delta_{jk} = 0$．

●**演算子の代数**● 演算子 A, B, C および c–数 c に対して，以下の**代数規則**が成り立つ．

$$[A, B] = -[B, A],$$
$$[A, B + C] = [A, B] + [A, C],$$
$$[cA, B] = [A, cB] = c[A, B],$$
$$[A, BC] = [A, B]C + B[A, C],$$
$$[AB, C] = [A, C]B + A[B, C].$$

演算子であることを明示するために，＾（ハット）の記号を上に付けることもある．
例：$\hat{p}_x = -i\hbar \frac{\partial}{\partial x}$

4.4 シュレーディンガー方程式

●**時間を含むシュレーディンガー方程式**● $\mathcal{H}$ を系のハミルトニアン演算子

$$\mathcal{H} = \frac{\boldsymbol{p}^2}{2m} + V(\boldsymbol{r}, t) = -\frac{\hbar^2}{2m}\nabla^2 + V(\boldsymbol{r}, t)$$

とすると，波動関数 $\Psi(\boldsymbol{r}, t)$ の時間発展は

$$i\hbar \frac{\partial \Psi(\boldsymbol{r}, t)}{\partial t} = \mathcal{H}\Psi(\boldsymbol{r}, t) \tag{4.3}$$

という偏微分方程式で与えられる．この方程式を**シュレーディンガー方程式**という．

●**時間を含まないシュレーディンガー方程式**● E を実定数としたとき，波動関数 Ψ が

$$\Psi(\boldsymbol{r}, t) = \psi(\boldsymbol{r})e^{-iEt/\hbar}$$

の形で書ける場合，(4.3) 式は

$$\mathcal{H}\psi(\boldsymbol{r}) = E\psi(\boldsymbol{r})$$

となる．このとき，E は系の**エネルギー固有値**を，$\psi(\boldsymbol{r})$ は**エネルギー固有関数**を与える．

●**連続の式**● 波動関数の 2 乗は**確率密度**を表す．これを $\rho(\boldsymbol{r},t) = |\Psi(\boldsymbol{r},t)|^2$ と書くことにする．(4.1) 式が示すように，$\rho(\boldsymbol{r},t)$ の空間積分は保存量である．よって，$\rho(\boldsymbol{r},t)$ は連続の式

$$\frac{\partial \rho}{\partial t} = -\nabla \cdot \boldsymbol{j}(\boldsymbol{r},t)$$

を満たす．シュレーディンガー方程式より，**確率密度の流れベクトル（フラックス）** $\boldsymbol{j}$ は

$$\boldsymbol{j}(\boldsymbol{r},t) = \frac{i\hbar}{2m}\left(\Psi\nabla\Psi^* - \Psi^*\nabla\Psi\right) \tag{4.4}$$

で与えられることが導かれる．

4.5　1 次元のシュレーディンガー方程式

　古典力学では系のエネルギー E とポテンシャルエネルギー $V(\boldsymbol{r})$ の間に $E < V(\boldsymbol{r})$ の関係が成り立つ空間領域には粒子は侵入できないが，量子力学では**トンネル効果**として知られるように侵入する確率が零ではない場合が存在する．1 次元における特定のポテンシャルのもとでの粒子の運動は，量子力学の特徴を捉えるための良い例題を与える．以下，1 次元系について述べる．

●**束縛状態**● ポテンシャルエネルギー $V(x)$ の $x \to \pm\infty$ における値がそれぞれ

$$\lim_{x \to -\infty} V(x) = V_{-\infty},$$
$$\lim_{x \to \infty} V(x) = V_{\infty}$$

の極限値を持ち，系のエネルギー E が

$$E < V_{-\infty}, \quad E < V_{\infty}$$

の関係にあるとき，古典力学では粒子の運動する範囲はある有限な領域に限られる．このような状態を**束縛状態**という．束縛状態に対しては，以下の**境界条件**と**接続条件**に従うようにシュレーディンガー方程式を解いて系の波動関数 $\psi(x)$ を決定する．

(1)　$\lim_{x \to -\infty} \psi(x) = 0$ および $\lim_{x \to \infty} \psi(x) = 0$．
(2)　$V(x)$ が不連続的に変化する点を含めて $\psi(x)$ は連続．
(3)　$V(x)$ が不連続的に変化する点を含めて導関数 $\psi'(x) = \frac{d\psi(x)}{dx}$ は連続．
(4)　$V(x) = \infty$ である領域が存在する場合，その領域では $\psi(x) = 0$．

●**反射と透過**● 質量 m の粒子が $x<0$ の領域から $x>0$ の領域に入射する．$x=0$ でポテンシャルが不連続的である場合，粒子はそこで**反射**されるか，あるいは**透過**する．時間を含まないシュレーディンガー方程式を解き，$x<0$ での波動関数 $\psi(x)$ が

$$\psi(x) = A_1 e^{ikx} + A_2 e^{-ikx}$$

と書けたとする．ただし，k は正の実数で A_1, A_2 は複素数の定数．(4.4) 式に従って計算すると，右辺第 1 項のフラックスは

$$j_\mathrm{i} = \frac{\hbar k}{m}|A_1|^2 > 0$$

第 2 項のフラックスは

$$j_\mathrm{r} = -\frac{\hbar k}{m}|A_2|^2 < 0$$

となるので，波動関数の $A_1 e^{ikx}$ の部分は x の正の向きに進む入射波を，$A_2 e^{-ikx}$ の部分は x の負の向きに進む反射波を表すことがわかる．さらに，$x>0$ における波動関数から透過波のフラックス j_t が計算できた場合，**反射係数** R および**透過係数** T は

$$R = \frac{|j_\mathrm{r}|}{|j_\mathrm{i}|}, \quad T = \frac{|j_\mathrm{t}|}{|j_\mathrm{i}|}$$

で定義される．**フラックスの保存**より

$$R + T = 1.$$

4.6 量子力学の表示法

●**ユニタリ演算子**● 正規直交関数系 $\{f_n\}_{n\geq 0}$ があって，量子状態を表す任意の波動関数 Ψ が $\{f_n\}_{n\geq 0}$ の線形結合 $\Psi = \sum_{n\geq 0} c_n f_n$ で表されるとき，$\{f_n\}_{n\geq 0}$ は**完全系**をなすという．別の完全系 $\{g_n\}_{n\geq 0}$ があったとき，この 2 つの完全系はある変換行列 $U = (U_{nm})$ を用いて

$$g_n = \sum_{m\geq 0} U_{nm} f_m$$

のように関連付けられる．この変換行列は**ユニタリ行列**である（すなわち，$UU^\dagger = U^\dagger U = I$，$I$ は単位行列）．このユニタリ行列に対応する演算子 U を**ユニタリ演算子**という．演算子 A に対して

$$U^\dagger A U$$

を A の U による**ユニタリ変換**という．

ユニタリ演算子は以下の特徴を持つ．

(1) $UU^\dagger = U^\dagger U = 1$. ここで，1 は恒等演算子．
(2) エルミート演算子はある U によるユニタリ変換で**対角化可能**である．
(3) 2 つのエルミート演算子が 1 つの U によるユニタリ変換で同時に対角化可能であるための必要十分条件は，2 つのエルミート演算子が可換であることである．
(4) $\mathcal{H}$ を系のハミルトニアンとする．$\mathcal{H}$ はエルミート演算子であり，$e^{-i\mathcal{H}t/\hbar}$ はユニタリ演算子である．

●**シュレーディンガー表示とハイゼンベルク表示**● 波動関数 Ψ がシュレーディンガー方程式に従って時間発展するものとして，量子系を表記する方法を**シュレーディンガー表示**という．シュレーディンガー方程式 (4.3) に対して，形式的な解は

$$\Psi(t) = e^{-i\mathcal{H}t/\hbar}\Psi(0) = U(t)\Psi(0)$$

と書ける（r 依存性はここでは書かないことにする）．$U(t)$ がユニタリ演算子であることを考慮して，ある演算子 X の時刻 t における期待値を書き直すと

$$\begin{aligned}(\Psi(t), X\Psi(t)) &= (U(t)\Psi(0), XU(t)\Psi(0)) \\ &= (\Psi(0), U^\dagger(t)XU(t)\Psi(0))\end{aligned} \qquad (4.5)$$

となる．新しい演算子

$$X_\mathrm{H}(t) = U^\dagger(t)XU(t) \qquad (4.6)$$

を導入すると，(4.5) 式の右辺最後の式は，$X_\mathrm{H}(t)$ の時刻 $t=0$ における波動関数 $\Psi(0)$ による期待値とみなすことができる．この $X_\mathrm{H}(t)$ のように，演算子が時間発展するものとして量子力学を表記する方法を**ハイゼンベルク表示**という．なお，定義より $\mathcal{H}(t) = \mathcal{H}$ である．

●**ハイゼンベルク方程式**● (4.6) 式の両辺を t で微分すると

$$\begin{aligned}\frac{dX_\mathrm{H}(t)}{dt} &= \frac{dU^\dagger}{dt}XU + U^\dagger\frac{\partial X}{\partial t}U + U^\dagger X\frac{dU}{dt} \\ &= U^\dagger\frac{\partial X}{\partial t}U + \frac{i}{\hbar}[\mathcal{H}, X_\mathrm{H}(t)].\end{aligned}$$

特に，X が t を陽に含まないときは

$$i\hbar\frac{dX_\mathrm{H}(t)}{dt} = [X_\mathrm{H}(t), \mathcal{H}].$$

$X_\mathrm{H}(t)$ の時間発展方程式を**ハイゼンベルク方程式**という．

4.7　1次元調和振動子

●**ハミルトニアンとシュレーディンガー方程式**●　質量 m，固有角振動数 ω の 1 次元調和振動子のハミルトニアン $\mathcal{H}$ は

$$\mathcal{H} = \frac{p_x^2}{2m} + \frac{1}{2}m\omega^2 x^2.$$

時間を含まないシュレーディンガー方程式はエネルギー固有値を E_n，対応する固有関数を ϕ_n として

$$\mathcal{H}\phi_n = -\frac{\hbar^2}{2m}\frac{d^2\phi_n}{dx^2} + \frac{m\omega^2}{2}x^2\phi_n = E_n\phi_n \tag{4.7}$$

で与えられる．

●**波動関数とエネルギー固有値**●　無次元量 ξ として

$$\xi = \sqrt{\frac{m\omega}{\hbar}}\,x$$

を導入して，$\varphi_n(\xi) = \phi_n(x)$ とすると，(4.7) 式は

$$\frac{d^2\varphi_n}{d\xi^2} + \left(\frac{2E_n}{\hbar\omega} - \xi^2\right)\varphi_n = 0.$$

この方程式に対して，エネルギー固有値は

$$E_n = \left(n + \frac{1}{2}\right)\hbar\omega \quad (n = 0, 1, 2, \cdots).$$

波動関数 φ_n は**エルミート多項式** $H_n(\xi)$ を用いて次の形で与えられる．

$$\varphi_n(\xi) = C_n H_n(\xi) e^{-\xi^2/2}.$$

ただし，C_n は n にはよるが ξ にはよらない係数であり次の**規格化条件**より定まる．

$$\int_{-\infty}^{\infty} |\phi_n(x)|^2 dx = \sqrt{\frac{\hbar}{m\omega}}\int_{-\infty}^{\infty} |\varphi_n(\xi)|^2 d\xi = 1.$$

4.8　角運動量

●**角運動量演算子**●　角運動量 l の表式 $l = r \times p$ より，**角運動量演算子**は以下のように与えられる．

$$l_x = yp_z - zp_y, \quad l_y = zp_x - xp_z, \quad l_z = xp_y - yp_x.$$

4.8 角運動量

●**交換関係**● 角運動量演算子の交換関係は以下で与えられる．

$$[l_x, l_y] = i\hbar l_z, \quad [l_y, l_z] = i\hbar l_x, \quad [l_z, l_x] = i\hbar l_y.$$

演算子

$$l^2 = l_x^2 + l_y^2 + l_z^2$$

と角運動量演算子の各成分との**交換関係**は

$$[l^2, l_x] = [l^2, l_y] = [l^2, l_z] = 0.$$

つまり，l^2 と l_x, l_y, l_z のそれぞれは可換であるため，**同時固有状態**を持つ．

●**球面調和関数**● l^2 と l_z は球面調和関数 $Y_{lm}(\theta, \phi)$ を固有関数として，以下の固有値を持つ．

$$\begin{aligned} l^2 Y_{lm} &= l(l+1)\hbar^2 Y_{lm} \quad (l = 0, 1, 2, \cdots), \\ l_z Y_{lm} &= m\hbar Y_{lm} \quad\quad (m = 0, \pm 1, \pm 2, \ldots, \pm l). \end{aligned} \tag{4.8}$$

ただし，θ, ϕ は 3 次元極座標 (r, θ, ϕ) の角度成分を表す．

●**中心力ポテンシャル中の粒子**● 質量 m の粒子が**中心力ポテンシャル** $U(r)$ の中を運動するとき，シュレーディンガー方程式は極座標表示で

$$\left\{ -\frac{\hbar^2}{2m}\left(\frac{\partial^2}{\partial r^2} + \frac{2}{r}\frac{\partial}{\partial r}\right) + \frac{l^2}{2mr^2} + U(r) \right\} \psi = E\psi$$

と表せる．ここで

$$\psi(r, \theta, \phi) = R(r) Y_{lm}(\theta, \phi)$$

とすると，$R(r)$ が満たす方程式として

$$-\frac{\hbar^2}{2m}\left\{ \frac{\partial^2 R(r)}{\partial r^2} + \frac{2}{r}\frac{\partial R(r)}{\partial r} - \frac{l(l+1)}{r^2} R(r) \right\} + U(r) R(r) = E R(r)$$

が得られる．

●**電磁場中の荷電粒子**● 質量 m，電荷 q の荷電粒子が**静電ポテンシャル** $\phi(\boldsymbol{r})$，ベクトルポテンシャル $\boldsymbol{A}(\boldsymbol{r})$ の下に置かれたとする．この荷電粒子に対するハミルトニアンは

$$\mathcal{H} = \frac{1}{2m}(\boldsymbol{p} - q\boldsymbol{A}(\boldsymbol{r}))^2 + q\phi(\boldsymbol{r}) + U(\boldsymbol{r})$$

で与えられる．ここで $U(\boldsymbol{r})$ は電磁場以外の外力ポテンシャルを表す．

4.9 時間を含まないシュレーディンガー方程式に対する摂動論

λ を微小なパラメータとして，ハミルトニアンが

$$\mathcal{H} = \mathcal{H}_0 + \lambda \mathcal{H}_1$$

で与えられているものとする．$\mathcal{H}_0$ に対しては固有値 $E_n^{(0)}$ $(n=0,1,2,\cdots)$ がすべて求まっており，簡単のため縮退なしとする．また，固有関数 $\{\phi_n^{(0)}\}_{n\geq 0}$ が正規直交完全系として求まっているものとする．

$$\begin{aligned}\mathcal{H}_0 \phi_n^{(0)} &= E_n^{(0)} \phi_n^{(0)} \quad (n=0,1,2,\cdots), \\ (\phi_m^{(0)}, \phi_n^{(0)}) &= \delta_{m,n} \quad (m,n=0,1,2,\cdots).\end{aligned} \quad (4.9)$$

$\mathcal{H}$ の n 番目の固有値 E_n および固有関数 ϕ_n が，λ のべき級数展開

$$E_n = E_n^{(0)} + \lambda E_n^{(1)} + \lambda^2 E_n^{(2)} + \cdots \quad (4.10)$$

$$\phi_n = \phi_n^{(0)} + \lambda \phi_n^{(1)} + \lambda^2 \phi_n^{(2)} + \cdots \quad (4.11)$$

の形で与えられると仮定する．

$$\mathcal{H}\phi_n = (\mathcal{H}_0 + \lambda \mathcal{H}_1)\phi_n = E_n \phi_n$$

に (4.10), (4.11) 式を代入し，λ のべき乗ごとに比較すると，一連の方程式系を得ることができる．λ の 1 次および 2 次に対しては，それぞれ

$$\mathcal{H}_0 \phi_n^{(1)} + \mathcal{H}_1 \phi_n^{(0)} = E_n^{(0)} \phi_n^{(1)} + E_n^{(1)} \phi_n^{(0)} \quad (n=0,1,2,\cdots) \quad (4.12)$$

$$\mathcal{H}_0 \phi_n^{(2)} + \mathcal{H}_1 \phi_n^{(1)} = E_n^{(0)} \phi_n^{(2)} + E_n^{(1)} \phi_n^{(1)} + E_n^{(2)} \phi_n^{(0)} \quad (n=0,1,2,\cdots) \quad (4.13)$$

が得られる．

●**1 次摂動**● $\phi_n^{(1)}$ を $\mathcal{H}_0$ の固有関数が成す正規直交完全系 $\{\phi_n^{(0)}\}_{n\geq 0}$ を用いて

$$\phi_n^{(1)} = \sum_{k\geq 0} a_{n,k}^{(1)} \phi_k^{(0)} \quad (4.14)$$

と展開し，(4.12) 式に代入すると

$$\sum_{k\geq 0} E_k^{(0)} a_{n,k}^{(1)} \phi_k^{(0)} + \mathcal{H}_1 \phi_n^{(0)} = E_n^{(0)} \sum_{k\geq 0} a_{n,k}^{(1)} \phi_k^{(0)} + E_n^{(1)} \phi_n^{(0)}. \quad (4.15)$$

(4.15) 式の両辺と $\phi_l^{(0)}$ との内積をとると，正規直交性 (4.9) より

4.9 時間を含まないシュレーディンガー方程式に対する摂動論

$$E_l^{(0)} a_{n,l}^{(1)} + (\phi_l^{(0)}, \mathcal{H}_1 \phi_n^{(0)}) = E_n^{(0)} a_{n,l}^{(1)} + E_n^{(1)} \delta_{n,l}. \tag{4.16}$$

(4.16) 式で特に $l = n$ とおくと，**1 次摂動**のエネルギー固有値 $E_n^{(1)}$ が

$$E_n^{(1)} = (\phi_n^{(0)}, \mathcal{H}_1 \phi_n^{(0)})$$

と求まる．また，(4.16) 式より $n \neq l$ に対して

$$a_{n,l}^{(1)} = \frac{(\phi_l^{(0)}, \mathcal{H}_1 \phi_n^{(0)})}{E_n^{(0)} - E_l^{(0)}}.$$

$a_{n,n}^{(1)}$ は決定されないが，$\phi_n = \phi_n^{(0)} + \lambda \phi_n^{(1)}$ までで**規格化**されるように

$$a_{n,n}^{(1)} = 0$$

を選ぶことにする ($a_{n,n}^{(1)}$ の虚数部分も含めて零とする)．このようにしても $\phi_n = \phi_n^{(0)} + \lambda \phi_n^{(1)}$ のノルムは 1 とはならないが，1 からのずれは λ^2 のオーダーとなる．

●**2 次摂動**● $\phi_n^{(2)}$ を

$$\phi_n^{(2)} = \sum_{k \geq 0} a_{n,k}^{(2)} \phi_k^{(0)}$$

と展開し，(4.14) 式とともに (4.13) 式に代入すると

$$\sum_{k \geq 0} (E_k^{(0)} - E_n^{(0)}) a_{n,k}^{(2)} \phi_k^{(0)} + \mathcal{H}_1 \sum_{k \geq 0} a_{n,k}^{(1)} \phi_k^{(0)} = E_n^{(1)} \sum_{k \geq 0} a_{n,k}^{(1)} \phi_k^{(0)} + E_n^{(2)} \phi_n^{(0)}. \tag{4.17}$$

(4.17) の両辺と $\phi_l^{(0)}$ との内積をとると

$$(E_l^{(0)} - E_n^{(0)}) a_{n,l}^{(2)} + \sum_{k \geq 0} a_{n,k}^{(1)} (\phi_l^{(0)}, \mathcal{H}_1 \phi_k^{(0)}) = E_n^{(1)} a_{n,l}^{(1)} + E_n^{(2)} \delta_{n,l}.$$

特に，$l = n$ の場合を考えると，2 次のエネルギー補正

$$E_n^{(2)} = \sum_{k \geq 0} a_{n,k}^{(1)} (\phi_n^{(0)}, \mathcal{H}_1 \phi_k^{(0)})$$

$$= \sum_{\substack{k \geq 0, \\ k \neq n}} \frac{(\phi_k^{(0)}, \mathcal{H}_1 \phi_n^{(0)})(\phi_n^{(0)}, \mathcal{H}_1 \phi_k^{(0)})}{E_n^{(0)} - E_k^{(0)}}$$

が求まる．

4.10 同種粒子系

●**同種粒子の識別不能性**● 量子力学では，同種の粒子を区別することは意味を持たない．簡単のため2粒子系の量子力学的な状態が**波動関数** $\psi(\xi_1, \xi_2)$ で表されるとする．ξ_1 と ξ_2 はそれぞれの粒子のエネルギー準位やスピンを含めた量子状態を指定する．$\xi_1 \neq \xi_2$ と仮定する．**同種粒子**を交換しても，その前後における状態は区別できないので，$|\psi(\xi_1, \xi_2)|^2 = |\psi(\xi_2, \xi_1)|^2$ である．このことから，$\psi(\xi_1, \xi_2)$ と $\psi(\xi_2, \xi_1)$ の差は**位相因子**のみであることになる．

$$\psi(\xi_1, \xi_2) = e^{i\alpha} \psi(\xi_2, \xi_1) \quad (0 \leq \alpha \leq 2\pi).$$

粒子をもう一度交換すると，位相の変化は $e^{2i\alpha}$ になるが，状態は元に戻らなければならないので，$e^{2i\alpha} = 1$ である．よって $e^{i\alpha} = \pm 1$，つまり

$$\psi(\xi_1, \xi_2) = \pm \psi(\xi_2, \xi_1) \tag{4.18}$$

であることが結論される．(4.18) 式は，粒子の交換に対して波動関数が対称なものと反対称なものが存在することを示している．**対称な波動関数**で記述される粒子を**ボース粒子**，**反対称な波動関数**で記述される粒子を**フェルミ粒子**という．

●**2粒子系**● エネルギー固有値 E_n の1粒子固有状態が座標 $\boldsymbol{r}$ の関数として $\psi_n(\boldsymbol{r})$ で与えられていると仮定する．粒子数が2になり，それらは互いに区別できず，相互作用もないとすると，2粒子波動関数はボース粒子に対しては，粒子の交換に対して対称的でなければならないので

$$\frac{1}{\sqrt{2}} \{\psi_j(\boldsymbol{r}_1) \psi_k(\boldsymbol{r}_2) + \psi_k(\boldsymbol{r}_1) \psi_j(\boldsymbol{r}_2)\}$$

という形であることになる．先頭の $\frac{1}{\sqrt{2}}$ は**規格化**のための係数である．$\boldsymbol{r}_1$ は一方の粒子の座標を，$\boldsymbol{r}_2$ は残りの粒子の座標を表す．

同様に2粒子状態のフェルミ粒子は粒子の交換に対して反対称的でなければならないので

$$\frac{1}{\sqrt{2}} \{\psi_j(\boldsymbol{r}_1) \psi_k(\boldsymbol{r}_2) - \psi_k(\boldsymbol{r}_1) \psi_j(\boldsymbol{r}_2)\}$$

と書ける．

●**N 粒子系**● 各粒子 $n = 1, 2, \ldots, N$ が占有している状態を ψ_{j_n} のように，添え字 $j_n \in \{0, 1, 2, \cdots\}$ でラベル付けする．占有可能なエネルギー準位を E_k ($k = 0, 1, 2, \cdots$) と表記したとき，添え字 j_n は k の番号を指定するのである．ここで，$\{j_n\}$ の中に重複した値を持つものがあっても一般にはかまわないものとする．

エネルギー準位 E_k を占有している粒子の個数を n_k と書くと

$$\sum_{k \geq 0} n_k = N. \tag{4.19}$$

以上の表記を使うと，ボース粒子の N 粒子状態を表す波動関数は任意の 2 つの粒子の交換に対して不変なので

$$\sqrt{\frac{\prod_{k \geq 0} n_k!}{N!}} \sum{}^{(N)} \psi_{j_1}(\boldsymbol{r}_1) \psi_{j_2}(\boldsymbol{r}_2) \cdots \psi_{j_N}(\boldsymbol{r}_N)$$

となる．ただし，$0! = 1$ とする．記号 $\sum^{(N)}$ は (4.19) 式を満たす $n_0, n_1, n_2, \cdots$ のすべての選び方についての和を取ることを意味する．

任意の 2 粒子の交換に対して反対称性を持つフェルミ粒子の N 粒子波動関数は，**行列式**を使って

$$\frac{1}{\sqrt{N!}} \begin{vmatrix} \psi_{j_1}(\boldsymbol{r}_1) & \psi_{j_1}(\boldsymbol{r}_2) & \cdots & \psi_{j_1}(\boldsymbol{r}_N) \\ \psi_{j_2}(\boldsymbol{r}_1) & \psi_{j_2}(\boldsymbol{r}_2) & \cdots & \psi_{j_2}(\boldsymbol{r}_N) \\ \vdots & & & \\ \psi_{j_N}(\boldsymbol{r}_1) & \psi_{j_N}(\boldsymbol{r}_2) & \cdots & \psi_{j_N}(\boldsymbol{r}_N) \end{vmatrix} = \frac{1}{\sqrt{N!}} \det_{1 \leq n, l \leq N} [\psi_{j_n}(\boldsymbol{r}_l)]$$

と書くことができる．これを**スレーター行列式**という．もしも，添え字 j_n のうちで 2 つが一致していると，行列式の 2 つの行が同じになり，行列式の性質から波動関数は零となってしまう．このことは，2 つ以上のフェルミ粒子が同一のエネルギー準位を同時に占有できない事実を示している．これを**パウリの排他律**という．

4.11 クライン–ゴルドン方程式

静止質量 m の粒子の運動量 $\boldsymbol{p}$ とエネルギー E との間の**相対論的な関係式**は

$$E^2 = m^2 c^4 + \boldsymbol{p}^2 c^2 \quad (c \text{ は光速})$$

で与えられる．これに対応関係

$$E \leftrightarrow i\hbar \frac{\partial}{\partial t}, \quad \boldsymbol{p} \leftrightarrow -i\hbar \nabla$$

を適用して波動方程式を作ると

$$\left(\nabla^2 - \frac{m^2 c^2}{\hbar^2} \right) \phi = \frac{1}{c^2} \frac{\partial^2 \phi}{\partial t^2}$$

を得る．この方程式を**クライン–ゴルドン方程式**という．

例題 PART

例題 4.1 井戸型ポテンシャルの束縛状態（東大理）
$U_0 > 0$ として，図 (a) のような 1 次元の**井戸型ポテンシャル**

$$U(x) = \begin{cases} -U_0 & (|x| \leq a) \\ 0 & (|x| > a) \end{cases}$$

の中での質量 m の粒子の**束縛状態**（エネルギー $E < 0$）を考える．

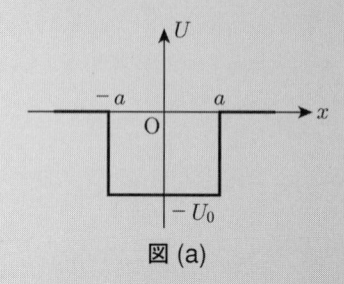

図 (a)

(問 1) まず，量子力学の**不確定性原理**を使ってこの問題を考える．
　(a) 粒子がポテンシャル U に束縛されていることから，直感的には粒子の位置の**不確定性** Δx は a 程度だと考えられる．そこで，$\Delta x = a$ として粒子の運動量の不確定性 Δp を求めよ．
　(b) 運動量の大きさ p は Δp より大きいと考えると，**(問 1)** (a) の結果から粒子の束縛状態が存在するためにポテンシャルの深さ U_0 にどのような条件が必要だと思われるか．

(問 2) 実は前問で求めた束縛状態が存在する条件は正しくなく，どんなに浅いポテンシャルに対しても束縛状態が存在する．
　(a) **シュレーディンガー方程式**を使って束縛状態（$E < 0$）の**波動関数** $\psi(x)$ を求めよ．その際，エネルギー E と U_0, a, m の関係式を導け（波動関数の規格化は考えなくてよい）．
　(b) **(問 1)** (b) の結果に反してどのような U_0 の値に対しても束縛状態が存在することを示せ．
　(c) $U_0 \ll \frac{\hbar^2}{ma^2}$ のときに E を求めよ．
　(d) **(問 2)** (c) の場合に粒子がポテンシャル井戸の外側にいる確率 $P(|x| > a)$ と内側にいる確率 $P(|x| < a)$ の比 $R = \frac{P(|x|>a)}{P(|x|<a)}$ を求めよ．また，これから **(問 1)** (b) の考え方が正しくなかった理由を述べよ．

解答例 （問 1） (a) 位置と運動量の不確定性原理は $\Delta x \Delta p \geq \frac{\hbar}{2}$ で与えられる。これに $\Delta x = a$ を代入すれば、運動量の不確定性は $\Delta p \geq \frac{\hbar}{2a}$ と求められる。

(b) 束縛状態であるための条件は $E < 0$ なので

$$0 > E = \frac{p^2}{2m} - U_0 \geq \frac{\Delta p^2}{2m} - U_0 \geq \frac{1}{2m}\left(\frac{\hbar}{2a}\right)^2 - U_0.$$

よって、U_0 に必要な条件は $U_0 \geq \frac{\hbar^2}{8ma^2}$ となる。

（問 2） (a) 時間を含まないシュレーディンガー方程式は、$\psi''(x) = \frac{d^2\psi(x)}{dx^2}$ として

$$\frac{\hbar^2}{2m}\psi'' + E\psi = 0 \qquad (x < -a)$$

$$\frac{\hbar^2}{2m}\psi'' + (E + U_0)\psi = 0 \quad (-a \leq x \leq a)$$

$$\frac{\hbar^2}{2m}\psi'' + E\psi = 0 \qquad (x > -a)$$

で与えられる。$\lim_{x \to \pm\infty} \psi(x) = 0$ なので、対応する波動関数は各領域で

$$\psi(x) = \begin{cases} Ae^{\beta x} & (x < -a) \\ B\sin\alpha x + C\cos\alpha x & (-a \leq x \leq a) \\ De^{-\beta x} & (x > a) \end{cases}$$

となる。A, B, C, D は定数で α, β は

$$\alpha = \frac{1}{\hbar}\sqrt{2m(U_0 + E)}, \quad \beta = \frac{1}{\hbar}\sqrt{-2mE} \tag{1}$$

で与えられる。束縛状態であるための条件 $0 > E > -U_0$ より、α および β は正の実数でなければならない。$x = \pm a$ における ψ の連続性より

$$\begin{aligned} Ae^{-\beta a} &= B\sin(-\alpha a) + C\cos(-\alpha a), \\ De^{-\beta a} &= B\sin\alpha a + C\cos\alpha a \end{aligned} \tag{2}$$

また、$x = \pm a$ における ψ' の連続性より

$$\begin{aligned} \beta A e^{-\beta a} &= \alpha B\cos(-\alpha a) - \alpha C\sin(-\alpha a), \\ -\beta D e^{-\beta a} &= \alpha B\cos\alpha a - \alpha C\sin\alpha a \end{aligned} \tag{3}$$

という関係が成り立つ必要がある。(2), (3) 式より

$$(-A + D)e^{-\beta a} = 2B\sin\alpha a, \quad \beta(A - D)e^{-\beta a} = 2\alpha B\cos\alpha a \tag{4}$$

$$(A + D)e^{-\beta a} = 2C\cos\alpha a, \quad \beta(A + D)e^{-\beta a} = 2\alpha C\sin\alpha a \tag{5}$$

という関係が導かれる．

$B \neq 0$ を仮定すると，(4) 式より

$$A - D \neq 0 \quad \text{かつ} \quad -\beta = \alpha \cot \alpha a \tag{6}$$

が成り立つ必要があり，$C \neq 0$ を仮定すると，(5) 式より

$$A + D \neq 0 \quad \text{かつ} \quad \beta = \alpha \tan \alpha a \tag{7}$$

が成り立つ必要があることがわかる．

また，$B \neq 0$ かつ $C \neq 0$ を仮定すると，(6), (7) 式より $\tan^2 \alpha a = -1$ となるが，これは α が実数でなければならないという条件に反する．よって，B または C のどちらかは零であることが結論される．

無次元量 $\zeta = \alpha a, \eta = \beta a$ を導入すると，エネルギー固有値 E は (1) 式より

$$E = -\frac{\hbar^2}{2ma^2}\eta^2 \tag{8}$$

となる．η の値は，ζ–η 平面の第 1 象限（$\zeta > 0, \eta > 0$）に (1) 式から得られる関係式

$$\zeta^2 + \eta^2 = \frac{2ma^2}{\hbar^2}U_0 \tag{9}$$

が描く円の 4 分の 1 の部分と，方程式

$$\begin{aligned}\eta &= -\zeta \cot \zeta \quad (B \neq 0, C = 0 \text{ の場合}), \\ \eta &= \zeta \tan \zeta \quad (B = 0, C \neq 0 \text{ の場合})\end{aligned} \tag{10}$$

で表される曲線群との交点から決定される．

(b) 図 (b) に，(10) 式の上の方程式が表す曲線群を破線で，下の方程式が表す曲線群を実線で，それぞれ描いた．これらと (9) 式，すなわち半径 $\frac{a}{\hbar}\sqrt{2mU_0}$ の円（太線で示した）とが，第 1 象限（$\zeta > 0, \eta > 0$）において交点を持てば束縛状態が存在

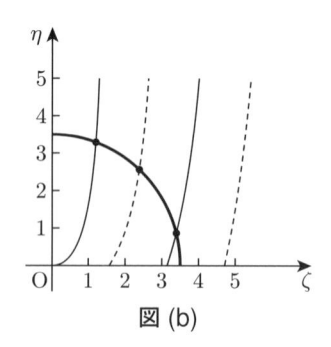

図 (b)

することになる．交点の η の値を (8) 式に代入して得られる E が束縛状態のエネルギー固有値を与えるからである．図 (b) は

$$\frac{a}{\hbar}\sqrt{2mU_0} = 3.5$$

の場合を示しているが，このときは 3 つの交点があるので，束縛状態も 3 つ存在することになる．$U_0 > 0$ なので，このような交点は必ずある．よって，どのような U_0 の値に対しても束縛状態が存在することが結論される．

(c) $|U_0| \ll 1$ のとき，(9) 式より $|\zeta|, |\eta| \ll 1$ なので，(10) 式の下の式は

$$\eta = \zeta \tan \zeta \simeq \zeta^2$$

と近似できる．これを (9) 式に代入し，η に関する 2 次方程式を解くと

$$\eta = \frac{1}{2}\left(-1 + \sqrt{1 + \frac{8ma^2 U_0}{\hbar^2}}\right)$$
$$\simeq \frac{2ma^2}{\hbar^2} U_0.$$

(8) 式に代入すると

$$E = -\frac{2ma^2}{\hbar^2} U_0^2 \tag{11}$$

が得られる．

(d) 波動関数の 2 乗で与えられる**確率密度**は，$B = 0, C \neq 0$ の場合

$$P(|x| > a) = \int_{-\infty}^{-a} |\psi|^2 dx + \int_{a}^{\infty} |\psi|^2 dx$$
$$= |A|^2 \int_{-\infty}^{-a} \exp(2\beta x) dx + |D|^2 \int_{a}^{\infty} \exp(-2\beta x) dx$$
$$= \frac{e^{-2\beta a}}{2\beta}(|A|^2 + |D|^2),$$
$$P(|x| < a) = \int_{-a}^{a} |\psi|^2 dx$$
$$= |C|^2 \int_{-a}^{a} \cos^2 \alpha x \, dx$$
$$= a\left(1 + \frac{\sin 2\alpha a}{2\alpha a}\right) |C|^2$$

と計算される．よって，題意の R は

$$R = \frac{P(|x|>a)}{P(|x|<a)}$$
$$= \frac{e^{-2\beta a}}{2a\beta}\left(1+\frac{\sin 2\alpha a}{2\alpha a}\right)^{-1}\frac{|A|^2+|D|^2}{|C|^2}$$

と求まる．$B=0, C\neq 0$ のときは $A=D$ であり，(2) 式より

$$D = Ce^{\beta a}\cos\alpha a$$

が成り立っているので

$$R = \frac{e^{-2\beta a}}{a\beta}\left(1+\frac{\sin 2\alpha a}{2\alpha a}\right)^{-1}\frac{|D|^2}{|C|^2}$$
$$= \frac{1}{a\beta}\cos^2\alpha a\left(1+\frac{\sin 2\alpha a}{2\alpha a}\right)^{-1}. \tag{12}$$

$|U_0|\ll 1$ の場合，(11) 式より $E\ll 1$ であり，したがって (1) 式より $\alpha\ll 1, \beta\ll 1$ なので，近似式

$$\cos^2\alpha a \simeq 1, \quad \sin 2\alpha a \simeq 2\alpha a$$

を (12) 式に代入すると

$$R \simeq \frac{1}{2a\beta} \to \infty \quad (\beta\to 0).$$

すなわち $|U_0|\ll 1$ では，ほとんどの場合 $|x|>a$ が実現されることになり，粒子の位置の不確定性 Δx は a 程度であるとした **(問 1)** (a) の仮定が成立していないことがわかった．これが **(問 1)** (b) の考え方が正しくなかった理由である． **解答終**

例題 4.2　角運動量の量子化（東大理）

量子論における**軌道角運動量** l は古典論と同様に座標 r と運動量 p のベクトル積で与えられる．すなわち，$l = r \times p$ である．ここで，それぞれのベクトルの成分は $r = (x, y, z), p = (p_x, p_y, p_z), l = (l_x, l_y, l_z)$ である．以下の設問に答えよ．ただし，$\hbar = \frac{h}{2\pi}$（h はプランク定数）を用いよ．

(1) l_z と x, y, z との間の**交換関係**を求めよ．
(2) l_z と p_x, p_y, p_z との間の交換関係を求めよ．
(3) l_a と l_b との間の交換関係を求めよ．ただし，$a, b = x, y, z$ である．

量子論では，軌道角運動量 l を拡張して設問 (3) の交換関係を満たす演算子を**角運動量 J** と呼ぶ．以下では，角運動量 J のみが力学変数である力学系を考える．ここで，変数 A を $A = J_x - iJ_y$，変数 B を $B = J_x^2 + J_y^2 + J_z^2$ と定義する．次の設問に答えよ．

(4) $A^\dagger A$ および $AA^\dagger$ を B と J_z を用いて書け．ただし，$A^\dagger$ は A のエルミート共役演算子である．
(5) B は演算子ではなく，ただの数であることを示せ．

J_z は**固有値**を持つと考えて，その固有値を Θ_z および**固有状態**を $|\Theta_z\rangle$ とする．次の設問に答えよ．

(6) $A|\Theta_z\rangle \neq 0$ ならば $A|\Theta_z\rangle$ も J_z の固有状態であることを示せ．また，その固有値を求めよ．
(7) $\langle\Theta_z|A^\dagger A|\Theta_z\rangle \geq 0$ と $\langle\Theta_z|AA^\dagger|\Theta_z\rangle \geq 0$ を用いて，$-m \leq \Theta_z \leq m$ を証明せよ．ただし，$m = \sqrt{B + \frac{\hbar^2}{4}} - \frac{\hbar}{2}$ である．
(8) 以上の結果を用いて，m は $\hbar$ の整数倍であるかまたは半整数倍であることを示せ．

解答例　(1)　**非可換**な演算子の対

$$[x, p_x] = [y, p_y] = [z, p_z] = i\hbar$$

と可換な対（$[x, y] = 0, [p_x, p_y] = 0, [x, p_y] = 0$ など）に注意し，式を整理していく．演算子 A, B, C の間に成り立つ，交換子の線形性 $[A+B, C] = [A, C] + [B, C]$，反対称性 $[A, B] = -[B, A]$，および以下の恒等式

$$[AB, C] = [A, C]B + A[B, C]$$

を用いると，計算が容易である．

角運動量の定義より，$l_z = xp_y - yp_x$ なので

$$[l_z, x] = [xp_y - yp_x, x] = [xp_y, x] - [yp_x, x]$$
$$= [x, x]p_y + x[p_y, x] - [y, x]p_x - y[p_x, x]$$
$$= -y[p_x, x] = i\hbar y$$

と求まる．同様に

$$[l_z, y] = [xp_y, y] - [yp_x, y] = x[p_y, y] = -i\hbar x$$
$$[l_z, z] = [xp_y, z] - [yp_x, z] = 0 \tag{1}$$

となる．

(2) 設問 (1) と同様の計算を行う．

$$[l_z, p_x] = [xp_y - yp_x, p_x] = [xp_y, p_x] - [yp_x, p_x]$$
$$= [x, p_x]p_y + x[p_y, p_x] - [y, p_x]p_x - y[p_x, p_x]$$
$$= [x, p_x]p_y = i\hbar p_y,$$
$$[l_z, p_y] = [xp_y, p_y] - [yp_x, p_y] = -[y, p_y]p_x = -i\hbar p_x,$$
$$[l_z, p_z] = [xp_y, p_z] - [yp_x, p_z] = 0. \tag{2}$$

(3) 設問 (1), (2) の結果を利用すると

$$[l_y, l_z] = [zp_x - xp_z, l_z] = [zp_x, l_z] - [xp_z, l_z]$$
$$= [z, l_z]p_x + z[p_x, l_z] - [x, l_z]p_z - x[p_z, l_z]$$
$$= -i\hbar z p_y + i\hbar y p_z = i\hbar l_x,$$
$$[l_z, l_x] = [l_z, yp_z - zp_y] = [l_z, yp_z] - [l_z, zp_y]$$
$$= [l_z, y]p_z + y[l_z, p_z] - [l_z, z]p_y - z[l_z, p_y]$$
$$= -i\hbar x p_z + i\hbar z p_x = i\hbar l_y.$$

また，(1), (2) 式と同様に

$$[l_a, a] = 0, \quad [l_a, p_a] = 0 \quad (a = x, y, z)$$

が成り立つことを利用して

$$[l_x, l_y] = [l_x, zp_x - xp_z] = [l_x, zp_x] - [l_x, xp_z]$$
$$= [l_x, z]p_x - x[l_x, p_z]$$
$$= [yp_x - zp_y, z]p_x - x[yp_z - zp_y, p_z]$$
$$= y[p_z, z]p_x + x[z, p_z]p_y$$
$$= i\hbar(-yp_x + xp_y) = i\hbar l_z.$$

(4) J_x, J_y, J_z の交換関係は $[J_x, J_y] = i\hbar J_z, [J_y, J_z] = i\hbar J_x, [J_z, J_x] = i\hbar J_y$ を満たすので

$$\begin{aligned} A^\dagger A &= (J_x + iJ_y)(J_x - iJ_y) \\ &= J_x^2 + iJ_yJ_x - iJ_xJ_y + J_y^2 \\ &= B - J_z^2 - i[J_x, J_y] = B - J_z^2 + \hbar J_z. \end{aligned} \quad (3)$$

同様に $AA^\dagger$ についても

$$\begin{aligned} AA^\dagger &= (J_x - iJ_y)(J_x + iJ_y) \\ &= J_x^2 + J_y^2 + i[J_x, J_y] \\ &= B - J_z^2 - \hbar J_z. \end{aligned} \quad (4)$$

(5) 角運動量 $\boldsymbol{J} = (J_x, J_y, J_z)$ のみが**力学変数**である力学系を考えているので, この系の物理量はすべて J_x, J_y, J_z の関数として表されることになる. よって, もしも B が J_x, J_y, J_z のいずれとも可換であることが示されれば, B はこの力学系の任意の物理量と可換ということになる. そのような場合には, B は演算子ではなく, ただの数 (c-数) であるとみなしてよい. そこでまず, B と J_x の交換関係を計算すると

$$\begin{aligned} [B, J_x] &= [J_y^2, J_x] + [J_z^2, J_x] \\ &= [J_y, J_x]J_y + J_y[J_y, J_x] + [J_z, J_x]J_z + J_z[J_z, J_x] \\ &= -i\hbar J_z J_y - i\hbar J_y J_z + i\hbar J_y J_z + i\hbar J_z J_y = 0 \end{aligned} \quad (5)$$

が成り立つ. 他の交換関係も同様に

$$\begin{aligned} [B, J_y] &= [J_x^2, J_y] + [J_z^2, J_y] \\ &= [J_x, J_y]J_x + J_x[J_x, J_y] + [J_z, J_y]J_z + J_z[J_z, J_y] \\ &= i\hbar J_z J_x + i\hbar J_x J_z - i\hbar J_x J_z - i\hbar J_z J_x = 0, \end{aligned} \quad (6)$$

$$\begin{aligned} [B, J_z] &= [J_x^2, J_z] + [J_y^2, J_z] \\ &= [J_x, J_z]J_x + J_x[J_x, J_z] + [J_y, J_z]J_y + J_y[J_y, J_z] \\ &= -i\hbar J_y J_x - i\hbar J_x J_y + i\hbar J_x J_y + i\hbar J_y J_x = 0 \end{aligned} \quad (7)$$

が導かれる. 以上より, B は演算子ではなく, ただの数であることが示された.

設問 (5) の別解 (5)〜(7) 式の関係は B と J_x, J_y, J_z のいずれかが**同時固有状態**をとることができることを意味している. そこで, 例えば B と J_x の同時固有状態 $|b, j_x\rangle$ を使って, 次の関係

$$B\,|b,j_x\rangle = b\,|b,j_x\rangle, \quad J_x\,|b,j_x\rangle = j_x\,|b,j_x\rangle$$

が成り立っているとする（b および j_x は，それぞれ B と J_x の固有値）．$\boldsymbol{J}$ のみがすべての力学変数であるので，例えば任意の力学状態を $J_x^p J_y^q J_z^r$（p,q,r は整数）といった演算子の積の和と $|b,j_x\rangle$ で表すことができる．すると，B は J_x, J_y, J_z のすべてと交換可能であるため，$C_{p,q,r}$（p,q,r は整数）を任意係数としたとき

$$B\sum_{p,q,r} C_{p,q,r} J_x^p J_y^q J_z^r\,|b,j_x\rangle = b\sum_{p,q,r} C_{p,q,r} J_x^p J_y^q J_z^r\,|b,j_x\rangle$$

が成り立つ．したがって，J_x, J_y, J_z のいずれかとの同時固有状態で系を記述するときに，演算子 B の固有値はある定数に固定して考えてよい．言い換えれば，B をただの数と考えても差し支えないことになる．

(6) J_z と A との交換関係を求めると

$$\begin{aligned}[][J_z, A] &= [J_z, J_x - iJ_y] = [J_z, J_x] - i[J_z, J_y] \\ &= -\hbar(J_x - iJ_y) = -\hbar A\end{aligned}$$

となり，$J_z A = A(J_z - \hbar)$．この結果を使うと

$$J_z A\,|\Theta_z\rangle = A(J_z - \hbar)\,|\Theta_z\rangle = (\Theta_z - \hbar)A\,|\Theta_z\rangle.$$

この等式は，$A\,|\Theta_z\rangle$ も J_z の固有状態で，その固有値は $(\Theta_z - \hbar)$ であることを示す．

(7) 設問 (4) と (5) の結果を利用して $|\Psi\rangle = A\,|\Theta_z\rangle$ の大きさ（**ノルム**）を計算すると

$$\begin{aligned} 0 \leq \langle\Psi|\Psi\rangle &= \langle\Theta_z|A^\dagger A|\Theta_z\rangle = \langle\Theta_z|(B - J_z^2 + \hbar J_z)|\Theta_z\rangle \\ &= (B - \Theta_z^2 + \hbar\Theta_z)\langle\Theta_z|\Theta_z\rangle \end{aligned}$$

が得られる．同様に

$$0 \leq \langle\Theta_z|AA^\dagger|\Theta_z\rangle = (B - \Theta_z^2 - \hbar\Theta_z)\langle\Theta_z|\Theta_z\rangle$$

も得られる．$|\Theta_z\rangle \neq 0$ より $\langle\Theta_z|\Theta_z\rangle > 0$ なので，$B - \Theta_z^2 + \hbar\Theta_z \geq 0$ かつ $B - \Theta_z^2 - \hbar\Theta_z \geq 0$ であり，Θ_z の範囲は次のように定まる．

$$-m \leq \Theta_z \leq m, \quad m = \frac{-\hbar + \sqrt{\hbar^2 + 4B}}{2}. \tag{8}$$

(8) 設問 (6) と同様の計算を行うと，$[J_z, A^\dagger] = \hbar A^\dagger \iff J_z A^\dagger = A^\dagger(J_z + \hbar)$ なので

$$J_z A^\dagger\,|\Theta_z\rangle = (\Theta_z + \hbar)A^\dagger\,|\Theta_z\rangle$$

が得られる．設問 (6) の結果とあわせると，$A^\dagger$ および A は J_z の固有値をそれぞれ $\hbar$ と $-\hbar$ だけシフトさせる**上昇演算子**と**下降演算子**（まとめて**昇降演算子**という）であることがわかった．このことから，与えられた J_z の固有状態 $|\Theta_z\rangle$ に対して $A^\dagger$ および A を作用させていくことによって，$|\Theta_z\rangle$ とは異なる J_z の固有状態を複数作ることができることになる．それらの固有値は整数 n を使って $\Theta_{z,n} = \Theta_z + n\hbar$ で与えられる．固有値 $\Theta_{z,n}$ を持つ固有状態を $|\Theta_z; n\rangle$ と書くことにする．

$$J_z |\Theta_z; n\rangle = \Theta_{z,n} |\Theta_z; n\rangle.$$

ここで J_z の最大の固有値 $\Theta_{z,\max}$ を持つ状態を $|\Theta_z; n_{\max}\rangle$ とすると，この定義より，この状態はそれ以上 $A^\dagger$ で固有値を上昇させることはできないので $A^\dagger |\Theta_z; n_{\max}\rangle = 0$ でなければならない．そこで (4) 式を使うと

$$\begin{aligned} B |\Theta_z; n_{\max}\rangle &= (AA^\dagger + J_z^2 + \hbar J_z) |\Theta_z; n_{\max}\rangle \\ &= (\Theta_{z,\max}^2 + \hbar \Theta_{z,\max}) |\Theta_z; n_{\max}\rangle \end{aligned}$$

が成り立つことがわかる．設問 (5) より，B の固有値は定数とみてよいので

$$B = \Theta_{z,\max}^2 + \hbar \Theta_{z,\max} \tag{9}$$

が得られる．

同様に J_z の最小の固有値 $\Theta_{z,\min}$ を持つ状態を $|\Theta_z; n_{\min}\rangle$ とすると，これに下降演算子 A を作用させると $A|\Theta_z; n_{\min}\rangle = 0$ となり，これと (3) 式より

$$\begin{aligned} B |\Theta_z; n_{\min}\rangle &= (A^\dagger A + J_z^2 - \hbar J_z) |\Theta_z; n_{\min}\rangle \\ &= (\Theta_{z,\min}^2 - \hbar \Theta_{z,\min})\} |\Theta_z; n_{\min}\rangle \\ \implies B &= \Theta_{z,\min}^2 - \hbar \Theta_{z,\min}. \end{aligned} \tag{10}$$

(9) 式と (10) 式から B を消去すると

$$(\Theta_{z,\max} + \Theta_{z,\min})(\Theta_{z,\max} - \Theta_{z,\min} + \hbar) = 0$$

が得られる．当然 $\Theta_{z,\max} \geq \Theta_{z,\min}$ なので，$\Theta_{z,\max} = -\Theta_{z,\min}$ が結論される．ここで，$\Theta_{z,\max} = -\Theta_{z,\min} = \hbar l$ と置くと，(8) および (9) 式より

$$B = \hbar^2 l(l+1), \quad m = \hbar l$$

と書けることがわかる．また昇降演算子の性質から $\Theta_{z,\max} - \Theta_{z,\min} = 2\hbar l$ は $\hbar$ の整数倍であるはずなので，l は整数または半整数である．

以上より，m は $\hbar$ の整数倍または半整数倍であることが示せた．　　**解答終**

第4章　演習問題

4.1　2重デルタ関数型ポテンシャル（京大理）
1次元シュレーディンガー方程式

$$-\frac{\hbar^2}{2m}\frac{d^2}{dx^2}\psi(x) - 2aV_0\delta(x^2 - a^2)\psi(x) = E\psi(x) \quad \text{①}$$

の**束縛状態**に対する**固有関数**と**エネルギー固有値**について考える．ここで，$\delta(x)$ は**デルタ関数**を表し，V_0 と a は正の定数である．以下の設問に答えよ．

(1) 一般に 1 次元シュレーディンガー方程式

$$-\frac{\hbar^2}{2m}\frac{d^2}{dx^2}\psi(x) + V(x)\psi(x) = E\psi(x) \quad \text{②}$$

において，$V(x) = V(-x)$ が成り立ち，エネルギー固有値に縮退がないとき，固有関数は必ず偶関数，または奇関数であることを示せ．また，縮退があるときにも，固有関数を必ず偶関数，または奇関数の形に取り直すことができることを示せ．

(2) ①式の束縛状態に対する固有関数について，偶関数，奇関数の関数形をそれぞれ求め（ただし，規格化定数はそのまま残しておいて構わない），概形を図示せよ．

(3) 設問 (2) で導出した偶関数，および奇関数に対するエネルギー固有値を求める式を導出せよ．

(4) 設問 (3) で導出した式を用いて，エネルギー固有値の a に対する依存性を，偶関数および奇関数の固有関数それぞれについて考察し，概略を図示せよ．

4.2　井戸型ポテンシャルによる散乱問題（東大理）

幅 a，深さ $-V_0$（<0）の 1 次元**井戸型ポテンシャル** $V(x)$ を考える（図参照）．質量 m の粒子が，$x = -\infty$ から波数 k の平面波 e^{ikx} で入射すると，その一部は反射し，一部は透過する．このとき，$x < -\frac{a}{2}$ と $x > \frac{a}{2}$ における波動関数を，それぞれ $\psi = e^{ikx} + Re^{-ikx}$，$\psi = Te^{ikx}$ とし，また $-\frac{a}{2} \leq x \leq \frac{a}{2}$ における波動関数を $\psi = \alpha e^{ipx} + \beta e^{-ipx}$ として，以下の設問に答えよ．ただし，$\hbar = \frac{h}{2\pi}$（h はプランク定数）とする．

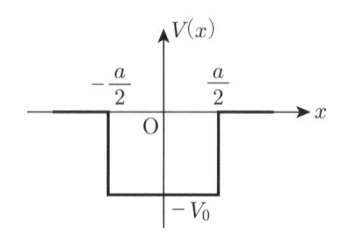

(1) 入射波, 反射波, 透過波に対する**フラックス（確率密度の流れ）**を $\hbar, m, k, R, T$ を用いて表せ. また T と R の関係式を与えよ.
(2) $T = |T|e^{i\theta}$ と書くとき, 位相 θ が現れる物理的理由を簡潔に述べよ.
(3) p を $\hbar, m, k, V_0$ を用いて表せ.
(4) T を以下の式のように表すとき, A と B を k と p を用いて表せ.

$$T = \frac{e^{-ika}}{A\cos pa - iB\sin pa}. \qquad ①$$

(5) 入射した波が反射をまったく受けない（**完全透過**する）ための k が満たすべき条件を求めよ. また, 完全透過が起こる物理的理由を簡潔に述べよ.
(6) $|T|^2$ を k の関数として図示せよ.

4.3　外力がかけられた調和振動子（東工大理）

図に示すように, 変位に比例する復元力がはたらくバネがあり, その一端に質量 m, 電荷 $e\,(>0)$ の粒子が結ばれている. 粒子の x 軸上の1次元運動を考える. 以下の設問に答えよ.

(1) 粒子の平衡点を位置の原点とし, 原点からの変位を x, 角振動数を ω としたとき, 粒子の運動を記述するシュレーディンガー方程式を書き下し, n 番目のエネルギー固有値 E_n を求めよ（ただし, 導出過程は不要）. また, 最低エネルギー状態の波動関数 $\phi_0(x)$ のおおよその形をポテンシャルエネルギー曲線 $V(x)$ とともに図示せよ.
(2) x の正方向に一様な電場 $E\,(>0)$ をかけたときの粒子の運動を記述するハミルトニアンとその n 番目の固有値を求めよ. また, 最低エネルギー状態の波動関数のおおよその形をポテンシャルエネルギー曲線とともに図示せよ.
(3) 前問の状況に加えて粒子の変位 x に比例する**電場勾配** $-ax$ をかける $(a > 0)$. このとき粒子の運動を記述するハミルトニアンを書き下し, 最低エネルギー状態の波動関数のおおよその形をポテンシャルエネルギー曲線とともに図示せよ. ただし, 位置の原点は設問 (1) の平衡点とする.
(4) 設問 (2) と (3) の場合について, 粒子の位置の広がりは設問 (1) の場合と比べてどう変化するかを理由をつけて簡潔に述べよ.

4.4　1次元調和振動子と演算子法（東大理）

質量 m, 角振動数 ω を持つ**1次元調和振動子のハミルトニアン演算子** $\hat{\mathcal{H}}$ は

$$\widehat{\mathcal{H}} = \frac{\widehat{p}^2}{2m} + \frac{m\omega^2}{2}\widehat{x}^2$$

で与えられる．ここで，$\widehat{x}$ と $\widehat{p}$ はそれぞれ位置座標演算子と運動量演算子である．この系を解析するために，**ハイゼンベルク表示**を用いる．また，演算子

$$\widehat{a} = \sqrt{\frac{m\omega}{2\hbar}}\left(\widehat{x}(0) + i\frac{\widehat{p}(0)}{m\omega}\right), \quad \widehat{a}^\dagger = \sqrt{\frac{m\omega}{2\hbar}}\left(\widehat{x}(0) - i\frac{\widehat{p}(0)}{m\omega}\right) \quad \text{①}$$

を導入する．ここで，$\widehat{x}(0)$ と $\widehat{p}(0)$ は時刻 $t=0$ での演算子である．以下の設問に答えよ．

(1) 演算子 $\widehat{N} = \widehat{a}^\dagger\widehat{a}$ と $\widehat{a}^\dagger$ との交換関係および $\widehat{N}$ と $\widehat{a}$ との交換関係を求めよ．

(2) 演算子 $\widehat{N}$ の固有状態を $|n\rangle$ とし，その固有値を n とすると

$$\widehat{N}|n\rangle = n|n\rangle$$

が成り立つ．ここで，$\widehat{a}^\dagger|n\rangle = C|n+1\rangle$ および $\widehat{a}|n\rangle = D|n-1\rangle$ であることを示し，係数 C と D を求めよ．ただし，係数 C と D は正の数とし，状態 $|n\rangle$ は $\langle n|n\rangle = 1$ と規格化されているとする．

(3) 上の結果を用いて n は零，または正の整数であることを証明せよ．

さて，ハイゼンベルク表示では演算子 $\widehat{x}(t)$ および演算子 $\widehat{p}(t)$ は時刻 t に依存する．それらの演算子の時間変化は**ハイゼンベルク方程式**で与えられる．以下の設問に答えよ．

(4) $\widehat{x}(t)$ および $\widehat{p}(t)$ についてのハイゼンベルク方程式を導け．

(5) 上記の方程式を解いて $\widehat{x}(t)$ と $\widehat{p}(t)$ を求め，それらが**古典解**と類似の時間変動をすることを示せ．

(6) **期待値** $\langle n|\widehat{x}(t)|n\rangle$ および $\langle n|\widehat{p}(t)|n\rangle$ を求めよ．

(7) 期待値 $\langle\lambda|\widehat{x}(t)|\lambda\rangle$ および $\langle\lambda|\widehat{p}(t)|\lambda\rangle$ が**調和振動子**の古典解と類似の時間変動を示すような状態 $|\lambda\rangle$ は，基底状態 $|G\rangle$ に演算子 $\widehat{a}$ および $\widehat{a}^\dagger$ を作用して作ることができる．つまり，この状態 $|\lambda\rangle$ は $|\lambda\rangle = F(\widehat{a},\widehat{a}^\dagger)|G\rangle$ と書ける．関数 $F(\widehat{a},\widehat{a}^\dagger)$ の具体例を示せ．ただし，基底状態は $\widehat{a}|G\rangle = 0$ を満たすものとする．また，状態 $|\lambda\rangle$ の規格化条件は無視してよい．

4.5 水素原子：中心力ポテンシャルと外部磁場（九大理）

3 次元の量子力学系に関する以下の設問に答えよ．ただし，電子のスピンの効果，および相対論的効果は小さいとして無視する．

(1) 1 粒子の定常状態を表す波動関数を $\psi(\boldsymbol{r})$ とし，**ハミルトニアン演算子**を $\widehat{\mathcal{H}}$ としたとき，$\psi(\boldsymbol{r})$ が満たすシュレーディンガー方程式を書け．ただし，$\boldsymbol{r} = (x, y, z)$

はその粒子の位置のデカルト座標を表す.

(2) 水素原子の電子に対して，ハミルトニアン演算子 $\widehat{\mathcal{H}}$ を具体的に書き下せ．ただし，電子の質量は m，電荷は $-e$（<0）であるとする．さらに，原子核は電荷 e を持ち，電子に比べて十分重いので原点に静止しているとする．

(3) 水素原子の電子の基底状態は，規格化された波動関数

$$\psi_1(r) = A\exp\left(-\frac{r}{r_0}\right)$$

で表される．ただし，$r = |\bm{r}|$ であり，A および r_0 は正定数である．r_0 を求め，前問で考えたハミルトニアン演算子 $\widehat{\mathcal{H}}$ に対して，その固有値 E_1 を求めよ．

(4) 規格化定数 A を r_0 を使って表せ．

(5) 水素原子の電子の**基底状態**に対して期待値

$$\langle\widehat{r}\rangle,\quad \langle\widehat{r}^2\rangle,\quad \langle\widehat{p}^2\rangle$$

を求めよ．ただし，$\widehat{r} = |\widehat{\bm{r}}| = \sqrt{\widehat{x}^2+\widehat{y}^2+\widehat{z}^2}, \widehat{p} = |\widehat{\bm{p}}| = \sqrt{\widehat{p}_x^2+\widehat{p}_y^2+\widehat{p}_z^2}$ であり，$\widehat{\bm{r}} = (\widehat{x},\widehat{y},\widehat{z})$ は電子の位置座標演算子，$\widehat{\bm{p}} = (\widehat{p}_x,\widehat{p}_y,\widehat{p}_z)$ は電子の運動量演算子を表す．

(6) もし

$$\psi_{2x}(\bm{r}) = x\exp(-ar)\quad (a\text{ は正定数})$$

の形の（規格化されていない）波動関数がハミルトニアン演算子 $\widehat{\mathcal{H}}$ の固有状態であるならば，系の対称性から

$$\psi_{2y}(\bm{r}) = y\exp(-ar),\quad \psi_{2z}(\bm{r}) = z\exp(-ar)$$

もまた同じ固有値を持った固有状態であることがいえる．$\psi_{2x}(\bm{r})$ が $\widehat{\mathcal{H}}$ の固有状態であるためには，定数 a はいくらでなければならないか．また，$\psi_{2x}(\bm{r})$ の固有エネルギー E_2 を求めよ．

(7) 電子が z 軸方向の弱い一定の磁場 B 中にあるとき，ハミルトニアン演算子には

$$\delta\widehat{\mathcal{H}} = \frac{eB}{2m}(\widehat{x}\widehat{p}_y - \widehat{y}\widehat{p}_x)$$

という項が余計に加わる．この磁場の効果によってどのようなことが起こるかを $\psi_{2\pm} = \frac{1}{\sqrt{2}}(\psi_{2x}\pm i\psi_{2y})$ と ψ_{2z} を考えることにより，式を使って説明せよ（磁場 B が弱いとは $e|B| \ll \frac{\hbar}{r_0^2}$ であることをいう）．

4.6 多粒子系の量子力学（阪大理）

1 次元空間で，無限に高い**井戸型ポテンシャル**

$$V(x) = \begin{cases} 0 & (0 < x < a) \\ +\infty & (x \leq 0, a \leq x) \end{cases}$$

の中に閉じこめられた粒子の量子力学を考える．まずはじめに，質量 m の 1 個の粒子をこの井戸の中に閉じこめる．

(1) この系のエネルギーの低い方から n 番目 ($n = 1, 2, 3, \cdots$) の固有状態のエネルギー E_n と，規格化された固有関数 $\phi_n(x)$ $(0 < x < a)$ を求めよ．

次に，質量が m_1, m_2 の互いに区別できる 2 つの粒子を，同じ井戸の中に閉じこめたとしよう．ただし，粒子のスピンの自由度は無視し，また 2 つの粒子間の相互作用はないものとする．

(2) それぞれの粒子の座標を x_1, x_2 として，この 2 粒子系の波動関数 $\psi(x_1, x_2)$ が従う**時間を含まないシュレーディンガー方程式**を，$V(x_1), V(x_2)$ を用いて書き下せ．ただし，エネルギー固有値を E とする．

(3) $\psi(x_1, x_2)$ が $\psi(x_1, x_2) = f(x_1)g(x_2)$ と書けるものとして，$f(x_1)$ と $g(x_2)$ が従う時間を含まないシュレーディンガー方程式を，それぞれ書き下せ．ただし，それぞれのエネルギー固有値を，$\varepsilon_f, \varepsilon_g$ とする．さらに，設問 (2) の E と $\varepsilon_f, \varepsilon_g$ との関係を示せ．

(4) この 2 粒子系の**基底状態**のエネルギー E_gs を求めよ．また，対応する規格化された固有関数 $\psi_\mathrm{gs}(x_1, x_2)$ を，設問 (1) で求めた $\phi_1, \phi_2, \phi_3, \cdots$ のうち，必要なものを用いて表せ．

(5) 同じ系の**第 1 励起状態**，**第 2 励起状態**のエネルギー，$E_\mathrm{1st}, E_\mathrm{2nd}$ を，それぞれ求めよ．また，それぞれに対応する固有関数 $\psi_\mathrm{1st}(x_1, x_2)$，および $\psi_\mathrm{2nd}(x_1, x_2)$ を，設問 (1) で求めた $\phi_1, \phi_2, \phi_3, \cdots$ のうち必要なものを用いて表せ．ただし，$m_1 < m_2 < \frac{8}{3} m_1$ とする．

次に，同一の質量 m を持つ，**スピン**が $\frac{1}{2}$ の互いに区別できない 2 個の**フェルミ粒子**を，同じ井戸の中に閉じこめる．ここでも，2 つの粒子間の相互作用はないものとする．また，適当な量子化軸に関してスピンが上向きの状態を α，スピンが下向きの状態を β と表すことにする．

(6) いま，井戸の最低エネルギー準位に，スピンが上向きの粒子とスピンが下向きの粒子を詰めた基底状態の固有関数は

$$\psi = \phi_1(x_1)\alpha(1)\phi_1(x_2)\beta(2)$$

と書けるように思われるが，これでは 2 つのフェルミ粒子は互いに区別できないという事実が取り入れられていない．フェルミ粒子は**フェルミ–ディラック統計**に従うか

ら，この 2 粒子系の固有関数は，2 つの粒子の入替え（粒子の座標 x_1, x_2 とスピン座標の同時交換）に対して，反対称でなければならない．このことに注意して，基底状態の正しい固有関数を書き下せ．また，この状態の全スピン S の大きさを求めよ．

(7) 設問 (6) で議論した固有関数の反対称性を用いて，同じエネルギー準位に，スピンが上向きのフェルミ粒子を 2 個（またはスピンが下向きのフェルミ粒子を 2 個）詰めることはできないことを示せ．

最後に，同一の質量 m を持つ，スピン $\frac{1}{2}$ の互いに区別できない 3 個のフェルミ粒子を，同じ井戸の中に閉じこめる．ここでも，粒子間の相互作用はないものとする．

(8) この系の，基底状態，第 1 励起状態，第 2 励起状態のエネルギー $E_{\rm gs}, E_{\rm 1st}, E_{\rm 2nd}$ を，それぞれ求めよ．

(9) **スピン自由度**にともなう**縮重**に注意して，基底状態の固有関数を求めよ．答えは**行列式**の形で表してもよい．

4.7 エーレンフェストの定理，クライン–ゴルドン方程式 （早大理工）

(1) セシウムの**仕事関数**は 1.9 eV である．**光電効果**を起こすための入射光の限界波長を求めよ（プランク定数 $h = 6.6 \times 10^{-34}$ [J·s]，光速 $c = 3.0 \times 10^8$ [m·s^{-1}]，電気素量 $e = 1.6 \times 10^{-19}$ [C] として計算せよ）．

次に，質量 m の粒子の位置，運動量をそれぞれ $\bm{r}, \bm{p}$ として，ハミルトニアンが

$$\mathcal{H} = \frac{\bm{p}^2}{2m} + V(\bm{r})$$

で記述される系を考える．ポテンシャル $V(\bm{r})$ を実関数，規格化された粒子の波動関数を $\Psi(\bm{r}, t)$ としたとき，次の設問に答えよ．

(2) **確率密度**を $\rho = |\Psi(\bm{r}, t)|^2$ とし，**確率密度の流れベクトル**を $\bm{j} = \frac{i\hbar}{2m}[\Psi \nabla \Psi^* - \Psi^* \nabla \Psi]$ とすれば

$$\frac{\partial \rho}{\partial t} + \nabla \cdot \bm{j} = 0$$

が成り立つことを示せ．

(3) 物理量 A が時間 t を陽に含まないとき，$\frac{d\langle A \rangle}{dt} = \frac{1}{i\hbar} \langle [A, \mathcal{H}] \rangle$ を示せ．$[A, \mathcal{H}]$ は交換関係を表し，$\langle A \rangle$ は $\int \psi^* A \psi d\bm{r}$ で定義される A の期待値とする．

(4) 期待値 $\langle \bm{r} \rangle, \langle \bm{p} \rangle, \langle V(\bm{r}) \rangle$ に関して，次の関係式

$$\frac{d}{dt}\langle \bm{r} \rangle = \frac{1}{m}\langle \bm{p} \rangle, \quad \frac{d}{dt}\langle \bm{p} \rangle = -\langle \nabla V(\bm{r}) \rangle$$

が成り立つこと（**エーレンフェストの定理**）を示せ．また，古典力学との対応について議論せよ．

(5) 運動量 $\hbar \boldsymbol{k}_0$ を持つ粒子が球対称ポテンシャル $V(r)$ によって**散乱**される現象を考える．散乱後の運動量が $\hbar \boldsymbol{k}$ となるとき，$\boldsymbol{k}$ 方向への単位時間，単位立体角の**遷移確率**は

$$w_{\boldsymbol{k}_0 \to \boldsymbol{k}} = \frac{4mk_0}{\hbar^3 L^3} \left| \int_0^\infty \frac{\sin Kr}{Kr} V(r) r^2 dr \right|^2$$

で与えられる．ただし，$\boldsymbol{K} = \boldsymbol{k}_0 - \boldsymbol{k}, k_0 = k$ とし，L は規格化因子とする．これを用い，$V(r) = \frac{N}{r} e^{-\alpha r}$ $(\alpha > 0)$ のときの積分を実行し，遷移確率 $w(\theta)$ を求めよ．ここで，θ は $\boldsymbol{k}_0$ と $\boldsymbol{k}$ の角度とする．また，$\alpha \to 0$ の極限では，**ラザフォード散乱**に帰着することを示せ．

次に，シュレーディンガー方程式の相対論的な拡張を考える．相対論的に運動している粒子のエネルギーは

$$E^2 = m^2 c^4 + \boldsymbol{p}^2 c^2$$

を満たす．以下の設問に答えよ．

(6) このエネルギーを演算子とし

$$\Box \equiv \frac{1}{c^2} \frac{\partial^2}{\partial t^2} - \Delta$$

を用いて，**クライン–ゴルドン方程式**を導出せよ．この式の物理的解釈の問題点を議論せよ．

(7) 確率密度の流れベクトル $\boldsymbol{j}$ を設問 (2) と同様にとるとき，連続の方程式

$$\frac{\partial \rho}{\partial t} + \nabla \cdot \boldsymbol{j} = 0$$

が成立するためには，ρ をどうとるべきか，書き下せ．また，波動関数の次元を設問 (2) と同様に定義すると，この場合も ρ が確率密度の次元を持つことを示せ．

第5章 統計力学

5.1 ミクロカノニカル分布

●**等重率の原理**● 孤立系のエネルギーは当然一定値をとる．熱平衡状態にある孤立系においては，そのエネルギーの値を持つ**ミクロな状態**がすべて**等確率**で実現する．等エネルギー状態におけるこの一様分布を**ミクロカノニカル分布**（**小正準分布**）と呼ぶ．この分布に従う統計集団を**ミクロカノニカルアンサンブル**（**小正準集団**）という．

●**状態数と状態密度**● 体積 V の 3 次元空間中の N 粒子からなる気体のミクロな状態は，古典力学においては $3N$ 個の**正準変数**の対（これを $(p_j, q_j)_{j=1}^{3N}$ と書くことにする）で指定される．この古典力学的なミクロ状態を各点とする $6N$ 次元連続空間を**位相空間**と呼ぶ．この位相空間中の $6N$ 次元の体積要素は

$$d\Gamma = \prod_{j=1}^{3N} dp_j dq_j$$

で与えられる．N 粒子系のハミルトニアン $\mathcal{H}$ が $(p_j, q_j)_{j=1}^{3N}$ の関数として与えられているとする．エネルギー区間 $[E, E+\delta E)$ を与えたとき，系のハミルトニアン $\mathcal{H}$ の値がこの区間内に含まれるような位相空間中での領域の体積 $\int_{E \leq \mathcal{H} < E+\delta E} d\Gamma$ を考える．**ハイゼンベルクの不確定性原理**により，各自由度ごとに

$$\Delta p_j \Delta q_j \gtrsim h \quad (j = 1, 2, \ldots, 3N)$$

である．よって，$\Delta p_j \Delta q_j \simeq h$ が，1 自由度当たり，量子力学的に区別できる最小の状態の単位であると解釈することができる．すると，上の体積を h^{3N} で割った値は，$E \leq \mathcal{H} < E+\delta E$ を満たすミクロな状態の総数を与えることになる．ただし，N 粒子が**同種粒子**である場合には，量子力学的にはそれらは区別できないので，状態数を正しく与えるには $N!$ で割って重複をなくさなければならない．こうして得られる数

$$W(E, \delta E, V, N) = \frac{1}{N! h^{3N}} \int_{E \leq \mathcal{H} < E+\delta E} d\Gamma \tag{5.1}$$

を**状態数**（**熱力学的重率**）という．$\delta E \ll 1$ では

$$W(E, \delta E, V, N) = \Omega(E, V, N) \delta E$$

となるが，このとき $\Omega(E,V,N)$ を（エネルギー E での）**状態密度**と呼ぶ．あるいは，系のエネルギーが E 以下である状態数の総数

$$\widetilde{W}(E,V,N) = \frac{1}{N!h^{3N}} \int_{\mathcal{H} \leq E} d\Gamma$$

を考えて，これを E で微分することによっても状態密度を求めることができる．

$$\Omega(E,V,N) = \frac{d\widetilde{W}(E,V,N)}{dE}.$$

●**孤立系のエントロピー**● 熱力学的量である孤立系のエントロピー S は，状態数 (5.1) と

$$S(E,V,N) = k_{\mathrm{B}} \ln W(E, \delta E, V, N) \tag{5.2}$$

で関係付けられる．ここで，k_{B} は

$$k_{\mathrm{B}} = 1.380649 \times 10^{-23} \,[\mathrm{J \cdot K^{-1}}]$$

で定義される物理定数であり，**ボルツマン定数**と呼ばれる．(5.2) 式を**ボルツマンの関係式**と呼ぶ．(5.2) 式を粒子数 N で割って，1 粒子当たりのエントロピーを計算する際，$N \to \infty$ の極限（**熱力学的極限**）では，$W(E,\delta E,V,N)$ を $\widetilde{W}(E,V,N)$ あるいは $\Omega(E,V,N)$ に置き換えても同じ結果が得られる．

5.2 カノニカル分布

エネルギーが一定に保たれる孤立系はミクロカノニカル分布に従うが，絶対温度 T の熱源（熱浴）と熱エネルギーのやり取りを行い，温度を一定に保った熱平衡状態にある系は**カノニカル分布**（**正準分布**）で記述される．

位相空間の点 $(p_j, q_j)_{j=1}^{3N}$ の関数として系の**ハミルトニアン**

$$\mathcal{H}_N = \mathcal{H}_N((p_j, q_j)_{j=1}^{3N})$$

が与えられているとき

$$e^{-\mathcal{H}_N/k_{\mathrm{B}}T} = e^{-\beta \mathcal{H}_N}$$

を**ボルツマン因子**という．ただし，$\beta = \frac{1}{k_{\mathrm{B}}T}$ である．カノニカル分布（正準分布）の**確率密度関数**は

$$P((p_j, q_j)_{j=1}^{3N}) = \frac{1}{Z_N} \frac{1}{N!h^{3N}} e^{-\mathcal{H}_N((p_j,q_j)_{j=1}^{3N})/k_{\mathrm{B}}T} \tag{5.3}$$

で与えられる．ここで，Z_N は**規格化因子**であり

$$Z_N(T,V) = \frac{1}{N!h^{3N}} \int e^{-\mathcal{H}_N((p_j,q_j)_{j=1}^{3N})/k_\mathrm{B}T} d\Gamma \tag{5.4}$$

で与えられる．これを**正準分配関数**（または単に**分配関数**）という．ただし，積分は位相空間全体にわたるものである．

位相空間の点の関数 $Q((p_j,q_j)_{j=1}^{3N})$ が与えられたとき，カノニカル分布 (5.3) における**平均値**（**期待値**）は

$$\begin{aligned}\langle Q \rangle &= \int Q((p_j,q_j)_{j=1}^{3N}) P((p_j,q_j)_{j=1}^{3N}) d\Gamma \\ &= \frac{1}{Z_N} \frac{1}{N!h^{3N}} \int Q((p_j,q_j)_{j=1}^{3N}) e^{-\mathcal{H}_N((p_j,q_j)_{j=1}^{3N})/k_\mathrm{B}T} d\Gamma\end{aligned}$$

で与えられる．

カノニカル分布（正準分布）に従う統計集団を**カノニカルアンサンブル**（**正準集団**）という．

●カノニカル分布における熱力学関数●
(1) ヘルムホルツの自由エネルギー

$$F(T,V,N) = -k_\mathrm{B}T \ln Z_N(T,V).$$

(2) 内部エネルギー

$$\begin{aligned}U = \langle \mathcal{H}_N \rangle &= \frac{1}{Z_N} \frac{1}{N!h^{3N}} \int \mathcal{H}_N e^{-\beta \mathcal{H}_N} d\Gamma \\ &= \frac{1}{Z_N} \frac{1}{N!h^{3N}} \left(-\frac{\partial}{\partial \beta}\right) \int e^{-\beta \mathcal{H}_N} d\Gamma \\ &= -\frac{1}{Z_N} \frac{\partial Z_N}{\partial \beta} = -\frac{\partial}{\partial \beta} \ln Z_N \\ &= \frac{\partial}{\partial \beta} \frac{F}{k_\mathrm{B}T}.\end{aligned}$$

(3) エントロピー

$$\begin{aligned}S &= -\left(\frac{\partial F}{\partial T}\right)_{V,N} = k_\mathrm{B} \left\{\ln Z_N + \frac{T}{Z_N}\left(\frac{\partial Z_N}{\partial T}\right)_{V,N}\right\} \\ &= -\frac{F}{T} - \frac{1}{T}\frac{1}{Z_N}\left(\frac{\partial Z_N}{\partial \beta}\right)_{V,N} \\ &= \frac{1}{T}(-F + U).\end{aligned}$$

5.3 グランドカノニカル分布

外部と熱のやり取りとともに粒子のやり取りも行う開放系が，熱平衡状態にあるとき，この状態は**グランドカノニカル分布**（**大正準分布**）で記述される．

●**大分配関数と分布関数**● μ を化学ポテンシャルとする．このとき

$$\lambda = e^{\beta\mu}$$
$$= e^{\mu/k_B T}$$

を**フガシティ**（**逃散能**）と呼ぶ．**大正準分配関数**（**大分配関数**）を

$$\Xi(T, V, \mu) = \sum_{N=0}^{\infty} \lambda^N Z_N(T, V)$$

で定義する．ただし，ここで Z_N は粒子数 N，絶対温度 T のカノニカル分布における分配関数 (5.4) である（$Z_0 = 1$ とする）．系の粒子数が N であり，状態が $(p_j, q_j)_{j=1}^{3N}$ である確率密度は

$$P_N\left((p_j, q_j)_{j=1}^{3N}\right) = \frac{1}{\Xi} \frac{1}{N! h^{3N}} \lambda^N e^{-\beta \mathcal{H}_N((p_j, q_j)_{j=1}^{3N})}$$

で与えられる．この分布を**グランドカノニカル分布**という．

$(p_j, q_j)_{j=1}^{3N}$ の関数の列 $Q_N((p_j, q_j)_{j=1}^{3N})$ $(N = 0, 1, 2, 3, \cdots)$ が与えられたとき，グランドカノニカル分布における平均値は

$$\langle Q \rangle = \sum_{N=0}^{\infty} \int Q_N((p_j, q_j)_{j=1}^{3N}) P_N((p_j, q_j)_{j=1}^{3N}) d\Gamma$$
$$= \frac{1}{\Xi} \sum_{N=0}^{\infty} \frac{\lambda^N}{N! h^{3N}} \int Q_N((p_j, q_j)_{j=1}^{3N}) e^{-\beta\{\mathcal{H}_N((p_j, q_j)_{j=1}^{3N}) - \mu N\}} d\Gamma$$

で与えられる．

グランドカノニカル分布（大正準分布）に従う統計集団を**グランドカノニカルアンサンブル**（**大正準集団**）という．

●**グランドカノニカル分布における熱力学関数**●
(1) グランドポテンシャル

$$J(T, V, \mu) = -k_B T \ln \Xi(T, V, \mu).$$

(2) 平均粒子数

$$\langle N \rangle = \frac{1}{\Xi} \sum_{N=0}^{\infty} \frac{1}{N! h^{3N}} \int N e^{-\beta(\mathcal{H}_N - \mu N)} d\Gamma$$

$$= \frac{1}{\beta} \frac{1}{\Xi} \frac{\partial}{\partial \mu} \sum_{N=0}^{\infty} \int \frac{1}{N! h^{3N}} e^{-\beta(\mathcal{H}_N - \mu N)} d\Gamma$$

$$= \frac{1}{\beta} \frac{1}{\Xi} \frac{\partial \Xi}{\partial \mu} = \frac{1}{\beta} \frac{\partial}{\partial \mu} \ln \Xi = -\left(\frac{\partial J}{\partial \mu}\right)_{T,V}.$$

(3) ヘルムホルツの自由エネルギーとの関連

平均値が $\langle N \rangle$ である粒子数分布の標準偏差は $\sqrt{\langle N \rangle}$ 程度（これをオーダー $\mathcal{O}(\sqrt{N})$ と書く）なので，$\langle N \rangle$ が大きいときには

$$\Xi(T, V, \mu) = \sum_{N=0}^{\infty} \lambda^N Z_N(T, V) \simeq C_N \lambda^{\langle N \rangle} Z_{\langle N \rangle}(T, V)$$

である．ここで，係数 C_N は $\ln C_N = \mathcal{O}(\sqrt{N})$ である．両辺の対数をとると

$$J = -k_\mathrm{B} T \ln \Xi(T, V, \mu)$$
$$\simeq F(T, V, \langle N \rangle) - \mu \langle N \rangle + \mathcal{O}(\sqrt{\langle N \rangle}).$$

$\langle N \rangle$ が大きいと，$\mathcal{O}(\sqrt{\langle N \rangle})$ の項は無視できる．$\langle N \rangle$ を N に置き換えると

$$J = F - \mu N$$

が得られる．p を圧力として $dF = -pdV - SdT + \mu dN$ の関係を使うと

$$dJ = d(F - \mu N) = -pdV - SdT + \mu dN - Nd\mu - \mu dN$$
$$= -pdV - SdT - Nd\mu$$

となるので，グランドポテンシャルと呼ばれる熱力学関数 J は V, T, μ の関数であることがわかる．

5.4 単原子理想気体

体積 V の 3 次元空間に質量 m の単原子理想気体があり，温度 T で熱平衡状態にあるものとする．1 粒子ハミルトニアンを

$$\mathcal{H}_1(\boldsymbol{p}) = \frac{|\boldsymbol{p}|^2}{2m} = \frac{p_x^2 + p_y^2 + p_z^2}{2m}$$

としたとき，N 粒子ハミルトニアンは，これの和

$$\mathcal{H}_N((p_j, q_j)_{j=1}^{3N}) = \sum_{k=1}^{N} \mathcal{H}_1(\boldsymbol{p}_k)$$

で与えられる.このように,粒子間の相互作用がない系を**自由粒子系**という.熱力学で扱った理想気体は,統計力学では自由粒子系に対応する.

● **1 粒子系の分配関数** ● 体積 V の中に 1 粒子のみが存在しているとする.位置座標を $\boldsymbol{q} = (x, y, z)$,運動量を $\boldsymbol{p} = (p_x, p_y, p_z)$ とすると,分配関数 Z_1 は

$$d\boldsymbol{q} = dxdydz,$$
$$d\boldsymbol{p} = dp_x dp_y dp_z$$

として

$$\begin{aligned}
Z_1 &= \int \frac{d\boldsymbol{q}d\boldsymbol{p}}{h^3} e^{-\beta(p_x^2 + p_y^2 + p_z^2)/2m} \\
&= \frac{1}{h^3} \int d\boldsymbol{q} \int_{-\infty}^{\infty} dp_x e^{-\beta p_x^2/2m} \int_{-\infty}^{\infty} dp_y e^{-\beta p_y^2/2m} \int_{-\infty}^{\infty} dp_z e^{-\beta p_z^2/2m} \\
&= \frac{V}{h^3} \left(\int_{-\infty}^{\infty} dp e^{-\beta p^2/2m} \right)^3 = V \left(\frac{2\pi m k_B T}{h^2} \right)^{3/2}.
\end{aligned}$$

● **N 粒子系の分配関数** ● 体積 V の中に N 粒子が存在しているときの分配関数 Z_N は

$$Z_N = \frac{1}{N!} Z_1^N$$

で与えられる.

● **マクスウェルの速度分布則** ● N 個の粒子のうち,速度が (v_x, v_y, v_z) と $(v_x + dv_x, v_y + dv_y, v_z + dv_z)$ の間にある粒子の数は,関数

$$f(v_x, v_y, v_z) = \left(\frac{m}{2\pi k_B T} \right)^{3/2} e^{-m(v_x^2 + v_y^2 + v_z^2)/2k_B T} \tag{5.5}$$

を用いて

$$Nf(v_x, v_y, v_z) dv_x dv_y dv_z$$

で与えられる.(5.5) 式の関数は

$$\int_{-\infty}^{\infty} \int_{-\infty}^{\infty} \int_{-\infty}^{\infty} f(v_x, v_y, v_z) dv_x dv_y dv_z = 1$$

と規格化されており,**マクスウェルの速度分布関数**と呼ばれる.

●**数学公式**● 以下の公式は上述の分配関数や熱力学関数を計算する際に頻繁に使用される．

(1) **ガウス積分**

$$\int_{-\infty}^{\infty} dx\, e^{-x^2} = \sqrt{\pi}.$$

(2) **スターリングの公式**

$$\ln N! \simeq N \ln N - N \quad (N \to \infty).$$

5.5 磁性体

電子は大きさ $\frac{1}{2}$ の**スピン**を持つ．そのため，電子は 1 つ当たり $+\mu_B$，または $-\mu_B$ の**磁気モーメント**を持つことになる．ただし，μ_B は**ボーア磁子**と呼ばれ，**素電荷** $e > 0$，電子の質量 m_e を用いて

$$\mu_B = \frac{e\hbar}{2m_e}$$
$$= 9.274 \times 10^{-24}\,[\text{J} \cdot \text{T}^{-1}]$$

で与えられる（スピンの大きさは $\frac{1}{2}$ であるが，**ランデの g 因子**と呼ばれる係数が 2 であるので，電子 1 つの磁気モーメントは $\pm\mu_B$ となる）．

磁場 $\boldsymbol{B}$ に対して $\boldsymbol{H} = \frac{\boldsymbol{B}}{\mu}$（$\mu$ は透磁率）と定義し，$H = |\boldsymbol{H}|$ とする．磁性体やその統計力学モデルに関する問題では，H を**磁場**と呼ぶことが多い（その場合，$B = |\boldsymbol{B}|$ を磁束密度という）．

●**相互作用がない場合**● 相互作用がない N スピン系が外部磁場 H のもとにある場合，系のハミルトニアン $\mathcal{H}$ は

$$\mathcal{H} = -\mu_B H \sum_{j=1}^{N} \sigma_j.$$

ただし，σ_j はスピンの向きに応じて $+1$ または -1 をとる．

●**相互作用がある場合**● スピン間相互作用がある N スピン系が外部磁場 H の下にある場合，系のハミルトニアン $\mathcal{H}$ は

$$\mathcal{H} = -\frac{1}{2}\sum_{j=1}^{N}\sum_{k=1}^{N} J_{jk}\sigma_j\sigma_k - \mu_B H \sum_{j=1}^{N} \sigma_j$$

で与えられる．ここで，J_{jk} は j 番目のスピンと k 番目のスピンとの間の交換相互作用を表す．$J_{jk} > 0$ の場合は，スピンの向きがそろうほどエネルギーが低くなるので**強磁性体**のモデルとなる．

5.6 量子統計

●フェルミ–ディラック統計とボース–アインシュタイン統計●

(1) **フェルミ分布** 電子，中性子など半整数スピン $(s = \frac{1}{2}, \frac{3}{2}, \cdots)$ を持つ粒子を**フェルミ粒子**という．フェルミ粒子は同一準位に 2 つ以上存在することができない（**パウリの排他原理**）．フェルミ粒子の系が絶対温度 T，**化学ポテンシャル** μ の熱平衡状態にあるとする．このとき，エネルギー ε の量子状態を占有するフェルミ粒子の平均個数は以下のように与えられる．

$$n(\varepsilon) = \frac{1}{e^{\beta(\varepsilon-\mu)} + 1}.$$

これを**フェルミ分布関数**という．自由フェルミ粒子系に対しては，粒子の質量を m，運動量を $\boldsymbol{p}$ としたとき，$\varepsilon = \frac{|\boldsymbol{p}|^2}{2m}$ で与えられる．

(2) **ボース分布** 光子やフォノンなど整数スピン $(s = 0, 1, 2, \cdots)$ を持つ粒子を**ボース粒子**という．ボース粒子は同一準位に何個でも存在することができる．ボース粒子の系が絶対温度 T，化学ポテンシャル μ の熱平衡状態にあるとする．ただし，基底エネルギーが ε_0 で与えられたとき，$\mu \leq \varepsilon_0$ である．このとき，エネルギー ε の量子状態を占有するボース粒子の平均個数は以下のように与えられる．

$$n(\varepsilon) = \frac{1}{e^{\beta(\varepsilon-\mu)} - 1}.$$

これを**ボース分布関数**という．自由ボース粒子系に対しては，粒子の質量を m，運動量を $\boldsymbol{p}$ としたとき $\varepsilon = \frac{|\boldsymbol{p}|^2}{2m}$ で与えられる．この場合，基底エネルギーは $\varepsilon_0 = 0$ であり，$\mu \leq 0$ となる．

フェルミ粒子が従う統計法則を**フェルミ–ディラック統計**，ボース粒子が従う統計法則を**ボース–アインシュタイン統計**と呼び，両者をまとめて**量子統計**という．これに対して，古典統計力学を**ボルツマン統計**と呼ぶこともある．

●粒子数の計算●

(1) **縮退したフェルミ粒子** 温度 T で熱平衡状態にあり，粒子数密度 ρ が与えられている 3 次元フェルミ粒子系の場合，$n(\varepsilon)$ の ε についての和，または積分で与えられる平均粒子数 $\langle N \rangle$ が $\langle N \rangle = \rho V$（$V$ は体積）の関係を満たすように化学ポテンシャル μ が決定される．$T \to 0$ の極限では，このときの化学ポテンシャルの値を

μ_0 とすると $\varepsilon < \mu_0$ のエネルギー状態が粒子によって完全に占有される．この状態を**縮退状態**という．自由フェルミ粒子系の場合，粒子数密度を ρ とすると縮退状態で

$$\rho = g \int_{p_x^2+p_y^2+p_z^2 \leq p_F^2} \frac{d\boldsymbol{p}}{h^3}$$
$$= \frac{g}{h^3} \int_0^{p_F} 4\pi p^2 dp$$
$$= \frac{4\pi g V p_F^3}{3h^3}$$

が成り立つ．ここで，p_F は絶対零度での 1 粒子運動量の最大値（**フェルミ運動量**）であり，上式を満たすように ρ から定まる．g は**スピン自由度**を表し，スピン $s = \frac{1}{2}, \frac{3}{2}, \cdots$ に対し，

$$g = 2s + 1 = 2, 4, \cdots$$

である．

(2) **ボース–アインシュタイン凝縮** 質量 m の自由ボース粒子の場合，3 次元系ではある温度 $T_c > 0$ があり，$T > T_c$ では μ は負でその値は粒子数密度 ρ に対して

$$\rho = g \int n(\varepsilon) \frac{d\boldsymbol{p}}{h^3}$$
$$= g \int \frac{d\boldsymbol{p}}{h^3} \frac{1}{e^{\beta(\frac{|\boldsymbol{p}|^2}{2m} - \mu)} - 1}$$

を満たすように定められる．g はスピン自由度を表し，スピン $s = 0, 1, \cdots$ に対し

$$g = 2s + 1 = 1, 3, \cdots$$

である．しかし，$T < T_c$ では恒等的に $\mu = 0$ となり，基底エネルギー $\varepsilon_0 = 0$ の状態を巨視的な数の粒子が占有するようになる．巨視的な数のボース粒子が基底状態を占有する現象を**ボース–アインシュタイン凝縮**という．また，T_c を**臨界温度**という．

例題 PART

例題 5.1 混合理想気体のエントロピー (早大理工)

同じ体積 V と温度 T を持ち,N 個の単原子分子からなる 2 つの古典的**理想気体**を考える.第 1 の気体 (以下「純粋気体」) は 1 種類の分子からなるものとし,第 2 の気体 (以下「混合気体」) は N_A 個の分子 A と,N_B 個の分子 B からなる混合物とする.ただし,$N_A + N_B = N$ であり,分子 A と分子 B は完全に同じ質量を持つ同種の粒子である.

粒子の 3 次元位置座標を $\bm{x}_j = (x_{jx}, x_{jy}, x_{jz})$,運動量を $\bm{p}_j = (p_{jx}, p_{jy}, p_{jz})$ $(j = 1, 2, \cdots, N)$,プランク定数を h,$\beta = \frac{1}{k_B T}$ (k_B はボルツマン定数) として,以下の設問に答えよ.

(1) 「純粋気体」について,粒子の運動を記述する**ハミルトニアン**を求めよ.

(2) 「純粋気体」について,同一エネルギーをとる**位相空間**の微小体積を $\Delta\Gamma$ とする.**粒子の同種性**を考慮し,$\Delta\Gamma$ に含まれる状態数を求めよ.

(3) 「純粋気体」の**分配関数**を求めよ.必要であれば,**ガウス積分**の公式

$$\int_{-\infty}^{\infty} e^{-x^2} dx = \sqrt{\pi}$$

を用いてよい.同様な考察から,「混合気体」の分配関数を求めよ.

(4) 「純粋気体」について,ヘルムホルツの自由エネルギー,内部エネルギー,エントロピーを導け.必要であれば,次の**スターリングの公式**を用いよ.

$$\ln N! \approx N \ln N - N$$

(5) 「純粋気体」より「混合気体」のエントロピーが大きいことを示せ.

(6) エントロピーが最大になるとき,分子 A と分子 B の混合比を求めよ.

解答例 (1) 粒子の質量を m とすると,ハミルトニアンは

$$\mathcal{H} = \sum_{j=1}^{N} \frac{|\bm{p}_j|^2}{2m} = \sum_{j=1}^{N} \frac{1}{2m}(p_{jx}^2 + p_{jy}^2 + p_{jz}^2) \tag{1}$$

で与えられる.

(2) 量子力学における**ハイゼンベルクの不確定性原理**に従えば,1 自由度ごとに $\Delta x \Delta p \gtrsim h$ の不確定性がある.このことから,h ごとに 1 自由度の状態が置けるものと考える.3 次元 N 粒子系では自由度は $3N$ なので,位相空間内の体積 h^{3N} が 1 つの状態に対応すると考えられる.

また，同種 N 粒子の場合，N 個の粒子の入換え（置換）を行っても統計力学的な状態は不変である．このため，位相空間においては，置換操作によって互いに移り変わる $N!$ 個の異なる微小体積領域は同一視しなければならない．以上より，位相空間の微小体積 $\Delta\Gamma$ に含まれる状態数は $\frac{1}{N!h^{3N}}\Delta\Gamma$ で与えられる．

(3) N 個の粒子の位置座標の列 $(x_{1x}, x_{1y}, x_{1z}, x_{2x}, x_{2y}, x_{2z}, \ldots, x_{Nx}, x_{Ny}, x_{Nz})$ を $(x_1, x_2, \ldots, x_{3N})$，運動量成分の列 $(p_{1x}, p_{1y}, p_{1z}, \ldots, p_{Nx}, p_{Ny}, p_{Nz})$ を $(p_1, p_2, \ldots, p_{3N})$ と書き直すことにする．すると，(1) 式のハミルトニアンは

$$\mathcal{H} = \sum_{j=1}^{3N} \frac{p_j^2}{2m}$$

と表される．**純粋気体**の分配関数 Z は，気体が入っている容器を 1 辺 L の立方体とすると（体積は $V = L^3$）

$$Z = \frac{1}{N!h^{3N}} \int_{-\infty}^{\infty} dp_1 \cdots \int_{-\infty}^{\infty} dp_{3N} \int_0^L dx_1 \cdots \int_0^L dx_{3N}\, e^{-\beta\mathcal{H}}$$

$$= \frac{1}{N!h^{3N}} \int_{-\infty}^{\infty} dp_1 \cdots \int_{-\infty}^{\infty} dp_{3N} \int_0^L dx_1 \cdots \int_0^L dx_{3N} \prod_{j=1}^{3N} e^{-\beta p_j^2/2m}$$

$$= \frac{V^N}{N!h^{3N}} \left(\int_{-\infty}^{\infty} e^{-\beta p^2/2m} dp \right)^{3N}$$

となる．ここで，$x = \sqrt{\frac{\beta}{2m}}\, p$ によって変数変換 $p \to x$ を行い，与えられたガウス積分の公式を用いると

$$Z = \frac{V^N}{N!h^{3N}} \left(\frac{2m}{\beta} \right)^{3N/2} \left(\int_{-\infty}^{\infty} e^{-x^2} dx \right)^{3N}$$

$$= \frac{V^N}{N!h^{3N}} (2\pi m k_{\mathrm{B}} T)^{3N/2}$$

と求まる．

混合気体の場合，ハミルトニアン $\mathcal{H}_{\mathrm{A,B}}$ は

$$\mathcal{H}_{\mathrm{A,B}} = \sum_{j=1}^{3N_{\mathrm{A}}} \frac{p_j^2}{2m} + \sum_{k=1}^{3N_{\mathrm{B}}} \frac{p_k^2}{2m}$$

で与えられる．これを用いて分配関数を計算すればよいが，混合系の分配関数 $Z_{\mathrm{A,B}}$ は N_{A} 個の分子からなる A 系と N_{B} 個の分子からなる B 系それぞれの分配関数の積なので

$$Z_{\mathrm{A,B}} = Z_{\mathrm{A}} \times Z_{\mathrm{B}} = \frac{1}{N_{\mathrm{A}}!N_{\mathrm{B}}!} \frac{V^N}{h^{3N}} (2\pi m k_{\mathrm{B}} T)^{3N/2} \tag{2}$$

となる．

(4) 純粋気体について，ヘルムホルツの自由エネルギーは

$$F = -k_\mathrm{B} T \ln Z$$
$$= -k_\mathrm{B} T \ln \left\{ \frac{V^N}{N! h^{3N}} (2\pi m k_\mathrm{B} T)^{3N/2} \right\}$$

で与えられる．粒子数 N が大きいとき，与えられたスターリングの公式を用いると

$$F \simeq -N k_\mathrm{B} T \left(\frac{3}{2} \ln \frac{2\pi m k_\mathrm{B} T}{h^2} + \ln \frac{V}{N} + 1 \right)$$

と評価できる．以下，この $N \gg 1$ のときの評価式を用いる．

内部エネルギー U は

$$U = -\frac{\partial}{\partial \beta} \ln Z = -k_\mathrm{B} T^2 \frac{\partial}{\partial T} \left(\frac{F}{k_\mathrm{B} T} \right) = \frac{3}{2} N k_\mathrm{B} T,$$

エントロピー S は

$$S = -\frac{\partial F}{\partial T} = N k_\mathrm{B} \left(\frac{3}{2} \ln \frac{2\pi m k_\mathrm{B} T}{h^2} + \ln \frac{V}{N} + \frac{5}{2} \right). \tag{3}$$

(5) 混合気体のエントロピー $S_{\mathrm{A,B}}$ は (2) 式から具体的に計算することで

$$S_{\mathrm{A,B}} = k_\mathrm{B} \left(\frac{3}{2} N \ln \frac{2\pi m k_\mathrm{B} T}{h^2} + N_\mathrm{A} \ln \frac{V}{N_\mathrm{A}} + N_\mathrm{B} \ln \frac{V}{N_\mathrm{B}} + \frac{5}{2} N \right) \tag{4}$$

と求まる．(3) 式の S との差 ΔS は

$$\Delta S = S_{\mathrm{A,B}} - S = k_\mathrm{B} \left(N_\mathrm{A} \ln \frac{N}{N_\mathrm{A}} + N_\mathrm{B} \ln \frac{N}{N_\mathrm{B}} \right)$$

であり，この値は $0 < N_\mathrm{A} = N - N_\mathrm{B} < N$ のとき正，$N_\mathrm{A} = 0$ ($N_\mathrm{B} = N$) あるいは $N_\mathrm{A} = N$ ($N_\mathrm{B} = 0$) のとき零となる．

(6) 全体の粒子数 $N = N_\mathrm{A} + N_\mathrm{B}$ は一定という条件の下

$$\frac{dS_{\mathrm{A,B}}}{dN_\mathrm{A}} = 0 \tag{5}$$

のときエントロピーは極値をとる．(4) 式より

$$\frac{dS_{\mathrm{A,B}}}{dN_\mathrm{A}} = k_\mathrm{B} \frac{d}{dN_\mathrm{A}} \left\{ N_\mathrm{A} \ln \frac{V}{N_\mathrm{A}} + (N - N_\mathrm{A}) \ln \frac{V}{N - N_\mathrm{A}} \right\}$$
$$= k_\mathrm{B} \left(\ln \frac{V}{N_\mathrm{A}} - 1 - \ln \frac{V}{N - N_\mathrm{A}} + 1 \right) = k_\mathrm{B} \ln \frac{N - N_\mathrm{A}}{N_\mathrm{A}}$$

であるから，$0 < N_\mathrm{A} < N$ において $N_\mathrm{A} = N - N_\mathrm{A} = \frac{N}{2}$ のときにのみ (5) 式が成り立つ．以上より，分子 A と B の混合比が $N_\mathrm{A} : N_\mathrm{B} = 1 : 1$ のとき，エントロピーが最大になることが結論される．

解答終

例題 5.2　量子力学的調和振動子の統計集団（早大理工）
角振動数 ω を持つ量子力学的な**調和振動子**はエネルギー準位

$$\varepsilon_n = \hbar\omega\left(n + \frac{1}{2}\right) \quad (n = 0, 1, 2, \cdots) \tag{1}$$

を持つ．$\hbar$ はプランク定数を 2π で割ったものである．この振動子が温度 T の熱浴と熱平衡にあるとして，以下の設問に答えよ．ただし，ボルツマン定数を k_B とする．

(1) 振動子を量子数 n の状態に見いだす確率 p_n を求めよ．
(2) 量子数 n の**熱平均** $\langle n \rangle_T$ は温度の関数になるであろう．その関数形 $n(T) = \langle n \rangle_T$ を求めよ．ただし，$\langle \cdots \rangle_T$ は温度 T における観測量 $\cdots$ の熱平均を表すものとする．
(3) 平均のエネルギー $\varepsilon(T) = \langle \varepsilon_n \rangle_T$ を求めよ．

ここからは，上のような調和振動子が N 個集まった集団の統計力学を考える．
(4) 系の分配関数 Z を計算せよ．
(5) 系の自由エネルギー F，および内部エネルギー U を求めよ．
(6) 系のエントロピー S と**熱容量** C を求めよ．
(7) $k_\mathrm{B}T \gg \hbar\omega$ のとき，熱容量はどう振る舞うか．この結果は古典統計力学のいかなる法則に対応するか．
(8) $k_\mathrm{B}T \ll \hbar\omega$ のとき，熱容量はどう振る舞うか．低温における熱容量の主要項の関数形を示せ．これは量子系の低温での熱容量の本質的な特徴を表す．このような低温での熱容量の振る舞いは，一般に系の励起スペクトルのどのような特徴に対応するか．
(9) 1粒子当たりの内部エネルギー $\frac{U}{N}$ と比熱 $\frac{C}{N}$ を，規格化された温度 $\tau = \frac{k_\mathrm{B}T}{\hbar\omega}$ の関数として図示せよ．

解答例　(1) $\beta = \frac{1}{k_\mathrm{B}T}$ とすると，求める確率 p_n に比例するボルツマン因子は $e^{-\beta\varepsilon_n}$ となる．規格化因子である分配関数を Z_1 と表記すると，Z_1 は無限級数の和の公式 $\sum_{n=0}^{\infty} x^n = \frac{1}{1-x}$ ($|x|<1$) を用いて

$$Z_1 = \sum_{n=0}^{\infty} e^{-\beta\varepsilon_n} = \sum_{n=0}^{\infty} e^{-\beta\hbar\omega(n+1/2)} = \frac{e^{-\beta\hbar\omega/2}}{1 - e^{-\beta\hbar\omega}}$$

と計算される．よって，確率 p_n は

$$p_n = \frac{e^{-\beta\varepsilon_n}}{Z_1} = \frac{1 - e^{-\beta\hbar\omega}}{e^{-\beta\hbar\omega/2}} e^{-\beta\hbar\omega(n+1/2)} = (1 - e^{-\beta\hbar\omega})e^{-\beta\hbar\omega n}.$$

(2) 設問 (1) の結果を用いると

$$n(T) = \langle n \rangle_T = \sum_{n=0}^{\infty} n p_n = (1 - e^{-\beta\hbar\omega}) \sum_{n=0}^{\infty} n e^{-\beta\hbar\omega n}.$$

ここで，$\sum_{n=0}^{\infty} n e^{-\beta\hbar\omega n} = -\frac{1}{\hbar\omega} \sum_{n=0}^{\infty} \frac{\partial}{\partial \beta} e^{-\beta\hbar\omega n}$ の関係を用い，さらに微分と和の順番を入れ替えることで，量子数 n の熱平均値は

$$\begin{aligned}
n(T) &= -\frac{(1 - e^{-\beta\hbar\omega})}{\hbar\omega} \sum_{n=0}^{\infty} \frac{\partial}{\partial \beta} e^{-\beta\hbar\omega n} \\
&= -\frac{(1 - e^{-\beta\hbar\omega})}{\hbar\omega} \frac{\partial}{\partial \beta} \sum_{n=0}^{\infty} e^{-\beta\hbar\omega n} \\
&= -\frac{(1 - e^{-\beta\hbar\omega})}{\hbar\omega} \frac{\partial}{\partial \beta} \frac{1}{1 - e^{-\beta\hbar\omega}} \\
&= \frac{(1 - e^{-\beta\hbar\omega})}{\hbar\omega} \frac{\hbar\omega e^{-\beta\hbar\omega}}{(1 - e^{-\beta\hbar\omega})^2} \\
&= \frac{e^{-\beta\hbar\omega}}{1 - e^{-\beta\hbar\omega}} = \frac{1}{e^{\beta\hbar\omega} - 1}
\end{aligned}$$

と計算される．これは，エネルギー $\varepsilon = \hbar\omega$，化学ポテンシャル $\mu = 0$ の**ボース分布関数**に等しい．

(3) 設問 (2) の結果を用いると，エネルギー ε_n の熱平均値は

$$\varepsilon(T) = \langle \varepsilon_n \rangle_T = \sum_{n=0}^{\infty} \hbar\omega \left(n + \frac{1}{2} \right) p_n = \hbar\omega \left(\langle n \rangle_T + \frac{1}{2} \right)$$

$$= \hbar\omega \left(n(T) + \frac{1}{2} \right) = \frac{\hbar\omega}{2} \frac{e^{\beta\hbar\omega} + 1}{e^{\beta\hbar\omega} - 1}.$$

(4) N 個の調和振動子系のハミルトニアンは

$$\mathcal{H}_N = \sum_{j=1}^{N} \hbar\omega \left(n_j + \frac{1}{2} \right) \quad (n_j = 0, 1, 2, \cdots, j = 1, 2, \cdots, N).$$

よって，分配関数 Z は

$$Z = \sum_{n_1, n_2, \cdots, n_N} e^{-\beta \mathcal{H}_N} = \prod_{j=1}^{N} \sum_{n_j=0}^{\infty} e^{-\beta\hbar\omega(n_j + \frac{1}{2})}$$

$$= Z_1^N = \left(\frac{e^{-\beta\hbar\omega/2}}{1 - e^{-\beta\hbar\omega}} \right)^N.$$

(5) 自由エネルギー F および内部エネルギー U は

$$F = -\frac{1}{\beta}\ln Z = N\left\{\frac{1}{\beta}\ln(1-e^{-\beta\hbar\omega}) + \frac{\hbar\omega}{2}\right\},$$

$$\begin{aligned}U &= -\frac{\partial}{\partial\beta}\ln Z \\ &= -N\frac{\partial}{\partial\beta}\left\{-\ln(1-e^{-\beta\hbar\omega}) - \beta\frac{\hbar\omega}{2}\right\} \\ &= N\hbar\omega\left(\frac{1}{e^{\beta\hbar\omega}-1} + \frac{1}{2}\right) \\ &= N\frac{\hbar\omega}{2}\frac{e^{\beta\hbar\omega}+1}{e^{\beta\hbar\omega}-1}\end{aligned} \qquad (2)$$

と計算される．設問 (3) より $U = N\varepsilon(T)$ である．

(6) エントロピー S および熱容量 C は

$$\begin{aligned}S &= \frac{U-F}{T} \\ &= \frac{N}{T}\left\{\frac{\hbar\omega}{e^{\beta\hbar\omega}-1} - \frac{1}{\beta}\ln(1-e^{-\beta\hbar\omega})\right\} \\ &= Nk_{\mathrm{B}}\left\{\frac{\beta\hbar\omega}{e^{\beta\hbar\omega}-1} - \ln(1-e^{-\beta\hbar\omega})\right\}, \\ C &= \frac{\partial U}{\partial T} \\ &= -k_{\mathrm{B}}\beta^2\frac{\partial U}{\partial\beta} \\ &= Nk_{\mathrm{B}}(\beta\hbar\omega)^2\frac{e^{\beta\hbar\omega}}{(e^{\beta\hbar\omega}-1)^2}\end{aligned} \qquad (3)$$

と計算される．

(7) 高温極限 ($\beta\hbar\omega \ll 1$) では，熱容量 C は

$$\begin{aligned}C &= Nk_{\mathrm{B}}(\beta\hbar\omega)^2\frac{1+\beta\hbar\omega+\frac{(\beta\hbar\omega)^2}{2}+\cdots}{(\beta\hbar\omega)^2\left(1+\frac{\beta\hbar\omega}{2}+\frac{(\beta\hbar\omega)^2}{3!}+\cdots\right)^2} \\ &\to Nk_{\mathrm{B}} \quad (\beta\hbar\omega \to 0)\end{aligned} \qquad (4)$$

のように，Nk_{B} に漸近する．この結果は，以下に示すように古典統計力学の**エネルギー等分配の法則**に対応している．同一の質量 m および角振動数 ω を持つ N 個の調和振動子からなる古典力学系のハミルトニアンは，j 番目の振動子の座標を q_j，運動量を p_j とすると

と書ける．等分配の法則によると，ハミルトニアンの中の変数の 2 乗で表される項それぞれに対して $\frac{k_B T}{2}$ のエネルギーが分配される．(5) 式のハミルトニアンでは，そのような項は，1 つの振動子当たり 2 つ（運動エネルギーとポテンシャルエネルギー）ずつ計 $2N$ 個存在するので，内部エネルギー U および熱容量 C の値はそれぞれ

$$U_{古典} = 2N \times \frac{1}{2} k_B T = N k_B T,$$

$$C_{古典} = \frac{\partial U}{\partial T} = N k_B$$

ということになる．実際に，古典統計力学に従って分配関数 $Z_{古典}$ を書き下すと

$$Z_{古典} = \prod_{j=1}^{N} \left(\frac{1}{h} \int_{-\infty}^{\infty} dp_j e^{-\beta p_j^2/2m} \int_{-\infty}^{\infty} dq_j e^{-\beta m\omega^2 q_j^2/2} \right)$$

となり，ガウス積分 $\int_{-\infty}^{\infty} e^{-t^2} dt = \sqrt{\pi}$ を用いると

$$Z_{古典} = (\beta \hbar \omega)^{-N}$$

を得る．この結果から内部エネルギー $U_{古典}$ と熱容量 $C_{古典}$ を求めると

$$U_{古典} = -\frac{\partial}{\partial \beta} \ln Z_{古典}$$
$$= \frac{\partial}{\partial \beta} \{N \ln \beta + N \ln(\hbar \omega)\} = N k_B T,$$
$$C_{古典} = \frac{\partial}{\partial T} U_{古典} = N k_B$$

となる．

(8) 低温極限 ($\beta \hbar \omega \gg 1$) では，熱容量 C は

$$C \simeq N k_B (\beta \hbar \omega)^2 e^{-\beta \hbar \omega}$$

と近似できる．これは温度に依存しない $C_{古典}$ とは異なり，$T \to 0$ で指数関数的に零に近づく．この違いは，量子力学的な系では**エネルギー固有値（励起スペクトル）**は離散的にしか存在しないことに起因する．古典論では，系が取り得るエネルギー値は連続的であるとしているため，いかなる温度であっても熱浴から $N k_B T$ に比例したエネルギーが分配される．他方，量子力学的な系の場合，基底状態 ($n=0$) から第 1 励起状態 ($n=1$) にエネルギーが遷移するためには，(1) 式で $n=1$ とおいた

ものと (2) 式で $N=1$ とおいたものとが同程度にならなければならない．すなわち

$$\frac{3}{2}\hbar\omega \sim \frac{\hbar\omega}{2}\frac{e^{\beta\hbar\omega}+1}{e^{\beta\hbar\omega}-1} \iff e^{\beta\hbar\omega} \sim 2$$
$$\iff \beta\hbar\omega \sim 1$$

であるから，$k_B T \sim \hbar\omega$ を満たす程度に温度が上昇していることが必要なのである．これだけの温度上昇がなければ，熱浴から系にエネルギーが伝わることはない．その結果，**極低温**では温度に対する系の内部エネルギーの変化率である熱容量が零になる．

(9) (2) 式および (3) 式より

$$\frac{U}{N} = \hbar\omega\left(\frac{1}{e^{1/\tau}-1}+\frac{1}{2}\right),$$
$$\frac{C}{N} = k_B \frac{1}{\tau^2}\frac{e^{1/\tau}}{(e^{1/\tau}-1)^2}.$$

低温極限 ($\tau \to 0$) で，$\frac{U}{N}, \frac{C}{N}$ ともに指数関数的に $\frac{U}{N} \to \frac{\hbar\omega}{2}, \frac{C}{N} \to 0$ に漸近する．

高温極限 ($\tau \gg 1$) では，$e^{1/\tau} \simeq 1+\frac{1}{\tau}$ を $\frac{U}{N}$ の表式に代入することで

$$\frac{U}{N} \simeq \hbar\omega\left(\tau+\frac{1}{2}\right) \simeq \hbar\omega\tau$$

を得る．$\frac{C}{N}$ は設問 (7) の結果より，k_B に漸近する．τ の関数としての $\frac{U}{N}$ と $\frac{C}{N}$ の概略を，図 (a) と (b) にそれぞれ示した．

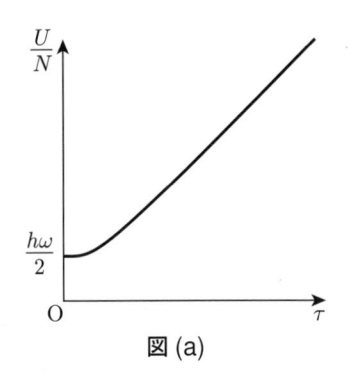

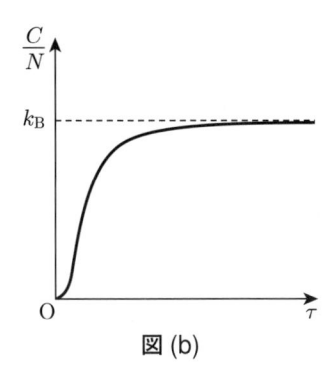

図 (a)

図 (b)

解答終

第5章 演習問題

5.1 平均場イジングモデルの強磁性相転移（東工大理）

N 個の**イジングスピン**（$\sigma = \pm 1$）からなる系を考える．スピン j とスピン k の間の相互作用を $J_{jk} = \frac{J}{N}$（$J > 0$）であるとしたとき，系のハミルトニアンは

$$\mathcal{H}_N = -\frac{1}{2}\sum_{j=1}^{N}\sum_{k=1}^{N} J_{jk}\sigma_j\sigma_k \qquad \text{①}$$

である．1 スピン当たりの**磁化** m_N を

$$m_N = \frac{1}{N}\sum_{j=1}^{N}\sigma_j \qquad \text{②}$$

のように定義する．N は十分に大きいとして，必要なら**スターリングの公式**

$$\ln N! \simeq N \ln N - N$$

を用いて，以下の設問に答えよ．

(1) m_N が与えられたとする．このとき 1 スピン当たりのエネルギー $u(m_N)$ を求めよ．

(2) 同様に m_N が与えられたとして，1 スピン当たりのエントロピー $s(m_N)$ を求めよ．ただし，ボルツマン定数は k_B とする．

(3) T を温度として，1 スピン当たりの自由エネルギー

$$f(m_N) = u(m_N) - Ts(m_N)$$

を最小にする磁化 m_N の値 m は，系の熱平衡状態における 1 スピン当たりの磁化を与える．m の満たす方程式を求めよ．

(4) 設問 (3) で与えられる磁化 m を温度 T の関数として表すとどのようになるか．説明を付して概略を図示せよ．

(5) 系が**強磁性・常磁性相転移**をする温度 T を求めよ．

5.2 磁性体の統計力学モデルと断熱消磁（東大理）

低温を得る方法の 1 つに磁性体の**断熱消磁**がある．磁性体のモデルとして結晶格子の各格子点 j に大きさ $\frac{1}{2}$ のスピンが存在する系を考える．磁性体と外部磁場 H の相互作用は

$$\mathcal{H} = -\mu H \sum_{j}\sigma_j$$

と表される．ただし，σ_j はスピンの向きに応じて $+1$，または -1 の値をとる変数

で，μ は**磁気モーメント**である．以下の設問ではスピン以外の自由度は考えなくてよい．

まず，異なる格子点上のスピン間に相互作用がないとして，次の (1) から (3) の設問に答えよ．

(1) 1 格子点当たりの自由エネルギーとエントロピーを温度 T，磁場 H の関数として求めよ．

(2) (i) $H = 0$ の場合，(ii) H が有限で小さいとき，(iii) H が大きいとき，の 3 つの場合について，1 格子点当たりのエントロピーを温度 T の関数として定性的にグラフで示せ．

(3) 最初，磁場 H_i のもとで，磁性体が温度 T_i の熱浴と接して熱平衡状態にあった．次に，熱浴との接触を断ち，磁性体を外界から孤立させて磁場を H_f までゆっくり下げた．このときの磁性体の温度 T_f を求めよ．

これまでは，**スピン間相互作用**を無視しているために，設問 (3) で $H_f = 0$ とすると不合理な結果が生じる．一方，現実の磁性体では，隣接する格子点上のスピンの間に相互作用がはたらく．このため，低温で**強磁性**や**反強磁性**などの**秩序状態**が実現する．このことを考慮して以下の設問に答えよ．

(4) 設問 (3) で $H_f = 0$ とすると，どのような不合理な結果が生じるか，述べよ．

(5) 現実の磁性体に対して $H_f = 0$ としたとき，磁性体の温度 T_f はどうなるか，定性的に論じよ．

(6) 最近接格子点上のスピン間に強さ J の相互作用があるとき，1 格子点当たりの自由エネルギーは

$$f = -k_B T \ln 2 - \frac{(\mu H)^2 + \frac{J^2 z}{2}}{2k_B T} \qquad \text{①}$$

で与えられることが知られている．ここで，k_B はボルツマン定数，z は 1 つの格子点に対する**最近接格子点**の数である．

この系に対して，設問 (3) で述べた断熱消磁を実行した．この過程で系の状態は常にある温度に対するカノニカル分布で表されると仮定して，最終磁場 H_f における温度 T_f を H_f の関数として求め ($0 \leq H_f \leq H_i$)，結果を図示せよ．ただし，$k_B T \gg \mu H \gg |J|\sqrt{z}$ と仮定する．

5.3 ゴムの 1 次元統計力学モデル（東工大理）

長さ d の棒 N 個からなる鎖が温度 T のもとで図のように水平に連なっている（図では，見やすくするために，隣接する棒の間の角度は 0 と π から少しずらしてある）．隣接する棒の間の角度は 0 あるいは π のみが許され，$N \gg 1$ とする．それぞ

れの棒は"向き"を持っている．ボルツマン定数を k_B とする．なお，必要に応じて $N \gg 1$ の場合に成立する**スターリングの公式** $\ln N! \simeq N\ln N - N$ を用いよ．

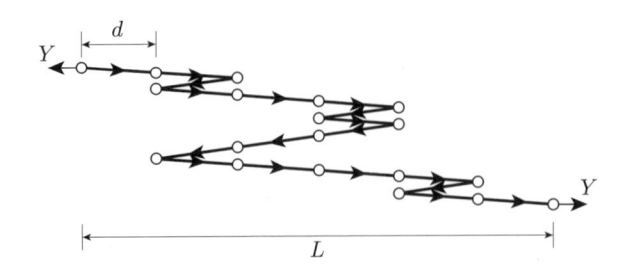

(問1) はじめに，鎖の両端の距離を L に保った場合を考える．以下の設問に答えよ．

　(a)　右向きの棒の数を n_1，左向きの棒の数を n_2 とする．このときの場合の数 W を求めよ．

　(b)　この系のエントロピー S を求めよ．

　(c)　変数 x を次式で定義する．
$$x = \frac{L}{Nd}. \qquad ①$$
このとき，n_1 と n_2 を N と x で表せ．

　(d)　自由エネルギー F が次式で表されることを示せ．
$$F(x) = -Nk_BT\left\{\ln 2 - \frac{1}{2}(1+x)\ln(1+x) - \frac{1}{2}(1-x)\ln(1-x)\right\}$$

　(e)　鎖の両端にはたらく**張力** Y が次式で表されることを示せ．
$$Y = \frac{k_BT}{2d}\ln\frac{1+x}{1-x}.$$

(問2) 次に，棒が"向き"の方向に磁気モーメント μ $(\mu > 0)$ を持つ場合を考え，一様な静磁場 H を右向きに加える．以下の設問に答えよ．

　(a)　1本の棒当たりの分配関数 Z_1 を求めよ．

　(b)　右向きの棒の数 n_1 と左向きの棒の数 n_2 を求めよ．

　(c)　鎖の長さ L が次式で表されることを示せ．
$$L = Nd\frac{e^{\mu H/k_BT} - e^{-\mu H/k_BT}}{e^{\mu H/k_BT} + e^{-\mu H/k_BT}}. \qquad ②$$

(問3) (問1) のように鎖の両端の長さを L に固定するのに必要な張力 Y と，(問

2) のように熱平衡状態の鎖の長さ L を与える磁場 H の間には

$$Yd = \mu H \qquad ③$$

の関係があることを示せ.

5.4 分子間相互作用とファン・デル・ワールスの状態方程式 （阪大理）

気体における分子間力の効果を古典統計力学の範囲で考察しよう．1 成分の単原子分子気体を考え，分子を質量 m の質点として扱えば，N 分子系のハミルトニアンは

$$\mathcal{H} = \sum_{j=1}^{N} \frac{\boldsymbol{p}_j^2}{2m} + \sum_{(j,k)} \phi(|\boldsymbol{r}_j - \boldsymbol{r}_k|)$$

と表せる．$\boldsymbol{r}_j, \boldsymbol{p}_j$ $(j=1,2,\ldots,N)$ は各分子の位置座標と運動量であり，$\sum_{(j,k)}$ はすべての 2 分子の組に対して和をとる操作を表す．また，$\phi(r)$ は距離 r だけ離れた 2 分子間の相互作用を表すポテンシャルで，$r \to +\infty$ では速やかに零に近づくと仮定する．

(問 1) N 個の分子が封入された体積 V の箱が温度 T の恒温槽（熱浴）と接し，熱平衡状態に達しているとして，**正準集団（カノニカルアンサンブル）**の定式化を用いよう．系の状態（各分子の位置と運動量）を $6N$ 次元の位相空間上の点 $(\boldsymbol{r}_1, \boldsymbol{r}_2, \cdots, \boldsymbol{r}_N, \boldsymbol{p}_1, \boldsymbol{p}_2, \cdots, \boldsymbol{p}_N)$ として表したとき $(d\boldsymbol{r}_j = dx_j dy_j dz_j, d\boldsymbol{p}_j = dp_{jx} dp_{jy} dp_{jz}, j = 1, 2, \cdots, N$ として) 位相空間の積分要素を $d\Gamma = d\boldsymbol{r}_1 d\boldsymbol{r}_2 \cdots d\boldsymbol{r}_N d\boldsymbol{p}_1 d\boldsymbol{p}_2 \cdots d\boldsymbol{p}_N$ とすれば，**正準分配関数**は

$$Z_N(T, V) = \int \frac{d\Gamma}{N! h^{3N}} e^{-\beta \mathcal{H}(\boldsymbol{r}_1, \boldsymbol{r}_2, \cdots, \boldsymbol{r}_N, \boldsymbol{p}_1, \boldsymbol{p}_2, \cdots, \boldsymbol{p}_N)}$$

と定義される．ただし，$\beta = (k_\mathrm{B} T)^{-1}$ は逆温度，k_B はボルツマン定数，h はプランク定数である．

(a) $N=1$ の場合にはハミルトニアンの第 2 項（相互作用項）は存在しない．この場合の正準分配関数 $Z_1(T,V)$ を求めよ．その際，**ガウス積分**の公式

$$\int_{-\infty}^{\infty} e^{-ax^2} dx = \sqrt{\frac{\pi}{a}}$$

を用いてよい．ここで，a は正の定数である．

(b) $N=2$ の場合の正準分配関数が

$$Z_2(T,V) = \frac{Z_1(T,V)^2}{2}\left(1 + \frac{I}{V}\right)$$

と書けることを示せ．ただし

$$I = \int \left(e^{-\beta \phi(r)} - 1 \right) dr$$

であり，積分範囲は 3 次元空間全体である．$\phi(r)$ が $r = |\boldsymbol{r}| \to +\infty$ において速やかに零に近づくと仮定したので，関数 $e^{-\beta \phi(r)} - 1$ が無視できない値をとるのは r が非常に小さい場合だけである．したがって，$Z_2(T, V)$ を計算する間は

$$e^{-\beta \phi(r)} - 1 \sim I \delta(\boldsymbol{r})$$

と近似して構わない．ここで，$\delta(\boldsymbol{r})$ は $\boldsymbol{r} \neq 0$ では零であるが，$\int \delta(\boldsymbol{r}) d\boldsymbol{r} = 1$ を満たすデルタ関数である．

(問 2) 気体の熱力学を考えるとき，示量性と示強性の概念が重要になる．以下では，気体が入った体積 V の箱が，温度 T，化学ポテンシャル μ の熱浴（これは恒温槽と粒子溜めの両方の機能を持つ）に接し，熱平衡状態に達している場合を考えよう．このとき，任意の熱力学変数は (T, V, μ) の関数として表される．熱力学変数 A が**示強性変数**であるとは，任意の $a > 0$ に対して

$$A(T, aV, \mu) = A(T, V, \mu)$$

が成り立つことを意味する．つまり，A は V 依存性を持たないので，A は (T, μ) だけの関数となる．一方，A が**示量性変数**であるとは，任意の $a > 0$ に対して

$$A(T, aV, \mu) = a A(T, V, \mu)$$

が成立することを意味する．

全微分が

$$dJ = -SdT - pdV - \overline{N} d\mu$$

で表される**熱力学関数**（**グランドポテンシャル**）$J(T, V, \mu)$ を考えよう．ここで，S は気体のエントロピー，p は気体の圧力，$\overline{N}$ は気体分子の数の平均値を表す．熱力学ポテンシャルが示量性変数であることに注意して，**オイラーの関係式**

$$J = -pV$$

および，**ギブス-デュエムの関係式**

$$-SdT + Vdp - \overline{N} d\mu = 0$$

を導け．

(問 3) （問 2）で議論した (T, V, μ) が与えられた環境の下で考える場合，**大正準分配関数**

$$\Xi(T,V,\mu) = \sum_{N=0}^{\infty} Z_N(T,V)\lambda^N$$

を導入すると便利である．ただし，$Z_0(T,V) = 1$ と定め，**フガシティ** $\lambda = e^{\beta\mu}$ を導入した．大正準分配関数とグランドポテンシャルの間には

$$J(T,V,\mu) = -k_{\mathrm{B}}T \ln \Xi(T,V,\mu)$$

の関係が成り立つ．

(a) 分子間相互作用が存在しない（$\phi(r) = 0$）場合のグランドポテンシャル J および分子数の平均値 $\overline{N}$ を，Z_1, λ および $k_{\mathrm{B}}T$ を用いて書き表せ．

(b) 気体が低密度かつ高温の場合（すなわち $\lambda \ll 1$ の場合）に着目して，分子間相互作用の効果を考察しよう．λ の 2 次まで残す近似で，気体の圧力 p と分子数密度 $n = \dfrac{\overline{N}}{V}$ を

$$p(T,\mu) = a_1(T)\lambda + a_2(T)\lambda^2$$
$$n(T,\mu) = b_1(T)\lambda + b_2(T)\lambda^2$$

と評価する（p と n は示強性変数であるので，T と μ だけの関数になる）．この展開係数 $a_1(T), a_2(T), b_1(T), b_2(T)$ を $Z_1, V, I, k_{\mathrm{B}}T$ を用いて書き表せ．

(c) 前問の結果から λ を消去することにより，気体の状態方程式は n の 2 次まで残す近似で

$$p(T,n) = nk_{\mathrm{B}}T(1 + nB(T))$$

と書くことができる．係数 $B(T)$ を求めよ．

(d) 分子間相互作用を表すモデルポテンシャルとして

$$\phi(r) = \begin{cases} +\infty & (r < d) \\ -u_0 \left(\dfrac{r}{d}\right)^{-6} & (r \geq d) \end{cases}$$

を考えよう（下図参照）．ここで，d と u_0 はそれぞれ長さとエネルギーの次元を持つ

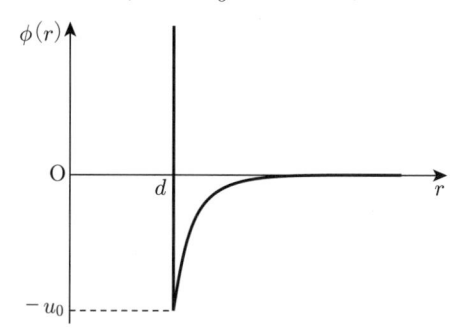

正の定数である．低密度・高温の場合を考えているから，$n \ll d^{-3}, k_\mathrm{B}T \gg u_0$ であるとしよう．このとき

$$e^{-\beta\phi(r)} - 1 \sim \begin{cases} -1 & (r < d) \\ -\beta\phi(r) & (r \geq d) \end{cases}$$

と近似できる．上記の近似式を用いて，積分 I を $d, u_0, k_\mathrm{B}T$ を用いて書き表せ．さらに，分子間相互作用の効果によって圧力 $p(T,n)$ が増大するか，減少するかを判定せよ．

5.5 1次元理想フェルミ気体とパウリ常磁性 (東大理)

1次元の自由電子系を考える．系の長さを L，温度を T，電子数を N とする．一様な磁場 H のもとで，ハミルトニアンは

$$\mathcal{H} = \sum_{j=1}^{N} \left(\frac{p_j^2}{2m} - \mu_j H \right)$$

と書かれるものとする．ただし，m は電子の質量，p_j, μ_j はそれぞれ j 番目の電子の運動量とスピン磁気モーメントであり，μ_j は $\pm\mu_\mathrm{B}$ (μ_B は**ボーア磁子**) の値だけをとる．また，L は十分大きくて，電子状態に対する系の境界の影響は無視できるものとする．

(問1) 電子は**ボルツマン統計**に従うものと仮定して，次の設問に答えよ．
  (a) $H = 0$ の場合に，カノニカルアンサンブルにおける分配関数を求めよ．
  (b) それを用いて系の内部エネルギーを求めよ．
  (c) $H \neq 0$ の場合は分配関数はどう書かれるか．
  (d) それを用いて熱容量を求めよ．
  (e) 系の磁化 $M = \sum_j \frac{\langle \mu_j \rangle}{L}$ と H の間の関係を求めよ．ただし，$\langle \ \rangle$ は熱平均を表す．
  (f) **帯磁率** $\chi = \lim_{H \to 0} \left(\frac{M}{H} \right)$ を求めよ．

(問2) 電子が**フェルミ-ディラック統計**に従うことを考慮して，次の設問に答えよ．
  (a) $T = 0, H = 0$ における系の内部エネルギーを**フェルミ準位** ε_F と N を用いて表せ．
  (b) $T = 0$ において，磁化 M と磁場 H の間の関係を求めよ (結果は，$\mu_\mathrm{B} H$ と $2\varepsilon_\mathrm{F}$ の大小関係によって異なることに注意せよ)．
  (c) 帯磁率 χ を求めよ．**(問1)** (f) で求めた χ の $T = 0$ における振る舞いとの違いについて，物理的な理由をつけて説明せよ．

5.6 ボース−アインシュタイン凝縮（京大理）

粒子数 N の**ボース−アインシュタイン統計**に従う理想気体が十分大きな体積 V の容器に閉じ込められている．このとき，分布関数 $f(\varepsilon)$ は

$$f(\varepsilon) = \frac{1}{e^{\beta(\varepsilon-\mu)} - 1}$$

で与えられる．ただし，ε, μ はそれぞれボース粒子のエネルギーと**化学ポテンシャル**であり，β はボルツマン定数 k_B と温度 T を用いて $\beta = \frac{1}{k_B T}$ と表される．以下の設問に答えよ．

(問 1) この系の化学ポテンシャル μ に関連して以下のことを説明せよ．
 (a) 物理的に μ の取り得る範囲を求めよ．
 (b) 温度を固定したとき，粒子数の期待値は $\mu = 0$ で最大になることを示せ．

(問 2) ボース粒子のエネルギーが運動量の大きさ p および粒子質量 m を用いて $\varepsilon = \frac{p^2}{2m}$ で与えられるとしよう．系の体積が十分大きいので，励起状態にある粒子数 N' は積分で表現できる．このとき，d 次元理想ボース気体において T と数密度 $\frac{N'}{V}$ の関係を積分

$$F_{d/2}(\alpha) \equiv \int_0^\infty dx \frac{x^{d/2-1}}{e^{x+\alpha} - 1} \qquad ①$$

を用いて表せ．なお，この関係式は T および N' が与えられたときの化学ポテンシャルの決定方程式となっている．また，考えているボース粒子のスピンは零とし，スピン自由度は考えなくてよいものとする．さらに，**d 次元単位球の表面積**を一括して S_d と表すと，求める式が 1 つの式で書けて便利である（$S_3 = 4\pi, S_2 = 2\pi$ などに注意）．

(問 3) （問 2）で求めた条件式では，空間次元 d がある条件を満たすと，十分低温では α が解を持たなくなる．このことを考慮して，1 次元系，2 次元系で**ボース−アインシュタイン凝縮**が生じるか否かを論ぜよ．

(問 4) 3 次元系に限定して考察を進める．
 (a) これまでの議論を参考にして，ボース−アインシュタイン凝縮の生じる温度 T_c を求めよ．
 (b) $T \leq T_c$ での凝縮相における粒子密度 n_c を粒子数密度 $n \equiv \frac{N}{V}$ および T, T_c の関数として書き下せ．ただし

$$\zeta(z) \equiv \sum_{n=1}^\infty n^{-z}, \qquad ②$$

$$\Gamma(x) \equiv \int_0^\infty t^{x-1} e^{-t} dt, \quad \Gamma\left(\frac{1}{2}\right) = \sqrt{\pi} \qquad ③$$

(問5) 次に，$\varepsilon = cp$ の光子気体を考えよう．仮に (問2), (問3) で用いたボース–アインシュタイン凝縮の判定条件が有効であれば，3次元系では有限温度でボース–アインシュタイン凝縮が起こることになる．しかし，実際には，**光子気体**では有限温度で熱力学量に何の異常も現れない．その理由を説明せよ．

5.7 黒体放射と天体物理 （東大理）

基礎的な物理法則を用いて観測量を解釈することで，遠方にある天体の物理量（温度，半径，密度など）を推定できる．ここでは，**黒体放射**の性質と古典力学を用いて考察する．

まず，温度 T の天体からの黒体放射を考える．黒体放射の輝度スペクトル $I_T(\nu)$（単位面積，単位時間，単位立体角，単位振動数当たりのエネルギー）は，**プランクの法則**

$$I_T(\nu) = \frac{2h\nu^3}{c^2} \frac{1}{e^{h\nu/k_\mathrm{B}T} - 1} \qquad ①$$

で与えられる．ここで，ν は電磁波の振動数，h はプランク定数，c は光速度，k_B はボルツマン定数である．

(1) $\frac{h\nu}{k_\mathrm{B}T} \ll 1$ の極限において，$I_T(\nu)$ が ν, T のそれぞれ何乗に比例するか求めよ．

(2) $I_T(\nu)$ は $\nu = \nu_\mathrm{peak}(T)$ にピークを持つ．$\nu_\mathrm{peak}(T)$ が T に比例することを示せ．また

$$\nu_\mathrm{peak}(T) = a \frac{k_\mathrm{B}T}{h}$$

と置くとき，定数 a が以下の式を満たすことを示せ．

$$\frac{1}{3}a = 1 - e^{-a}. \qquad ②$$

(3) 設問 (1), (2) の結果を用いて，$I_T(\nu)$ の概形を，$T = 10^4$ [K] と 10^7 [K] の2つの場合について描け．ν を横軸，$\frac{I_T(\nu)}{I_0}$ を縦軸とする両対数表示を用いること．ここで，I_0 は $T = 10^4$ [K] の輝度スペクトルのピーク値とする．② 式の近似解を $a = 3$，$\frac{k_\mathrm{B}}{h} = 2 \times 10^{10}$ [Hz·K^{-1}] として，ν_peak の値をそれぞれ有効数字1桁で求め，図中に記せ．また，これらピーク付近の電磁波は，一般に何と呼ばれているか，以下の6つからそれぞれ1つずつ選べ．

電波，赤外線，可視光，紫外線，X線，ガンマ線．

(4) 温度 T の黒体の表面から，単位面積，単位時間当たりに放射されるエネルギー総量を $F(T)$ とする．① 式を用いて，$F(T)$ が T の4乗に比例することを示せ．

次に，高速で自転する天体の力学的な安定性を考える．

(5) 一様な質量密度 ρ を持ち半径が R の球体の天体が，周期 P で自転しているとする．この天体においての最も遠心力の強い場所を考え，そこに置かれた質点（質量 m）にはたらく**重力**と**遠心力**を求めよ．この天体が安定に存在するためには，いかなる場所でも遠心力が重力を上回らないことが必要であるという条件から，天体の密度 ρ の下限値を示せ．なお，万有引力定数を G とする．

設問 (4), (5) の結果を用い，次のような**高密度天体**を例にとって，半径と密度および質量の下限値を推定する．計算結果は有効数字 1 桁で記せ．

(6) 地球から距離 1.5×10^{19} m の距離にある天体を観測した．この天体の放射の輝度スペクトルは，温度 $T = 10^7$ [K] の黒体放射であり，地球の位置で観測される単位時間，単位面積当たりのエネルギー総量は，$f = 3 \times 10^{-10}$ [W·m^{-2}] である（大気の吸収などは無視する）．この天体を球形だと仮定したとき，その半径 R を求めよ．ただし，太陽に関する以下の数値を用いてよい．

> **太陽**は地球から 1.5×10^{11} m の距離にあり，その半径は 7×10^8 m である．太陽からの放射は温度 6000 K の黒体放射であり，地球の位置で観測される単位時間，単位面積当たりのエネルギー総量は $f_\odot = 1.4 \times 10^3$ [W·m^{-2}] である．

(7) 設問 (6) の天体が，周期 $P = 1 \times 10^{-3}$ [sec] で自転している．この天体の密度 ρ の下限値を求め，水および原子核の典型的密度と，それぞれ何桁異なるか述べよ．**万有引力定数**の値として $G = 7 \times 10^{-11}$ [N·m^2·kg^{-2}] を用いてよい．また，この天体の質量の下限値を，太陽質量 $M_\odot = 2 \times 10^{30}$ [kg] との比で示せ．

第6章 物理実験・物理数学

6.1 測定と誤差

● **誤差の種類** ●

(1) **系統誤差** 測定装置の不完全性や測定者固有の癖など，そのままでは取り除くことができない**誤差**．測定装置の調整や測定者の熟練などによる改善が可能．

(2) **偶然誤差（統計誤差）** 偶然に生じる誤差．**偶然誤差**の発生を制御することは不可能だが，測定回数を増やし平均をとることで減らすことが可能．

● **有効数字** ● **有効数字**は測定または観測の**精度**を表す．アナログの測定装置で測定を行った場合，最小目盛りの $\frac{1}{10}$ までを有効数字とする．例えば最小の目盛りがミリメートルの物差しを使ったときは，12.34 cm のように読み取りを行う．この場合，最も小さな桁の数字である 4 は目測によって得られた値で誤差を含む数字であり，残りの（それより大きな桁の）数字（12.3）は正確な値を表している．また，単位を変えると

$$12.34\,[\mathrm{cm}] = 123.4\,[\mathrm{mm}] = 123400\,[\mu\mathrm{m}]$$

とも表記できるが，これでは有効数字の桁数がわからなくなるため

$$1.234 \times 10\,[\mathrm{cm}] = 1.234 \times 10^2\,[\mathrm{mm}] = 1.234 \times 10^5\,[\mu\mathrm{m}]$$

のように記述し，有効数字の桁数を明らかにする．

● **誤差，残差，最尤値，標準偏差** ●

(1) **真値** 真の値 $X_{真}$．知ることができない値．

(2) **誤差** N 回の測定を行ったときの標本（データ，測定値）を x_j ($j = 1, 2, \ldots, N$) とする．誤差 ε_j は標本 x_j と真値 $X_{真}$ の差 $\varepsilon_j = x_j - X_{真}$ として定義される．

(3) **最尤値**（または**最確値**） **最尤値** $\langle x \rangle$ は測定値の平均

$$\langle x \rangle = \frac{1}{N} \sum_j x_j$$

を表す．

(4) **残差** 残差 Δ_j は標本 x_j と最尤値 $\langle x \rangle$ との差

$$\Delta_j = x_j - \langle x \rangle$$

として定義される．

(5) **測定値の標準偏差**　測定値の**標準偏差** $\sigma_{測}$ は

$$\sigma_{測} = \sqrt{\frac{1}{N}\sum_{j=1}^{N}(x_j - X_{真})^2}$$

で定義される．特に含まれる誤差が偶然誤差のみの場合，測定値の標準偏差 $\sigma_{測}$ と残差 Δ_j の間に

$$\sigma_{測}^2 = \frac{1}{N-1}\sum_{j=1}^{N}(x_j - \langle x \rangle)^2 = \frac{N}{N-1}\langle \Delta_j^2 \rangle$$

の関係があることを証明することができる．このことは，真値 $X_{真}$ は知ることができないが，測定で求めることができる残差 Δ_j を用いて標準偏差 $\sigma_{測}$ を見積もることができることを意味している．

●**正規分布**●　一般に偶然誤差が誤差の要因として支配的な場合，測定値の分布は真の値を平均値とした**正規分布**（**ガウス分布**）で記述できる．平均値 μ，分散 σ^2 の正規分布 $N(\mu, \sigma^2)$ の確率密度関数は

$$p(x) = \frac{1}{\sqrt{2\pi}\,\sigma} e^{-\frac{(x-\mu)^2}{2\sigma^2}}$$

であり，$-\infty < a < b < \infty$ に対して，測定値 X が $a \leq X \leq b$ である確率は

$$P(a \leq X \leq b) = \int_a^b p(x)dx$$

で与えられる．定義から

$$\int_{-\infty}^{\infty} p(x)dx = 1$$

$$\int_{-\infty}^{\infty} xp(x)dx = \langle X \rangle = \mu$$

$$\int_{-\infty}^{\infty} (x-\mu)^2 p(x)dx = \langle (X-\mu)^2 \rangle = \langle X^2 \rangle - \mu^2 = \sigma^2$$

である．$\sigma = \sqrt{\sigma^2} > 0$ を**標準偏差**という．変換

$$Y = \frac{X - \mu}{\sigma}$$

を施すと，**平均値 0，分散 1** の正規分布に従うことになる．これを**標準正規分布** $N(0, 1)$ と呼ぶ．

6.2 常微分方程式の解法

●1階の線形常微分方程式● y を x の関数，y' をその導関数とするとき

$$y' + P(x)y = Q(x) \tag{6.1}$$

を1階の**線形微分方程式**という．特に $Q(x) = 0$ の場合を**斉次形**（**同次形**），$Q(x) \neq 0$ の場合を**非斉次形**（**非同次形**）という．

この微分方程式の解は以下の手順で求めることができる．

(1) 斉次式の一般解を求める

$Q(x) = 0$ の場合，(6.1) 式は変数分離可能なので，C を任意の定数として

$$\frac{dy}{y} = -P(x)dx \implies y(x) = Ce^{-\int^x P(u)du} \tag{6.2}$$

が得られる．

(2) 非斉次式を満たす解の1つ（特殊解）$y_0(x)$ を求める

特殊解を求めるとき，上で求めた解 (6.2) の定数部分 C が x に依存して変化することを仮定する**定数変化法**が有用となる．特殊解 $y_0(x)$ を

$$y_0(x) = C(x)e^{-\int^x P(u)du} \tag{6.3}$$

と仮定すると，$y_0(x)$ の導関数は

$$y_0'(x) = C'(x)e^{-\int^x P(u)du} - C(x)P(x)e^{-\int^x P(u)du}. \tag{6.4}$$

(6.1) 式に (6.3), (6.4) 式を代入すると

$$C'(x)e^{-\int^x P(u)du} = Q(x)$$
$$\iff C(x) = \int^x Q(v)e^{\int^v P(u)du}dv \tag{6.5}$$

のように，$C(x)$ が決定される．

(3) (1) で求めた斉次式の一般解に (2) で求めた特殊解を加えたものが非斉次式の一般解を与える．

●定数係数の2階線形常微分方程式● a および b を定数としたとき

$$y'' + ay' + by = Q(x) \tag{6.6}$$

を定数係数の**2階線形常微分方程式**という．この微分方程式の一般解も，斉次式 ($Q(x) = 0$) の一般解に，非斉次式の特殊解を足すことで与えることができる．

斉次形の一般解は $y = e^{\lambda x}$ を (6.6) 式に代入して得られる**特性方程式**

$$\lambda^2 + a\lambda + b = 0$$

より，以下のように決定することができる．

(1) 特性方程式が解として**異なる実根** λ_1, λ_2 を持つ場合：斉次方程式の一般解は C_1, C_2 を定数として

$$y = C_1 e^{\lambda_1 x} + C_2 e^{\lambda_2 x}$$

で与えられる．

(2) 特性方程式が解として**重根** λ_1 を持つ場合：斉次方程式の一般解は C_1, C_2 を定数として

$$y = (C_1 + C_2 x) e^{\lambda_1 x}$$

で与えられる．

(3) 特性方程式が解として $\lambda = \alpha \pm i\beta$ の形の**複素数解**を持つ場合：斉次方程式の一般解は C_1, C_2 を定数として

$$y = e^{\alpha x}(C_1 \cos \beta x + C_2 \sin \beta x)$$

で与えられる．

6.3 留数定理

●**極**● 複素平面内の点 z を変数とする複素関数 $f(z)$ について

$$\lim_{z \to a} f(z) = \infty$$

となる $z = a$ を $f(z)$ の**特異点**という．特に $z = a$ の近傍で

$$f(z) \sim \frac{1}{(z-a)^n}$$

のように振る舞うとき（ただし，$n = 1, 2, 3, \cdots$），$z = a$ を n 位の**極**という．

●**留数**● 留数 $\mathrm{Res}(f, a)$ は，$z = a$ が 1 位の極のとき

$$\mathrm{Res}(f, a) = \lim_{z \to a}(z - a) f(z)$$

$z = a$ が n 位の極で，$n = 2, 3, 4, \cdots$ のとき

$$\mathrm{Res}(f, a) = \lim_{z \to a} \frac{1}{(n-1)!} \frac{d^{n-1}}{dz^{n-1}} \{(z - a)^n f(z)\}$$

で定義される．

●**留数定理**● 複素平面内の閉経路 C の内部に $f(z)$ の極 $(a_1, a_2, \ldots, a_N)$ が N 個存在する．このとき

$$\oint_C f(z)dz = 2\pi i \sum_{j=1}^N \mathrm{Res}(f, a_j)$$

が成り立つ．ただし，$i = \sqrt{-1}$ であり，閉経路 C は反時計回りを正の向きとする．これを**留数定理**という．特に，C の内部に極が存在しないときは $\oint_C f(z)dz = 0$．

6.4 フーリエ変換

●**フーリエ変換**● $-\infty < x < \infty$ に対して定義された関数 $f(x)$ の**フーリエ変換** $\widehat{f}(k)$ は

$$\widehat{f}(k) = \mathcal{F}_k[f(x)] = \int_{-\infty}^{\infty} f(x)e^{-ikx}dx$$

フーリエ逆変換は

$$f(x) = \mathcal{F}_x^{-1}[\widehat{f}(k)] = \frac{1}{2\pi}\int_{-\infty}^{\infty} \widehat{f}(k)e^{ikx}dk$$

で定義される．

●**フーリエ変換の性質**●

(1) 線形性
$$\mathcal{F}_k[af(x) + bf(x)] = a\widehat{f}(k) + b\widehat{g}(k).$$

(2) シフトの変換
$$\mathcal{F}_k[f(x+a)] = e^{ika}\widehat{f}(k).$$

(3) 変換のシフト
$$\mathcal{F}_k[e^{ika}f(x)] = \widehat{f}(k-a).$$

(4) 導関数の変換
$$\mathcal{F}_k\left[\frac{d^n f(x)}{dx^n}\right] = (ik)^n \widehat{f}(k) \quad (n = 1, 2, 3, \cdots).$$

(5) たたみこみ
$$F(x) = \int_{-\infty}^{\infty} f(x-x')g(x')dx'$$
$$\implies \mathcal{F}_k[F(x)] = \widehat{f}(k)\widehat{g}(k).$$

6.5 ラプラス変換

$-\infty < x < \infty$ で定義された関数に対して,s を複素数として積分

$$\mathcal{L}_s[f(x)] = \int_0^\infty f(x) e^{-sx} dx$$

が収束するとき,これを関数 f の**ラプラス変換**という.積分 $\mathcal{L}_s[f(x)]$ が収束する s に対する $\mathrm{Re}\, s$ の集合の下限 σ を**収束座標**,複素平面 s 上の直線 $\mathrm{Re}\, s = \sigma$ を**収束線**という.

ラプラス逆変換は

$$\frac{1}{2\pi i} \int_{\sigma - i\infty}^{\sigma + i\infty} e^{sx} \mathcal{L}_s[f(x)] ds = \begin{cases} f(x) & (x > 0) \\ 0 & (x < 0) \end{cases}$$

で定義される.ここで積分は複素平面 s 上の収束線 $\mathrm{Re}\, s = \sigma$ に沿って行う.

● **たたみこみ** ●

$$F(x) = \int_0^x f(x - x') g(x') dx'$$

に対し

$$\mathcal{L}_s[F(x)] = \mathcal{L}_s[f(x)] \mathcal{L}_s[g(x)].$$

代表的な関数のラプラス変換と一般的な性質を表 6.1 に示した.

表 6.1 ラプラス変換の例

$f(x)$	$\mathcal{L}_s[f(x)]\ (=\widehat{f}(s))$
1	$\frac{1}{s}$
x^n	$\frac{n!}{s^{n+1}}$
e^{ax}	$\frac{1}{s-a}$
$\sin ax$	$\frac{a}{s^2 + a^2}$
$\cos ax$	$\frac{s}{s^2 + a^2}$
$f'(x)$	$-f(0) + s\widehat{f}(s)$
$f''(x)$	$-f'(0) - sf(0) + s^2 \widehat{f}(s)$
$f(ax)$	$\frac{\widehat{f}(s/a)}{a}\quad (a > 0)$

例題 PART

例題 6.1　誤差，誤差の伝播，最小 2 乗法（東大理）

物理実験において，測定値とその誤差の取り扱いは非常に重要である．これらに関する以下の設問に答えよ．

(1) 実験誤差は大きく系統誤差と**統計誤差**の 2 つに分けられる．統計誤差は測定値をばらつかせるもので，多くの場合には一定の確率分布に従う．一方，系統誤差とはどういう内容のものか．例を挙げて簡潔に（100 字程度で）説明せよ．

以下の設問では，統計誤差だけを考え，その確率分布は**ガウス分布**に従うと仮定する．

(2) ある物理量の測定を同一条件で N 回行ったとする．これらの測定は独立で，j 回目の測定値が x_j であったとする．もっとも確からしい物理量の値（**最尤値**）X は**最小 2 乗法**の考え方により

$$S = \sum_{j=1}^{N}(x_j - X)^2$$

を最小にする X として求められる．X を求めよ．

(3) 設問 (2) の場合，測定の標準偏差はどのように求められるか．

(4) 設問 (2) の場合，最尤値 X の誤差（真の値からの差の絶対値）δX はどのように推定されるか．N を大きくしたときに，その誤差はどのようになるか．

(5) 設問 (2) および (4) の結果，最尤値とその誤差がそれぞれ $X, \delta X$ であった．一方，独立な物理量の測定を同様に行い，最尤値とその誤差がそれぞれ $Y, \delta Y$ であった．このとき，物理量の和 $X + Y$ に対する誤差を導け．結果だけでなく，どうしてそうなるのかを説明せよ．ただし，$\delta X \ll |X|, \delta Y \ll |Y|$ とする．

(6) 設問 (5) と同様に，物理量の積 XY，および商 $\frac{X}{Y}$ に対する誤差を導け．

(7) ある物理量 X に対する M 個の測定値 X_k $(k=1,\ldots,M)$ について，それと相関のある別の物理量 Y を測定した．1 つの測定値 X_k に対して N 回の測定を繰り返し，設問 (2) および (4) の方法で，最尤値 Y_k とその誤差 δY_k を求めた．X_k と Y_k の間には直線関係が予想されたので

$$Y_k = pX_k + q$$

の関係式で近似したい．最小 2 乗法の考え方を用いて，もっとも確からしい p と q の値を求めよ．ただし，X_k の誤差はないものとする．

解答例 (1) 例えば**較正**が正しくなされていない実験装置を使った実験や測定者のミスや癖が存在する場合など，正しい測定が行われない状態で実験を行うことで生じる誤差を**系統誤差**という．　(81 文字)

(2) S を最小にする X は，条件

$$\frac{dS}{dX} = -2\sum_{j=1}^{N}(x_j - X) = 0, \quad \frac{d^2S}{dX^2} = 2N > 0$$

より得られる．よって，最尤値 X は

$$X = \frac{1}{N}\sum_{j=1}^{N} x_j \tag{1}$$

で与えられる．最尤値 X は測定値の平均値に等しい．

(3) 測定値の標準偏差 $\sigma_{測}$ は次式で定義される．

$$\sigma_{測} \equiv \sqrt{\frac{S}{N-1}} = \sqrt{\frac{1}{N-1}\sum_{j=1}^{N}(x_j - X)^2}. \tag{2}$$

(4) 真値を $X_{真}$ とすると，j 回目の測定値と真値との誤差 ε_j は最尤値 X と $X_{真}$ を使って $\varepsilon_j = x_j - X_{真} = (x_j - X) + (X - X_{真})$ と書ける．ε_j の 2 乗平均をとると

$$\langle \varepsilon_j^2 \rangle \equiv \frac{1}{N}\sum_{j=1}^{N}\varepsilon_j^2 = \frac{1}{N}\sum_{j=1}^{N}\left\{(x_j - X) + (X - X_{真})\right\}^2$$

$$= \frac{1}{N}\sum_{j=1}^{N}(x_j - X)^2 + \frac{2(X - X_{真})}{N}\sum_{j=1}^{N}(x_j - X) + (X - X_{真})^2 \tag{3}$$

を得る．ここで，(2) 式より

$$\sum_{j=1}^{N}(x_j - X)^2 = (N-1)\sigma_{測}^2$$

(1) 式より

$$\sum_{j=1}^{N}(x_j - X) = 0.$$

$\delta X = |X - X_{真}|$ と定義したので，(3) 式は

$$\langle \varepsilon_j^2 \rangle = \frac{N-1}{N}\sigma_{測}^2 + (\delta X)^2 \tag{4}$$

と書ける．他方

$$(\delta X)^2 = \left(\frac{1}{N}\sum_{j=1}^{N} x_j - X_\text{真}\right)^2 = \frac{1}{N^2}\left\{\sum_{j=1}^{N}(x_j - X_\text{真})\right\}^2$$

$$= \frac{1}{N^2}\left(\sum_{j=1}^{N}\varepsilon_j\right)^2 = \frac{1}{N^2}\sum_{j=1}^{N}\sum_{k=1}^{N}\varepsilon_j\varepsilon_k = \frac{1}{N^2}\left(\sum_{j=1}^{N}\varepsilon_j^2 + \sum_{j\neq k}\varepsilon_j\varepsilon_k\right)$$

であるが，各測定は独立であるという条件より $\sum_{j\neq k}\varepsilon_j\varepsilon_k = 0$ であるので

$$(\delta X)^2 = \frac{1}{N}\langle\varepsilon_j^2\rangle \tag{5}$$

となる．(5) 式を (4) 式に代入することで

$$N(\delta X)^2 = \frac{N-1}{N}\sigma_\text{測}^2 + (\delta X)^2 \implies \delta X = \frac{\sigma_\text{測}}{\sqrt{N}}$$

という関係式が得られる．これは N を大きくすると，最尤値 X の真値からの誤差 δX は $\frac{1}{\sqrt{N}}$ に比例して零に近づくことを示している．

(5) 測定値 X および Y から，関数 F を通して物理量 O が求まるとする ($O = F(X, Y)$)．j 回目の測定値 (x_j および y_j) から求まる O の真値 $O_\text{真}$ からの誤差を ε_j，x_j および y_j のそれぞれの真値からの誤差を $\delta x_j, \delta y_j$ と書くことにすると

$$O_\text{真} + \varepsilon_j = F(x_j, y_j)$$
$$= F(X_\text{真} + \delta x_j, Y_\text{真} + \delta y_j)$$
$$\simeq F(X_\text{真}, Y_\text{真}) + \frac{\partial F}{\partial X}\delta x_j + \frac{\partial F}{\partial Y}\delta y_j$$
$$\implies \varepsilon_j = \frac{\partial F}{\partial X}\delta x_j + \frac{\partial F}{\partial Y}\delta y_j.$$

物理量 O の真値からの誤差 δO は ε_j の 2 乗平均から見積もることができる．X と Y は独立な物理量としたので，$\langle\delta x_j \delta y_j\rangle = 0$ であり

$$(\delta O)^2 = \langle\varepsilon_j^2\rangle = \left(\frac{\partial F}{\partial X}\right)^2\langle(\delta x_j)^2\rangle + \left(\frac{\partial F}{\partial Y}\right)^2\langle(\delta y_j)^2\rangle$$
$$= \left(\frac{\partial F}{\partial X}\right)^2(\delta X)^2 + \left(\frac{\partial F}{\partial Y}\right)^2(\delta Y)^2 \tag{6}$$

という関係が得られる．したがって，$O = F(X, Y) = X + Y$ の場合，O の誤差は $\delta O^2 = \delta X^2 + \delta Y^2$ と見積もればよい．

(6) 前問の結果 (6) 式を使うと，$O = F(X,Y) = XY$ の場合は $\delta O^2 = Y^2 \delta X^2 + X^2 \delta Y^2$，$O = F(X,Y) = \frac{X}{Y}$ の場合は $\delta O^2 = \frac{1}{Y^2}\delta X^2 + \frac{X^2}{Y^4}\delta Y^2$，とそれぞれ求まる．

(7) **最小 2 乗法**は予想される関係式 $Y_k = pX_k + q$ と測定値 (X_k, Y_k) との間の X–Y 平面上の 2 乗和 $S = \sum_{k=1}^{M}(Y_k - pX_k - q)^2$ を最小にする p, q を，もっとも確からしい値とする．

p および q に関して S が極値をとる条件はそれぞれ

$$\frac{\partial S}{\partial p} = -2\sum_{k=1}^{M}(Y_k - pX_k - q)X_k = 0$$

$$\iff \sum_{k=1}^{M} Y_k X_k = p\sum_{k=1}^{M} X_k^2 + q\sum_{k=1}^{M} X_k \tag{7}$$

および

$$\frac{\partial S}{\partial q} = -2\sum_{k=1}^{M}(Y_k - pX_k - q) = 0$$

$$\iff \sum_{k=1}^{M} Y_k = p\sum_{k=1}^{M} X_k + qM \tag{8}$$

となる．(8) 式から求まる q を (7) 式に代入すると

$$\sum_{k=1}^{M} Y_k X_k = p\sum_{k=1}^{M} X_k^2 + \frac{1}{M}\left(\sum_{k=1}^{M} Y_k - p\sum_{k=1}^{M} X_k\right)\sum_{l=1}^{M} X_l$$

$$= p\left\{\sum_{k=1}^{M} X_k^2 - \frac{1}{M}\left(\sum_{k=1}^{M} X_k\right)^2\right\} + \frac{1}{M}\sum_{k=1}^{M} Y_k \sum_{l=1}^{M} X_l$$

$$\iff p = \frac{M\sum_{k=1}^{M} X_k Y_k - \sum_{k=1}^{M} X_k \sum_{l=1}^{M} Y_l}{M\sum_{k=1}^{M} X_k^2 - \left(\sum_{k=1}^{M} X_k\right)^2}.$$

この p を (8) 式に代入すると，もっとも確からしい q は

$$q = \frac{\sum_{k=1}^{M} X_k^2 \sum_{l=1}^{M} Y_l - \sum_{k=1}^{M} X_k \sum_{l=1}^{M} X_l Y_l}{M\sum_{k=1}^{M} X_k^2 - \left(\sum_{k=1}^{M} X_k\right)^2}.$$

解答終

例題 6.2　フーリエ変換と複素積分（東大理）

次の方程式 (1) を満足する有界な 1 次元の関数 $\phi(x)$ を，**フーリエ変換**の方法によって求めたい．

$$\left(-\frac{d^2}{dx^2}+\lambda^2\right)\phi(x)=\delta(x-a) \tag{1}$$

ただし，$\delta(x)$ は**デルタ関数**であり，λ は正の実数である．

(1) $\phi(x)$ のフーリエ変換を $\widehat{\phi}(k)$ とするとき，$\widehat{\phi}(k)$ が満たす方程式を求め，$\widehat{\phi}(k)$ を決定せよ．

(2) $\phi(x)$ を求めよ．

解答例　(1)　(1) 式の左辺に $\phi(x)$ のフーリエ逆変換

$$\phi(x)=\frac{1}{2\pi}\int_{-\infty}^{\infty}\widehat{\phi}(k)e^{ika}dk \tag{2}$$

を代入すると

$$\left(-\frac{d^2}{dx^2}+\lambda^2\right)\phi(x)=\frac{1}{2\pi}\int_{-\infty}^{\infty}(k^2+\lambda^2)\widehat{\phi}(k)e^{ikx}dk$$

を得る．また**デルタ関数のフーリエ変換**は

$$\int_{-\infty}^{\infty}\delta(x-a)e^{-ikx}dx=e^{-ika}$$

なので，その**逆変換**は

$$\delta(x-a)=\frac{1}{2\pi}\int_{-\infty}^{\infty}e^{-ika}e^{ikx}dk$$

となる．以上より

$$\frac{1}{2\pi}\int_{-\infty}^{\infty}\left\{(k^2+\lambda^2)\widehat{\phi}(k)-e^{-ika}\right\}e^{ikx}dk=0$$

$$\Longrightarrow\quad \widehat{\phi}(k)=\frac{e^{-ika}}{k^2+\lambda^2} \tag{3}$$

が得られる．

(2)　(3) 式を (2) 式に代入すると

$$\phi(x)=\frac{1}{2\pi}\int_{-\infty}^{\infty}\frac{e^{ik(x-a)}}{k^2+\lambda^2}dk \tag{4}$$

が与えられる．(4) 式の積分は，k を複素数 z に拡張し，複素平面内の適切な閉経路に沿った積分

$$I=\oint_C \frac{e^{iz(x-a)}}{z^2+\lambda^2}dz$$

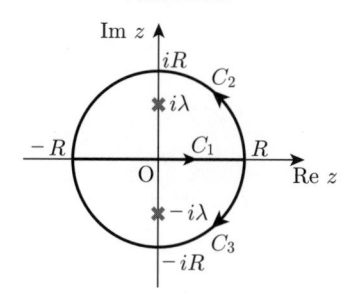

に置き換えることで計算できる．

$x-a>0$ の場合：複素平面の上半平面に図に示したような半円の経路 $C=C_1+C_2$ を取る．被積分関数に $e^{iz(x-a)}$ という因子があるので，この場合，$\mathrm{Im}\, z \to \infty$ で指数関数的に零となる．よって，円弧の半径 $R \to \infty$ の極限では経路 C_2 上の積分の寄与はなくなり，この複素積分の値は元来の実軸上の積分の値に収束することになる．$\lambda>0$ なので，経路の中にある**極** $z=i\lambda$ について**留数**を計算すればよい．$z^2+\lambda^2=(z-i\lambda)(z+i\lambda)$ なので

$$\mathrm{Res}(i\lambda) = \lim_{z\to i\lambda}(z-i\lambda)\frac{e^{iz(x-a)}}{z^2+\lambda^2}$$
$$= \lim_{z\to i\lambda}\frac{e^{iz(x-a)}}{z+i\lambda} = \frac{e^{-\lambda(x-a)}}{2i\lambda}$$

を得る．よって，**留数定理**より

$$I = 2\pi i \mathrm{Res}(i\lambda) = \frac{\pi}{\lambda}e^{-\lambda(x-a)}$$

のように I が求められる．

$x-a<0$ の場合：複素平面の下半平面に半円の経路 $C=C_1+C_3$ をとればよい．この場合には，$\mathrm{Im}\, z \to -\infty$ とすると因子 $e^{iz(x-a)} \to 0$ となるからである．経路の中にある極 $z=-i\lambda$ について留数を計算すると

$$\mathrm{Res}(-i\lambda) = -\frac{e^{\lambda(x-a)}}{2i\lambda}$$

となる．図の経路 $C=C_1+C_3$ の向きが負（時計回り）であることに注意して留数定理を用いると

$$I = -2\pi i \mathrm{Res}(-i\lambda) = \frac{\pi}{\lambda}e^{\lambda(x-a)}$$

が得られる．

以上の結果をまとめて

$$\phi(x) = \frac{1}{2\lambda}e^{-\lambda|x-a|}$$

と表すことができる．

解答終

第6章 演習問題

6.1 留数定理（東工大理）

a を正の実数として，次の積分を求めよ．

$$\int_{-\infty}^{\infty} \frac{dx}{x^4 + a^4}$$

6.2 ガンマ関数とスターリングの公式（東工大理）

以下の設問に答えよ．必要があれば，次の定積分を証明なしで用いてもよい．

$$\int_{-\infty}^{\infty} \exp\left(-\frac{A}{2}x^2\right) dx = \sqrt{\frac{2\pi}{A}} \quad (A > 0) \qquad ①$$

次式で定義される**ガンマ関数**を考える．

$$\Gamma(x) = \int_0^{\infty} e^{-t} t^{x-1} dt \quad (x > 0)$$

(1) $\Gamma(x+1) = x\Gamma(x)$ を示せ．
(2) $e^{-t} t^x = \exp[-f(t)]$ とする．このとき $f'(t_0) = 0$ となる t_0 を求めよ．
(3) $f(t)$ を t_0 のまわりでテイラー展開し，$t - t_0$ の 2 次までの係数を求めよ．
(4) $x \gg 1$ の場合の近似公式

$$\Gamma(x+1) \approx \sqrt{2\pi}\, x^{x+1/2} e^{-x}$$

を導出せよ．

6.3 エルミート関数のフーリエ変換（東工大理）

以下の設問に答えよ．必要があれば，次の定積分を証明なしで用いてもよい．

$$\int_{-\infty}^{\infty} \exp\left(-\frac{A}{2}x^2\right) dx = \sqrt{\frac{2\pi}{A}} \quad (A > 0) \qquad ①$$

エルミート多項式 $H_n(x)$ を次式により定義する．

$$\frac{d^n}{dx^n} e^{-x^2/2} = (-1)^n H_n(x) e^{-x^2/2} \quad (n = 0, 1, 2, \cdots) \qquad ②$$

(1) $H_0(x), H_1(x), H_2(x)$ を求めよ．
(2) 関数 $f(x)$ の**フーリエ変換**を $\widehat{f}(k)$ とする．すなわち

$$f(x) = \frac{1}{2\pi} \int_{-\infty}^{\infty} \widehat{f}(k) e^{ikx} dk$$

$$\widehat{f}(k) = \int_{-\infty}^{\infty} f(x) e^{-ikx} dx$$

このとき，次式で与えられる $\psi_n(x)$ に対して $\widehat{\psi_n}(k)$ を求めよ．

$$\psi_n(x) = H_n(x)e^{-x^2/4} \qquad \text{③}$$

6.4 ノギスの測定原理と使い方（九大理）

ノギスを使って円柱棒の外径を測りたい．まず，ノギスに何もはさまないと，図 (a) のようになった．続いて試料を測定したところ，図 (b) のようになった．この外径の測定値はいくらか．**主尺**と**副尺**を使って求めよ．また，この測定原理について簡単に述べよ．

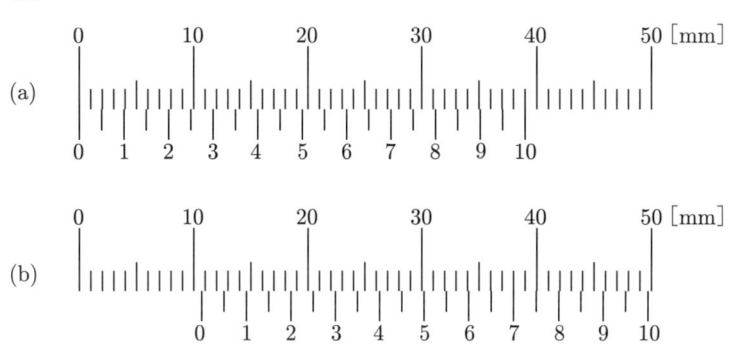

(a)

(b)

6.5 ブラウン運動と初期通過時刻（京大理）

単位時間に 1 回ずつ，左右ランダムに単位ステップで移動する粒子を考える（**ランダムウォーク**）．1 単位時間に右向きに進む確率を $\frac{1+v}{2}$，左向きに進む確率を $\frac{1-v}{2}$ とする．

（問 1） t 単位時間が経過する間に，右向きに k ステップ（左向きに $t-k$ ステップ）進む確率 p_k を与えよ．規格化条件

$$\sum_{k=0}^{t} p_k = 1$$

を満たすことも確認せよ．

（問 2） (a) $|v| \ll 1$ なら $t \gg 1$ で上記の確率分布は**ガウス分布**に漸近する．これを以下の手順で調べよう．

まず，**スターリングの公式**

$$n! \approx \sqrt{2\pi n} \left(\frac{n}{e}\right)^n$$

を用い，k を $x \equiv 2k - t$ に置き換えることにより，上記確率は x, t, v を使って

$$p_{(t+x)/2} \approx \sqrt{\frac{2t}{\pi(t^2 - x^2)}} \times (\alpha)^{t/2} \times (\beta)^{x/2} \qquad \text{①}$$

と表すことができる．この α と β を求めよ．

(b) $|v|$ も $\frac{|x|}{t}$ もともに $\mathcal{O}\left(\frac{1}{\sqrt{t}}\right) \ll 1$ の微小量とすれば，例えば

$$(1+v)^{x/2} \approx e^{vx/2}$$

と近似できる．このような近似を用いることによって，時刻 t に粒子が位置 x から $x+dx$ の間にいる確率分布 $f(x,t)dx$ を求める．$x\ (=2k-t)$ の基本ステップ幅が 2 であることに注意を払って

$$f(x,t) \approx \frac{1}{\sqrt{2\pi t}} \times \exp(\gamma) \qquad ②$$

と表すことができる．この γ を求めよ．

(問 3) このような**ブラウン粒子**が，時刻 $t=0$ に位置 $x=0$ から運動を開始して位置 $\theta\ (>0)$ を初めて通過する時刻（**初期通過時刻**）が $[t, t+dt]$ の区間内にある確率 $p_\theta(t)dt$ を以下の方法で求めよ．

時刻 t に位置 $x>\theta$ に到着するには，必ず θ は一度は通過するから

$$f(x,t) = \int_0^t dt' f(x-\theta, t-t') p_\theta(t') \qquad ③$$

が成り立つ．この関係に**ラプラス変換** $\int_0^\infty dt e^{-st} \cdots$ を施すことによって，初期通過時刻の分布 $p_\theta(t)$ を求めることができる．ここで

$$\int_0^\infty dt \frac{1}{\sqrt{\pi t}} \exp\left(-\frac{z^2}{4t} - st\right) = \frac{1}{\sqrt{s}} e^{-|z|\sqrt{s}} \qquad ④$$

$$\int_0^\infty dt \frac{|z|}{2\sqrt{\pi t^3}} \exp\left(-\frac{z^2}{4t} - st\right) = e^{-|z|\sqrt{s}} \qquad ⑤$$

の関係を使うとよい．

6.6 行列の指数関数表示（東北大理）

a,b,c,d,e,f,g を実数とする行列 A, B を以下のように定義する．

$$A = \begin{pmatrix} a & c \\ c & b \end{pmatrix}, \quad B = \begin{pmatrix} d & f \\ g & e \end{pmatrix} \qquad ①$$

A は適当な変換行列 U を用いて

$$A = U \begin{pmatrix} \lambda_1 & 0 \\ 0 & \lambda_2 \end{pmatrix} U^{-1} \qquad ②$$

のように表すことができる．$\lambda_1 > \lambda_2$ として，以下の設問に答えよ．

(1) 関数 $\exp(x)$ を x のべき級数で表せ．
(2) 行列 $\exp(A)$ を A のべき級数で表せ．
(3) $\exp(A)$ の行列要素を設問 (2) のべき級数の 2 次の範囲まで求めよ．
(4) $c=0$ のときの $\exp(A)$ の行列要素を求めよ．
(5) 行列 AB の**行列式** $\det\{AB\}$ が $\det\{A\}\det\{B\}$ と等しいことを示せ．
(6) $\det\{\exp(A)\}$ を λ_1, λ_2 を用いて表せ．
(7) 行列 AB の**対角項の和**（**トレース**）$\mathrm{tr}\,[AB]$ が $\mathrm{tr}\,[BA]$ と等しいことを示せ．
(8) $Z=\mathrm{tr}\left[\{\exp(A)\}^N\right]$ を求めよ．
(9) $F=\lim\limits_{N\to\infty}\dfrac{1}{N}\ln Z$ を λ_1 を用いて表せ．

6.7 常微分方程式（京大理）

(1) 次の 1 階線形斉次常微分方程式の**一般解**を求めよ．

$$\frac{dy}{dt}+y\cos t=0. \qquad ①$$

また，これを基に，以下の**初期値問題**の一般解を求めよ．

$$\frac{dy}{dt}+y\cos t=\sin 2t,\quad y(t=0)=0. \qquad ②$$

(2) 次の 2 階線形斉次常微分方程式の一般解を求めよ．

$$\frac{d^2y}{dt^2}-2\frac{dy}{dt}+2y=0. \qquad ③$$

また

$$y(t=0)=0,\quad \left.\frac{dy}{dt}\right|_{t=0}=1$$

の初期条件を満たす解を求めよ．

6.8 グリーン関数法（京大理）

1 次元の**熱伝導方程式**の**初期値問題**

$$\frac{\partial^2 u}{\partial x^2}-\frac{\partial u}{\partial t}=0\quad(-\infty<x<\infty) \qquad ①$$

$$w(x,t=0)=f(x)$$

の $t>0$ における解は，**グリーン関数** G を用いて，次のように表される．

$$u(x,t)=\int_{-\infty}^{\infty}G(x,t;\xi,\tau=0)f(\xi)d\xi.$$

ここで，G は次の式を満たす．

$$\frac{\partial^2 G}{\partial x^2} - \frac{\partial G}{\partial t} = -\delta(x-\xi)\delta(t-\tau). \quad ②$$

このグリーン関数 G を，以下の手順に従い，求めよ．

(1) いま，グリーン関数 G を

$$G = \frac{1}{(2\pi)^2}\int_{-\infty}^{\infty}\int_{-\infty}^{\infty} g_0(k,\omega)\exp\left[i\{k(x-\xi)-\omega(t-\tau)\}\right]dkd\omega \quad ③$$

と仮定するとき，② 式より $g_0(k,\omega)$ を求めよ．必要であれば，次の**デルタ関数のフーリエ積分表示**を用いよ．

$$\delta(y) = \frac{1}{2\pi}\int_{-\infty}^{\infty}\exp(ipy)dp.$$

(2) 設問 (1) で求めた $g_0(k,\omega)$ を ③ 式に代入し，留数定理を用いて積分を行い，グリーン関数 G を求めよ．その際，熱源が与えられた時刻より後にだけ熱伝導が起こり得るという，いわゆる**因果律**を満たすことに留意せよ．必要であれば，以下の積分公式を用いよ．

$$\int_{-\infty}^{\infty}\exp(-a^2y^2+by)dy = \frac{\sqrt{\pi}}{a}\exp\left\{\left(\frac{b}{2a}\right)^2\right\} \quad (a>0). \quad ④$$

(3) 設問 (2) で求めた G は，$t>\tau$ において ① 式の解の 1 つであり，物理的には，時刻 $t=\tau$ に場所 $x=\xi$ に置かれた点源の拡散を表す．$V=G, \xi=0, \tau=0$ とするとき，$V(x)$ が様々な t に対してどのように時間発展するか．模式的に図に表せ．

付 録　数学公式・物理定数

A.1　マクローリン展開，テイラー展開

何回でも**微分可能な関数** $f(x)$ に対して，$n = 1, 2, 3, \cdots$ として n 階導関数 $\frac{d^n f(x)}{dx^n}$ を $f^{(n)}(x)$ と書くことにする．特に $f^{(1)}(x) = f'(x), f^{(2)}(x) = f''(x)$ と記す．このとき

$$f(x) = f(x_0) + f'(x_0)(x - x_0) + \frac{1}{2!}f''(x_0)(x - x_0)^2 + \cdots$$
$$= \sum_{n=0}^{\infty} \frac{1}{n!} f^{(n)}(x_0)(x - x_0)^n$$

を，$x = x_0$ のまわりでの**テイラー展開**という．特に，$x_0 = 0$ のとき**マクローリン展開**と呼ぶ．

A.2　初等関数

■ 対数関数

●**微分**●

$$\frac{d}{dx}\ln x = \frac{1}{x}$$

●**マクローリン展開**●　$|x| < 1$ に対して

$$\ln(1+x) = \sum_{n=1}^{\infty}(-1)^{n-1}\frac{x^n}{n}$$

特に，$|x| \ll 1$ では

$$\ln(1+x) \simeq x.$$

■ 指数関数

●**微分**●

$$\frac{d}{dx}e^x = e^x$$

●**マクローリン展開**●

$$e^x = \sum_{n=0}^{\infty}\frac{x^n}{n!}$$

三角関数

● **微分** ●

$$\frac{d}{dx}\sin x = \cos x,$$
$$\frac{d}{dx}\cos x = -\sin x$$

● **マクローリン展開** ●

$$\cos x = \sum_{n=0}^{\infty} \frac{(-1)^n}{(2n)!} x^{2n},$$
$$\sin x = \sum_{n=0}^{\infty} \frac{(-1)^n}{(2n+1)!} x^{2n+1}$$

● **オイラーの公式** ●

$$e^{ix} = \cos x + i\sin x \quad (i = \sqrt{-1})$$

● **加法定理** ●

$$\sin(\theta \pm \varphi) = \sin\theta\cos\varphi \pm \cos\theta\sin\varphi$$
$$\cos(\theta \pm \varphi) = \cos\theta\cos\varphi \mp \sin\theta\sin\varphi \quad \text{(複号同順)}$$

● **その他** ●

$$\sin(-\theta) = -\sin\theta, \quad \cos(-\theta) = \cos\theta$$
$$\sin^2\theta + \cos^2\theta = 1$$
$$\tan\theta = \frac{\sin\theta}{\cos\theta},$$
$$\cot\theta = \frac{\cos\theta}{\sin\theta} = \frac{1}{\tan\theta}$$
$$\sin 2\theta = 2\sin\theta\cos\theta$$
$$\cos 2\theta = \cos^2\theta - \sin^2\theta$$
$$\qquad = 1 - 2\sin^2\theta = 2\cos^2\theta - 1$$
$$\sin\frac{\theta}{2} = \pm\sqrt{\frac{1-\cos\theta}{2}}$$
$$\cos\frac{\theta}{2} = \pm\sqrt{\frac{1+\cos\theta}{2}}$$
$$\sin\theta\sin\varphi = -\frac{1}{2}\{\cos(\theta+\varphi) - \cos(\theta-\varphi)\}$$
$$\cos\theta\cos\varphi = \frac{1}{2}\{\cos(\theta+\varphi) + \cos(\theta-\varphi)\}$$

$$\sin\theta\cos\varphi = \frac{1}{2}\{\sin(\theta+\varphi)+\sin(\theta-\varphi)\}$$
$$\sin\theta + \sin\varphi = 2\sin\frac{\theta+\varphi}{2}\cos\frac{\theta-\varphi}{2}$$
$$\cos\theta + \cos\varphi = 2\cos\frac{\theta+\varphi}{2}\cos\frac{\theta-\varphi}{2}$$

■ **双曲線関数**

$$\sinh x = \frac{e^x - e^{-x}}{2}$$
$$\cosh x = \frac{e^x + e^{-x}}{2}$$
$$\tanh x = \frac{\sinh x}{\cosh x} = \frac{e^x - e^{-x}}{e^x + e^{-x}}$$
$$\frac{d}{dx}\tanh x = 1 - \tanh^2 x$$

A.3 ベクトルとベクトル場

● **ベクトルの大きさと和** ● ベクトル $A = (A_x, A_y, A_z)$ の大きさは
$$A = |A| = \sqrt{A_x^2 + A_y^2 + A_z^2}.$$
$B = (B_x, B_y, B_z)$ とすると
$$A + B = (A_x + B_x, A_y + B_y, A_z + B_z).$$
図 (a) を参照.

図 (a)

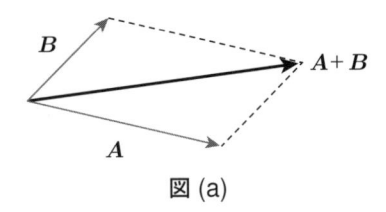

● **ベクトルの内積** ● ベクトル A, B のなす角度を θ としたとき, ベクトルの内積（スカラー積）は
$$A \cdot B = AB\cos\theta = A_x B_x + A_y B_y + A_z B_z.$$
ベクトル A, B が直交関係にあるとき
$$A \cdot B = 0.$$

● **ベクトルの外積** ● ベクトル A, B の外積（ベクトル積）$A \times B$ は, 大きさが

$$|\boldsymbol{A} \times \boldsymbol{B}| = AB|\sin\theta|$$

で，$\boldsymbol{A}$ の向きから $\boldsymbol{B}$ の向きに右ねじを回したときに右ねじが進む方向を向いたベクトルであり（図 (b) 参照），その各成分は $\boldsymbol{i}, \boldsymbol{j}, \boldsymbol{k}$ をそれぞれ x, y, z 方向の単位ベクトルとしたとき

$$\boldsymbol{A} \times \boldsymbol{B} = \begin{vmatrix} \boldsymbol{i} & \boldsymbol{j} & \boldsymbol{k} \\ A_x & A_y & A_z \\ B_x & B_y & B_z \end{vmatrix}$$
$$= (A_y B_z - A_z B_y, A_z B_x - A_x B_z, A_x B_y - A_y B_x).$$

外積では，一般に交換則が成り立たず

$$\boldsymbol{A} \times \boldsymbol{B} = -\boldsymbol{B} \times \boldsymbol{A}.$$

図 (b)

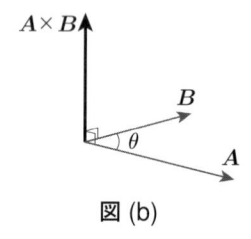

●**ベクトル場**● 座標 $\boldsymbol{r} = (x, y, z)$ の**スカラー関数** $f(x, y, z)$ を**スカラー場**という．スカラー場 f の**勾配** ∇f は

$$\nabla f = \left(\frac{\partial f}{\partial x}, \frac{\partial f}{\partial y}, \frac{\partial f}{\partial z}\right)$$

と表される．ここでベクトル微分演算子 $\nabla = \left(\frac{\partial}{\partial x}, \frac{\partial}{\partial y}, \frac{\partial}{\partial z}\right)$ は**ナブラ**と呼ばれる．

$\boldsymbol{A}(x, y, z) = (A_x(x, y, z), A_y(x, y, z), A_z(x, y, z))$ と書けるとき，$\boldsymbol{A}$ を**ベクトル場**という．ベクトル場 $\boldsymbol{A}$ の**発散** $\nabla \cdot \boldsymbol{A}$ は

$$\nabla \cdot \boldsymbol{A} = \frac{\partial A_x}{\partial x} + \frac{\partial A_y}{\partial y} + \frac{\partial A_z}{\partial z}$$

であり，スカラー場である．よって，ベクトル場 ∇f の発散 $\nabla \cdot (\nabla f)$ もスカラー場になるが，これは

$$\nabla \cdot (\nabla f) = \frac{\partial^2 f}{\partial x^2} + \frac{\partial^2 f}{\partial y^2} + \frac{\partial^2 f}{\partial z^2} = \nabla^2 f = \Delta f$$

と記す．Δ を**ラプラシアン**という．

ベクトル場 $\boldsymbol{A}$ の**回転** $\nabla \times \boldsymbol{A}$ は

$$\nabla \times \boldsymbol{A} = \left(\frac{\partial A_z}{\partial y} - \frac{\partial A_y}{\partial z}, \frac{\partial A_x}{\partial z} - \frac{\partial A_z}{\partial x}, \frac{\partial A_y}{\partial x} - \frac{\partial A_x}{\partial y}\right).$$

つまり，ナブラ ∇ と $\boldsymbol{A}$ の外積で与えられるベクトル場である．

●よく使われるベクトル解析の公式●

$$\nabla \times (\nabla f) = 0$$

$$\nabla \cdot (\nabla \times \boldsymbol{A}) = 0$$

$$\nabla \times (\nabla \times \boldsymbol{A}) = \nabla(\nabla \cdot \boldsymbol{A}) - \Delta \boldsymbol{A}$$

$$\nabla(\boldsymbol{A} \times \boldsymbol{B}) = (\nabla \times \boldsymbol{A}) \cdot \boldsymbol{B} - \boldsymbol{A} \cdot (\nabla \times \boldsymbol{B})$$

$$\nabla \times (\boldsymbol{A} \times \boldsymbol{B}) = (\nabla \cdot \boldsymbol{B})\boldsymbol{A} - (\nabla \cdot \boldsymbol{A})\boldsymbol{B} + (\boldsymbol{B} \cdot \nabla)\boldsymbol{A} - (\boldsymbol{A} \cdot \nabla)\boldsymbol{B}$$

$$\nabla(\boldsymbol{A} \cdot \boldsymbol{B}) = (\boldsymbol{B} \cdot \nabla)\boldsymbol{A} + (\boldsymbol{A} \cdot \nabla)\boldsymbol{B} + \boldsymbol{B} \times (\nabla \times \boldsymbol{A}) + \boldsymbol{A} \times (\nabla \times \boldsymbol{B})$$

$$\nabla \times (f\boldsymbol{A}) = \nabla f \times \boldsymbol{A} + f(\nabla \times \boldsymbol{A})$$

$$\nabla \frac{1}{r} = -\frac{\boldsymbol{r}}{r^3} \quad (r = \sqrt{x^2 + y^2 + z^2} > 0)$$

$$\Delta \frac{1}{r} = 0 \quad (r > 0)$$

$$\phi(\boldsymbol{x} + \boldsymbol{a}) = \phi(\boldsymbol{x}) + \nabla \phi(\boldsymbol{x}) \cdot \boldsymbol{a} + \mathcal{O}(|\boldsymbol{a}|^2)$$

●**ガウスの定理**●　任意の有界な空間領域 $\mathcal{V}$ に対して次の等式が成り立つ.

$$\int_S \boldsymbol{E} \cdot d\boldsymbol{S} = \int_\mathcal{V} \nabla \cdot \boldsymbol{E} d\mathcal{V}.$$

ただしここで，左辺は領域表面 S における面積分，右辺は空間領域 $\mathcal{V}$ 全体での体積積分を表す．左辺の $d\boldsymbol{S}$ は**面素ベクトル**（**面積要素ベクトル**）であり，表面 S 上の各点において面に垂直外向きのベクトルである．面素の大きさ（面積）を $dS = |d\boldsymbol{S}|$ とし，表面 S の外向き単位法線ベクトルを $\boldsymbol{n}$ とすると，$d\boldsymbol{S} = \boldsymbol{n} dS$ である．右辺の $d\mathcal{V}$ は体積要素であり，デカルト座標 (x, y, z) で表せば，$d\mathcal{V} = dxdydz$ である．

●**ストークスの定理**●　閉曲面 S に対して次の等式が成り立つ.

$$\oint_C \boldsymbol{E} \cdot d\boldsymbol{s} = \int_S (\nabla \times \boldsymbol{E}) \cdot d\boldsymbol{S}.$$

ここで，左辺は閉曲面 S の縁 C に沿った線積分を，右辺は閉曲面 S 上の面積分を表す．左辺の $d\boldsymbol{s}$ は**線素ベクトル**である．線積分を行う積分経路 C の各点での単位**接線ベクトル**を $\boldsymbol{t}$ とし，線素ベクトルの大きさ（長さ）を $ds = |d\boldsymbol{s}|$ とすると，$d\boldsymbol{s} = \boldsymbol{t} ds$ である．

A.4　座標変換

●**2次元極座標**●　2次元デカルト座標 (x, y) と2次元極座標 (r, φ) は次式で互いに変換される．

$$\begin{cases} x = r\cos\varphi \\ y = r\sin\varphi \end{cases}$$

$$\begin{cases} r^2 = x^2 + y^2 \\ \tan\varphi = \dfrac{y}{x} \quad (0 \leq \varphi < 2\pi). \end{cases}$$

図 (a) のように

$\widehat{\boldsymbol{r}}$ = 動径方向の単位ベクトル

$\widehat{\boldsymbol{\varphi}} = \widehat{\boldsymbol{r}}$ に垂直な方向の単位ベクトル

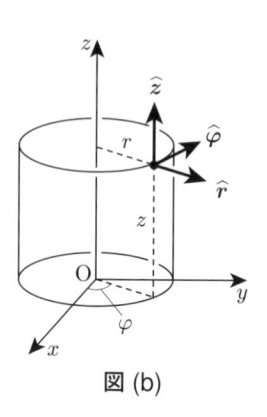

をとると

$$\nabla\phi = \frac{\partial \phi}{\partial r}\widehat{\boldsymbol{r}} + \frac{1}{r}\frac{\partial \phi}{\partial \varphi}\widehat{\boldsymbol{\varphi}},$$

$$\Delta\phi = \frac{1}{r}\frac{\partial}{\partial r}\left(r\frac{\partial \phi}{\partial r}\right) + \frac{1}{r^2}\frac{\partial^2 \phi}{\partial \varphi^2}$$

$$= \frac{\partial^2 \phi}{\partial r^2} + \frac{1}{r}\frac{\partial \phi}{\partial r} + \frac{1}{r^2}\frac{\partial^2 \phi}{\partial \varphi^2}.$$

図 (a)

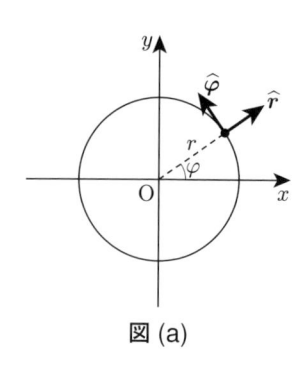

ヤコビアンは

$$\frac{\partial(x,y)}{\partial(r,\varphi)} = \det\begin{pmatrix} \frac{\partial x}{\partial r} & \frac{\partial x}{\partial \varphi} \\ \frac{\partial y}{\partial r} & \frac{\partial y}{\partial \varphi} \end{pmatrix}$$

$$= \det\begin{pmatrix} \cos\varphi & -r\sin\varphi \\ \sin\varphi & r\cos\varphi \end{pmatrix} = r$$

なので

$$\int_{-\infty}^{\infty} dx \int_{-\infty}^{\infty} dy\, f(x,y) = \int_{0}^{\infty} dr\, r \int_{0}^{2\pi} d\varphi\, \widetilde{f}(r,\varphi).$$

●**3 次元円柱座標**● 3 次元デカルト座標 (x,y,z) と 3 次元円柱座標 (r,φ,z) は次式で互いに変換される．

$$\begin{cases} x = r\cos\varphi \\ y = r\sin\varphi \\ z = z \end{cases}$$

$$\begin{cases} r^2 = x^2 + y^2 \\ \tan\varphi = \dfrac{y}{x} \quad (0 \leq \varphi < 2\pi) \end{cases}$$

図 (b) のように

$\widehat{\boldsymbol{r}} = r$ 方向の単位ベクトル

$\widehat{\boldsymbol{\varphi}} = xy$ 平面に平行で $\widehat{\boldsymbol{r}}$ に垂直な方向の単位ベクトル

$\widehat{\boldsymbol{z}} = z$ 軸方向の単位ベクトル

をとると，$(\widehat{\boldsymbol{r}}, \widehat{\boldsymbol{\varphi}}, \widehat{\boldsymbol{z}})$ は**右手系**をなし

図 (b)

A.4 座標変換

$$\nabla\phi = \frac{\partial\phi}{\partial r}\widehat{r} + \frac{1}{r}\frac{\partial\phi}{\partial\varphi}\widehat{\varphi} + \frac{\partial\phi}{\partial z}\widehat{z},$$

$$\Delta\phi = \frac{1}{r}\frac{\partial}{\partial r}\left(r\frac{\partial\phi}{\partial r}\right) + \frac{1}{r^2}\frac{\partial^2\phi}{\partial\varphi^2} + \frac{\partial^2\phi}{\partial z^2}$$

$$= \frac{\partial^2\phi}{\partial r^2} + \frac{1}{r}\frac{\partial\phi}{\partial r} + \frac{1}{r^2}\frac{\partial^2\phi}{\partial\varphi^2} + \frac{\partial^2\phi}{\partial z^2}.$$

ヤコビアンは

$$\frac{\partial(x,y,z)}{\partial(r,\varphi,z)} = \det\begin{pmatrix} \frac{\partial x}{\partial r} & \frac{\partial x}{\partial \varphi} & \frac{\partial x}{\partial z} \\ \frac{\partial y}{\partial r} & \frac{\partial y}{\partial \varphi} & \frac{\partial y}{\partial z} \\ \frac{\partial z}{\partial r} & \frac{\partial z}{\partial \varphi} & \frac{\partial z}{\partial z} \end{pmatrix}$$

$$= \det\begin{pmatrix} \cos\varphi & -r\sin\varphi & 0 \\ \sin\varphi & r\cos\varphi & 0 \\ 0 & 0 & 1 \end{pmatrix}$$

$$= r$$

なので

$$\int_{-\infty}^{\infty}dx\int_{-\infty}^{\infty}dy\int_{0}^{\infty}dz\, f(x,y,z) = \int_{0}^{\infty}dr\, r\int_{0}^{2\pi}d\varphi\int_{0}^{\infty}dz\, \widetilde{f}(r,\varphi,z).$$

●**3 次元極座標**● 3 次元デカルト座標 (x,y,z) と 3 次元極座標 (r,θ,φ) は次式で互いに変換される．

$$\begin{cases} x = r\sin\theta\cos\varphi \\ y = r\sin\theta\sin\varphi \\ z = r\cos\theta \end{cases}$$

$$\begin{cases} r^2 = x^2 + y^2 + z^2 \\ \tan\theta = \dfrac{\sqrt{x^2+y^2}}{z} & (0 \le \theta \le \pi) \\ \tan\varphi = \dfrac{y}{x} & (0 \le \varphi < 2\pi). \end{cases}$$

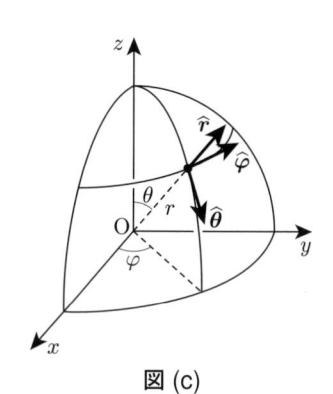

図 (c)

図 (c) のように

$\widehat{r} = $ 動径方向の単位ベクトル

$\widehat{\theta} = z$ 軸を含む平面内で $\widehat{r}$ に垂直な方向の単位ベクトル

$\widehat{\varphi} = xy$ 平面に平行な平面内で $\widehat{r}$ に垂直な方向の単位ベクトル

をとると，$(\widehat{r},\widehat{\theta},\widehat{\varphi})$ は**右手系**をなし

$$\nabla\phi = \frac{\partial\phi}{\partial r}\widehat{r} + \frac{1}{r}\frac{\partial\phi}{\partial\theta}\widehat{\theta} + \frac{1}{r\sin\theta}\frac{\partial\phi}{\partial\varphi}\widehat{\varphi},$$

$$\Delta\phi = \frac{1}{r^2}\frac{\partial}{\partial r}\left(r^2\frac{\partial\phi}{\partial r}\right) + \frac{1}{r^2\sin\theta}\left\{\frac{\partial}{\partial\theta}\left(\sin\theta\frac{\partial\phi}{\partial\theta}\right) + \frac{1}{\sin\theta}\frac{\partial^2\phi}{\partial\varphi^2}\right\}$$

$$= \frac{1}{r}\frac{\partial^2}{\partial r^2}(r\phi) + \frac{1}{r^2\sin\theta}\left\{\frac{\partial}{\partial\theta}\left(\sin\theta\frac{\partial\phi}{\partial\theta}\right) + \frac{1}{\sin\theta}\frac{\partial^2\phi}{\partial\varphi^2}\right\}$$

$$= \frac{\partial^2\phi}{\partial r^2} + \frac{2}{r}\frac{\partial\phi}{\partial r} + \frac{1}{r^2}\left(\frac{\partial^2\phi}{\partial\theta^2} + \cot\theta\frac{\partial\phi}{\partial\theta} + \frac{1}{\sin^2\theta}\frac{\partial^2\phi}{\partial\varphi^2}\right). \quad (A.1)$$

ヤコビアンは

$$\frac{\partial(x,y,z)}{\partial(r,\theta,\varphi)} = \det\begin{pmatrix} \frac{\partial x}{\partial r} & \frac{\partial x}{\partial\theta} & \frac{\partial x}{\partial\varphi} \\ \frac{\partial y}{\partial r} & \frac{\partial y}{\partial\theta} & \frac{\partial y}{\partial\varphi} \\ \frac{\partial z}{\partial r} & \frac{\partial z}{\partial\theta} & \frac{\partial z}{\partial\varphi} \end{pmatrix}$$

$$= \det\begin{pmatrix} \sin\theta\cos\varphi & r\cos\theta\cos\varphi & -r\sin\theta\sin\varphi \\ \sin\theta\sin\varphi & r\cos\theta\sin\varphi & r\sin\theta\cos\varphi \\ \cos\theta & -r\sin\theta & 0 \end{pmatrix}$$

$$= r^2\sin\theta$$

なので

$$\int_{-\infty}^{\infty}dx\int_{-\infty}^{\infty}dy\int_{-\infty}^{\infty}dz\,f(x,y,z) = \int_0^{\infty}dr\,r^2\int_0^{\pi}d\theta\,\sin\theta\int_0^{2\pi}d\varphi\,\widetilde{f}(r,\theta,\varphi).$$

A.5 デルタ関数

デルタ関数は以下の性質を持つ.

$$\delta(x) = \begin{cases} 0, & x \neq 0 \\ \infty, & x = 0 \end{cases}, \quad \int_{-\infty}^{\infty}\delta(x)dx = 1$$

$$\int_{-\infty}^{\infty}f(x)\delta(x)dx = f(0)$$

$$\int_{-\infty}^{\infty}f(x)\delta(x-a)dx = f(a)$$

$$\delta(-x) = -\delta(x)$$

$$\delta(ax) = \frac{1}{|a|}\delta(x)$$

$$\delta(x^2 - a^2) = \frac{1}{2|a|}\{\delta(x-|a|) + \delta(x+|a|)\}$$

A.6 ガンマ関数

次の定積分を x の関数としてみたとき,ガンマ関数という.

A.7 特殊関数

$$\Gamma(x) = \int_0^\infty e^{-s} s^{x-1} ds.$$

$x > 0$ のとき，部分積分を行うと

$$\begin{aligned}
\Gamma(x+1) &= \int_0^\infty e^{-s} s^x ds \\
&= \left[-e^{-s} s^x \right]_0^\infty + \int_0^\infty e^{-s} x s^{x-1} ds \\
&= x \int_0^\infty e^{-s} s^{x-1} ds
\end{aligned}$$

なので

$$\Gamma(x+1) = x\Gamma(x) \quad (x > 0)$$

という**関数方程式**が成り立つことが分かる．

特に，x として $n = 0, 1, 2, \cdots$ とすると

$$\begin{aligned}
\Gamma(n+1) &= n\Gamma(n) = n(n-1)\Gamma(n-1) = \cdots \\
&= n(n-1)(n-2)\cdots 3 \cdot 2 \cdot \Gamma(1).
\end{aligned}$$

ここで

$$\Gamma(1) = \int_0^\infty e^{-s} ds = \left[-e^{-s} \right]_0^\infty = 1$$

なので

$$\Gamma(n+1) = n! \quad (n = 0, 1, 2, \cdots)$$

が得られる．ただし，$0! = 1$ とする．

A.7 特殊関数

●**1次元調和振動子のシュレーディンガー方程式**● 1次元調和振動子を考える．振動子の質量を m，振動の角振動数を ω とすると，ポテンシャルが $V(x) = \frac{1}{2} m\omega^2 x^2$ で与えられるので，**シュレーディンガー方程式**は

$$i\hbar \frac{\partial}{\partial t} \Psi(x,t) = -\frac{\hbar^2}{2m} \frac{\partial^2}{\partial x^2} \Psi(x,t) + \frac{1}{2} m\omega^2 x^2 \Psi(x,t) \tag{A.2}$$

である．まず，振動子のエネルギーの値を E に指定して

$$\Psi(x,t) = \psi(x) e^{-iEt/\hbar}$$

と置くと，x と t に対して**変数分離**することができる．その結果，$\psi(x)$ に対する**時間を含まないシュレーディンガー方程式**

$$-\frac{\hbar^2}{2m} \frac{d^2 \psi(x)}{dx^2} + \frac{1}{2} m\omega^2 x^2 \psi(x) = E\psi(x)$$

が得られる．この方程式から，$\psi(x)$ は実関数として求められることが分かる．この方程式は

$$\psi''(x) = \left\{\left(\frac{m\omega x}{\hbar}\right)^2 - \frac{2m}{\hbar^2}E\right\}\psi(x) \tag{A.3}$$

と書き直せる．ここで，エネルギーの値 E を固定して，まずは波動関数 $\psi(x)$ の $|x| \gg 1$ での振舞いを概観することにする．$|x| \gg 1$ では，(A.3) の右辺の括弧内の第 2 項は第 1 項に比べて値が小さいので無視できて

$$\psi''(x) \simeq \left(\frac{m\omega x}{\hbar}\right)^2 \psi(x)$$

となる．この解は $|x| \gg 1$ では

$$\psi(x) \simeq \exp\left(-\frac{m\omega x^2}{2\hbar}\right) \tag{A.4}$$

で近似できるだろう．実際，(A.4) とおくと

$$\psi'(x) = -\frac{m\omega x}{\hbar}\psi(x),$$
$$\psi''(x) = -\frac{m\omega}{\hbar}\psi(x) + \left(\frac{m\omega x}{\hbar}\right)^2 \psi(x) \simeq \left(\frac{m\omega x}{\hbar}\right)^2 \psi(x) \quad (|x| \gg 1)$$

であるからである．しかし，波動関数は実際には (A.4) 式ほど単純な関数ではなく，空間的に振動しているはずである．その振動の様子を表すために，$f(x)$ という関数を導入して

$$\psi(x) = f(x)\exp\left(-\frac{m\omega x^2}{2\hbar}\right)$$

とおく．これを (A.3) に代入すると，$f(x)$ に対して次の 2 階の微分方程式が導かれる．

$$f''(x) - \frac{2m\omega}{\hbar}xf'(x) + \frac{2m}{\hbar^2}\left(E - \frac{\hbar\omega}{2}\right)f(x) = 0. \tag{A.5}$$

さてここで，座標 x は m (メートル) の次元を持つことに注意する．m [kg], ω [s^{-1}], $\hbar$ [J·s] $(=[\text{kg}\cdot\text{m}^2\cdot\text{s}^{-1}])$ なので，$\frac{\hbar}{m\omega}$ [m^2] であるから

$$x_0 = \sqrt{\frac{\hbar}{m\omega}}, \quad \xi = \frac{x}{x_0} \tag{A.6}$$

とおくと，ξ は**無次元量**となる．$f(x(\xi)) = F(\xi)$ と書くことにすると

$$\frac{dF}{dx} = \frac{d\xi}{dx}\frac{dF}{d\xi} = \frac{1}{x_0}F'(\xi), \quad \frac{d^2F}{dx^2} = \frac{1}{x_0^2}F''(\xi)$$

なので，(A.5) は変数変換 (A.6) によって

$$F''(\xi) - 2\xi F'(\xi) + \frac{2}{\hbar\omega}\left(E - \frac{1}{2}\hbar\omega\right)F(\xi) = 0$$

となる．ここで

A.7 特殊関数

$$E = E_n = \hbar\omega\left(n + \frac{1}{2}\right) \quad (n = 0, 1, 2, \cdots) \tag{A.7}$$

とおくと

$$F''(\xi) - 2\xi F'(\xi) + 2nF(\xi) = 0$$

を得る．これを**エルミートの微分方程式**という．

●**エルミート多項式**● $y = y(x)$ として，エルミートの微分方程式

$$y'' - 2xy' + 2\nu y = 0 \tag{A.8}$$

を考える．ただし，まずはパラメータ ν を任意の実数としておくことにする．これは，2 階の常微分方程式

$$y'' + P(x)y' + Q(x)y = 0$$

において，特に $P(x) = -2x, Q(x) = 2\nu$ とした場合であるが，このときは $P(x)$ も $Q(x)$ も $x = 0$ で**正則**である．つまり，$x = 0$ で何回でも微分可能である．よって，(A.8) 式は $x = 0$ のまわりで関数を**マクローリン展開**したときに得られる

$$y = \sum_{k=0}^{\infty} a_k x^k \tag{A.9}$$

という形の異なる 2 つの解を持つことが保証される（**フロベニウス–フックスの定理**）．つまり，常微分方程式 (A.8) を解く問題は，係数 $\{a_k\}_{k=0}^{\infty}$ を求める問題に帰着されるのである．

そこで，(A.9) 式で**項別微分**

$$y' = \sum_{k=1}^{\infty} k a_k x^{k-1}, \quad y'' = \sum_{k=2}^{\infty} k(k-1) a_k x^{k-2}$$

して，(A.8) 式に代入すると

$$\sum_{k=0}^{\infty} \Big\{(k+1)(k+2)a_{k+2} + 2(\nu - k)a_k\Big\} x^k = 0$$

を得る．これが，任意の x に対して成立するための条件は，a_k が次の**漸化式**を満たすことである．

$$a_{k+2} = -\frac{2(\nu - k)}{(k+1)(k+2)} a_k \quad (k = 0, 1, 2, \cdots) \tag{A.10}$$

さて，エルミートの微分方程式のパラメータ ν が零あるいは自然数

$$\nu = n = 0, 1, 2, \ldots \tag{A.11}$$

である場合を考えることにする．このときは，(A.10) 式より a_n の値によらず $a_{n+2} = 0$ となることがわかる．

$\nu = n = $ 偶数とする．$a_0 \neq 0, a_1 = 0$ とすると，漸化式 (A.10) より

$$a_j = \begin{cases} \dfrac{(-1)^{j/2}2^{j/2}j!!}{j!}a_0 & (j \text{ が } n \text{ 以下の偶数のとき}) \\ 0 & (j \text{ がそれ以外のとき}) \end{cases}$$

と定まる．つまり，**級数解** (A.9) は n 次の**多項式解**になる．ここでは，a_0 は最高次の項の係数が

$$a_n = 2^n \tag{A.12}$$

となるように定めることにする（具体的には $a_0 = (-1)^{n/2}2^{n/2}\frac{n!}{n!!}$）．$\nu = n = $ 奇数に対しては，$a_0 = 0, a_1 \neq 0$ として漸化式 (A.10) を解く．このときも，最高次の係数が (A.12) 式となるように a_1 の値を定めることにする．

以上により，(A.11) 式のときには，エルミートの微分方程式の解として，次の多項式が得られる．

$$H_n(x) = n!\sum_{k=0}^{[\frac{n}{2}]}(-1)^k\frac{1}{k!(n-2k)!}(2x)^{n-2k}.$$

ただし，実数 a に対して $[a]$ は a を超えない最大の整数を表す**ガウスの記号**である．n が偶数のとき $[\frac{n}{2}] = \frac{n}{2}$，$n$ が奇数のとき $[\frac{n}{2}] = \frac{(n-1)}{2}$ である．n が偶数のときは $H_n(x)$ は偶関数，$H_n(-x) = H_n(x)$，n が奇数のときは奇関数，$H_n(-x) = -H_n(x)$ である．

エルミート多項式について，次の公式を証明することができる．

(1) **ロドリーグの公式**

$$H_n(x) = (-1)^n e^{x^2}\frac{d^n}{dx^n}e^{-x^2}$$

(2) **漸化式**

$$H_n'(x) = 2xH_n(x) - H_{n+1}(x)$$
$$H_{n+1}'(x) = 2(n+1)H_n(x)$$
$$H_{n+2}(x) - 2xH_{n+1}(x) + 2(n+1)H_n(x) = 0$$

(3) **母関数**

$$\Phi(x,s) = \sum_{n=0}^{\infty}\frac{H_n(x)}{n!}s^n = e^{2sx-s^2}$$

(4) **直交性**

$$\int_{-\infty}^{\infty}H_n(x)H_m(x)e^{-x^2}dx = 2^n n!\sqrt{\pi}\,\delta_{nm} \quad (n, m = 0, 1, 2, \cdots) \tag{A.13}$$

(A.13) の積分公式より

$$\varphi_n(x) = \frac{1}{\sqrt{2^n n!\sqrt{\pi}}}H_n(x)e^{-x^2/2} \quad (n = 0, 1, 2, \cdots)$$

と定義すると，次が成り立つことになる．

$$\int_{-\infty}^{\infty} \varphi_n(x)\varphi_m(x)dx = \delta_{nm} \quad (n,m=0,1,2,\cdots)$$

$\{\varphi_n(x)\}_{n=0}^{\infty}$ を**正規直交エルミート関数系**と呼ぶ.

結局, (A.7) 式で与えられる**エネルギー固有値** E_n $(n=0,1,2,\cdots)$ を持つ 1 次元調和振動子のシュレーディンガー方程式 (A.2) の**固有波動関数**は, この正規直交エルミート関数を用いて

$$\Psi_n(x,t) = e^{-iE_n t/\hbar}\frac{1}{\sqrt{x_0}}\varphi_n\left(\frac{x}{x_0}\right)$$

と表されることが導かれたことになる. $\varphi_n(x)$ に含まれている $H_n(x)$ は n 次の多項式であり, n 個の零点を持つ. したがって, 固有波動関数 $\Psi_n(x,t)$ は, n 個の節と $n-1$ 個の腹を持つ空間的にも振動した関数であることになるのである.

[注意] ここでは, パラメータ ν が零あるいは自然数を用いて (A.11) 式のように与えられるエルミートの微分方程式 (A.8) の多項式解として, 最高次の項の係数が (A.12) 式で与えられるものをエルミート多項式 $H_n(x)$ と定義した. 別の定義として, 最高次の項の係数が $a_n = 1$ となるものとしてエルミート多項式を定めることもある. 後者を $\widetilde{H}_n(x)$ と書くことにすると, 両者の関係は

$$\widetilde{H}_n(x) = 2^{-n/2}H_n\left(\frac{x}{\sqrt{2}}\right)$$

で与えられる. $\widetilde{H}_n(x)$ に対するロドリーグの公式は

$$\widetilde{H}_n(x) = (-1)^n e^{x^2/2}\frac{d^n}{dx^n}e^{-x^2/2}$$

で与えられる.

●ルジャンドル多項式●

(1) ロドリーグの公式

$$P_n(x) = \frac{1}{2^n n!}\frac{d^n}{dx^n}(x^2-1)^n$$

(2) 漸化式

$$(2n+1)xP_n(x) = (n+1)P_{n+1}(x) + nP_{n-1}(x)$$
$$(1-x^2)P_n'(x) - (n+1)xP_n(x) = -(n+1)P_{n+1}(x)$$
$$(1-x^2)P_n'(x) + nxP_n(x) = nP_{n-1}(x)$$

(3) 母関数

$$\Phi(x,s) = \sum_{n=0}^{\infty} P_n(x)s^n = \frac{1}{\sqrt{1-2sx+s^2}}$$

(4) 直交性

$$\int_{-1}^{1} P_n(x)P_m(x)dx = \frac{2}{2n+1}\delta_{nm} \quad (n,m=0,1,2,\cdots)$$

●**球面調和関数**● (θ, φ) を 3 次元極座標の角度成分とする $(0 \leq \theta \leq \pi, 0 \leq \varphi < 2\pi)$. ℓ を 0 以上の整数とし，各 ℓ に対して $m = -\ell, -\ell+1, \ldots, \ell-1, \ell$ としたとき

$$Y_{\ell m}(\theta, \varphi) = \frac{(-1)^\ell}{2^\ell \ell!} \sqrt{\frac{2\ell+1}{4\pi} \frac{(\ell+m)!}{(\ell-m)!}} \frac{e^{im\varphi}}{\sin^m \theta} \left(\frac{d}{d\cos\theta}\right)^{\ell-m} \sin^{2\ell}\theta$$

を球面調和関数という．微分演算子

$$\widehat{L}_+ = \frac{\hbar}{i} e^{i\varphi} \left(i\frac{\partial}{\partial \theta} - \cot\theta \frac{\partial}{\partial \varphi} \right),$$

$$\widehat{L}_- = \frac{\hbar}{i} e^{-i\varphi} \left(-i\frac{\partial}{\partial \theta} - \cot\theta \frac{\partial}{\partial \varphi} \right),$$

$$\widehat{L}_z = \frac{\hbar}{i} \frac{\partial}{\partial \varphi}$$

を定義すると，次が成立する．

$$\widehat{L}_+ Y_{\ell m}(\theta, \varphi) = \hbar\sqrt{\ell(\ell+1) - m(m+1)}\, Y_{\ell\, m+1}(\theta, \varphi), \tag{A.14}$$

$$\widehat{L}_- Y_{\ell m}(\theta, \varphi) = \hbar\sqrt{\ell(\ell+1) - m(m-1)}\, Y_{\ell\, m-1}(\theta, \varphi), \tag{A.15}$$

$$\widehat{L}_z Y_{\ell m}(\theta, \varphi) = \hbar m Y_{\ell m}(\theta, \varphi). \tag{A.16}$$

3 次元極座標 (r, θ, φ) ではラプラシアンは (A.1) 式で与えられるが，これを

$$\Delta = \frac{1}{r}\frac{\partial^2}{\partial r^2} r - \frac{\widehat{L}^2}{\hbar^2 r^2}$$

と書くと，右辺の第 2 項に現れる $\widehat{L}^2$ は

$$\widehat{L}^2 = \frac{1}{2}(\widehat{L}_+ \widehat{L}_- + \widehat{L}_- \widehat{L}_+) + \widehat{L}_z^2$$

$$= -\hbar^2 \left\{ \frac{1}{\sin\theta}\frac{\partial}{\partial \theta}\left(\sin\theta \frac{\partial}{\partial \theta}\right) + \frac{1}{\sin^2\theta}\frac{\partial^2}{\partial \varphi^2} \right\}$$

で与えられる．この $\widehat{L}^2$ に対して，(A.14)〜(A.16) 式より

$$\widehat{L}^2 Y_{\ell m}(\theta, \varphi) = \Big[\frac{1}{2}\Big\{ \hbar\sqrt{\ell(\ell+1) - (m-1)m}\, \hbar\sqrt{\ell(\ell+1) - m(m-1)}$$

$$+ \hbar\sqrt{\ell(\ell+1) - (m+1)m}\, \hbar\sqrt{\ell(\ell+1) - m(m+1)} \Big\}$$

$$+ (\hbar m)^2 \Big] Y_{\ell m}(\theta, \varphi)$$

$$= \hbar^2 \ell(\ell+1) Y_{\ell m}(\theta, \varphi)$$

となることが導かれる．つまり，球面調和関数 $Y_{\ell m}(\theta, \varphi)$ は，ラプラシアンの角度成分を表す演算子 $\widehat{L}^2$ に対して，固有値 $\hbar^2 \ell(\ell+1)$ を持つ固有関数になっているのである．

球面調和関数は，次のように正規直交化されている．

$$\int_0^\pi d\theta \sin\theta \int_0^{2\pi} d\varphi\, Y_{\ell m}^*(\theta,\varphi) Y_{\ell' m'}(\theta,\varphi) = \delta_{\ell\ell'}\delta_{mm'}.$$

ただしここで，$Y_{\ell m}^*$ は $Y_{\ell m}$ の複素共役を表す．

A.8 物理定数

● 主な物理定数 ●

表 A.1　物理定数と天文定数

万有引力定数	$G = 6.67408 \times 10^{-11}\,[\mathrm{N\cdot m^2\cdot kg^{-2}}]$
真空中の光速度	$c = 2.99792458 \times 10^8\,[\mathrm{m\cdot s^{-1}}]$
電気素量	$e = 1.602176634 \times 10^{-19}\,[\mathrm{C}]$
電子の静止質量	$m_\mathrm{e} = 9.10938356 \times 10^{-31}\,[\mathrm{kg}]$
陽子の静止質量	$m_\mathrm{p} = 1.672621898 \times 10^{-27}\,[\mathrm{kg}]$
中性子の静止質量	$m_\mathrm{n} = 1.674927471 \times 10^{-27}\,[\mathrm{kg}]$
アボガドロ定数	$N_\mathrm{A} = 6.02214076 \times 10^{23}\,[\mathrm{mol^{-1}}]$
気体定数	$R = 8.3144598\,[\mathrm{J\cdot mol^{-1}\cdot K^{-1}}]$
理想気体 1 モルの体積	$V_\mathrm{m} = 2.2413962 \times 10^{-2}\,[\mathrm{m^3\cdot mol^{-1}}]$（ただし 0°C, 1 気圧）
ボルツマン定数	$k_\mathrm{B} = 1.380649 \times 10^{-23}\,[\mathrm{J\cdot K^{-1}}]$
プランク定数	$h = 6.62607015 \times 10^{-34}\,[\mathrm{J\cdot s}]$ $\hbar = 1.054571817\cdots \times 10^{-34}\,[\mathrm{J\cdot s}]$
原子質量単位	$\mathrm{u} = 1.660539040 \times 10^{-27}\,[\mathrm{kg}]$
1 eV（電子ボルト）	$1.6021766208 \times 10^{-19}\,[\mathrm{J}]$
太陽の質量	$M_\odot = 1.988 \times 10^{30}\,[\mathrm{kg}]$
地球の質量	$M_\mathrm{E} = 5.972 \times 10^{24}\,[\mathrm{kg}]$

● 光の波長 ●

表 A.2　電磁波の呼称

ガンマ線	5×10^{-3} 以下
X 線	$5 \times 10^{-3} \sim 1$
紫外線	$1 \sim 380$
可視光線	$380 \sim 760$
赤外線	$760 \sim 1 \times 10^5$
電波	1×10^5 以上
マイクロ波	$1 \times 10^5 \sim 1 \times 10^9$

（単位は [nm]）

演習問題解答

▰▰▰ 第1章 ▰▰▰

1.1 (問 1) (a) 系の運動エネルギーは

$$T = \frac{1}{2}m\dot{x}_1^2 + \frac{1}{2}m\dot{x}_2^2 + \frac{1}{2}m\dot{x}_3^2$$

位置エネルギーは

$$U = \frac{1}{2}k(x_2 - x_1)^2 + \frac{1}{2}k(x_3 - x_2)^2$$

で与えられる（図 (a) 参照）．ラグランジアン $\mathcal{L}$ は，これらを用いて

$$\mathcal{L} = T - U = \frac{1}{2}m\dot{x}_1^2 + \frac{1}{2}m\dot{x}_2^2 + \frac{1}{2}m\dot{x}_3^2 - \frac{1}{2}k(x_2-x_1)^2 - \frac{1}{2}k(x_3-x_2)^2 \tag{1}$$

と表すことができる．$\mathcal{L}$ は

- 平行移動： $(x_1, x_2, x_3) \to (x_1+\delta, x_2+\delta, x_3+\delta)$
- 反転： $(x_1, x_2, x_3) \to (-x_1, -x_2, -x_3)$
- x_1 と x_3 の交換： $(x_1, x_2, x_3) \to (x_3, x_2, x_1)$

に対して形を変えない．

k k

質点1   質点2   質点3

図 (a)

(b) $\mathcal{L}$ に対するラグランジュの方程式

$$\frac{d}{dt}\left(\frac{\partial \mathcal{L}}{\partial \dot{x}_j}\right) - \frac{\partial \mathcal{L}}{\partial x_j} = 0 \quad (j = 1, 2, 3) \tag{2}$$

を計算すると

$$\begin{aligned} m\ddot{x}_1 + k(x_1 - x_2) &= 0 \\ m\ddot{x}_2 + k(2x_2 - x_1 - x_3) &= 0 \\ m\ddot{x}_3 + k(x_3 - x_2) &= 0 \end{aligned} \tag{3}$$

が得られる．バネ振動であることを考慮して解の形を

$$x_1 = Ae^{i\Omega t}, \quad x_2 = Be^{i\Omega t}, \quad x_3 = Ce^{i\Omega t} \tag{4}$$

と仮定する．ただし，$i = \sqrt{-1}$ であり，A, B, C は定数係数．(4) 式を (3) 式に代入して整理すると

$$\begin{aligned} \left(\Omega^2 - \frac{k}{m}\right)A + \frac{k}{m}B &= 0 \\ \left(\Omega^2 - \frac{2k}{m}\right)B + \frac{k}{m}A + \frac{k}{m}C &= 0 \\ \left(\Omega^2 - \frac{k}{m}\right)C + \frac{k}{m}B &= 0 \end{aligned} \tag{5}$$

のように係数 A, B, C に対する連立方程式が得られる．これを行列の形にまとめると

$$\begin{pmatrix} \Omega^2 - \frac{k}{m} & \frac{k}{m} & 0 \\ \frac{k}{m} & \Omega^2 - \frac{2k}{m} & \frac{k}{m} \\ 0 & \frac{k}{m} & \Omega^2 - \frac{k}{m} \end{pmatrix} \begin{pmatrix} A \\ B \\ C \end{pmatrix} = O.$$

ここで O は**零行列**を表す．これが $A = B = C = 0$ という**自明な解**以外の解（これを以下，**非自明な解**と呼ぶ）を持つためには

$$\begin{vmatrix} \Omega^2 - \frac{k}{m} & \frac{k}{m} & 0 \\ \frac{k}{m} & \Omega^2 - \frac{2k}{m} & \frac{k}{m} \\ 0 & \frac{k}{m} & \Omega^2 - \frac{k}{m} \end{vmatrix} = 0 \tag{6}$$

でなければならない．(6) 式の左辺の**行列式**を計算すると

$$\left(\Omega^2 - \frac{k}{m}\right)^2 \left(\Omega^2 - \frac{2k}{m}\right) - 2\left(\Omega^2 - \frac{k}{m}\right)\left(\frac{k}{m}\right)^2 = 0$$
$$\iff \Omega^2 \left(\Omega^2 - \frac{k}{m}\right)\left(\Omega^2 - \frac{3k}{m}\right) = 0$$

であるので，結果 $\Omega = 0, \sqrt{\frac{k}{m}}, \sqrt{\frac{3k}{m}}$ が得られる．

(i) **$\Omega = 0$ の場合** (5) 式より

$$A = B, \quad -2B + A + C = 0, \quad C = B$$

という関係式が得られる．これより，それぞれの質点の振幅比は $A:B:C = 1:1:1$ と決定できる．1 次元的な運動方向を矢印で表すと，この運動は図 (b) のように与えられる．この運動は振動ではなく，重心の**並進運動**である．

$A:B:C = 1:1:1$

図 (b)

(ii) **$\Omega = \sqrt{\frac{k}{m}}$ の場合** (5) 式より

$$B = 0, \quad -B + A + C = 0, \quad B = 0$$

なので，質点の振幅比は $A:B:C = 1:0:-1$ で与えられ，対応する**振動モード**は図 (c) のようになる．

$A:B:C = 1:0:-1$

図 (c)

(iii) **$\Omega = \sqrt{\frac{3k}{m}}$ の場合** (5) 式より

$$2A = -B, \quad B + A + C = 0, \quad 2C = -B.$$

これより質点の振幅比は $A:B:C=1:-2:1$ で与えられ，振動モードは図 (d) のようになる．

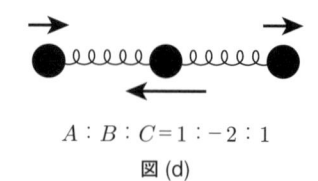

$A:B:C=1:-2:1$

図 (d)

(c) この場合のラグランジアン $\mathcal{L}'$ は (1) 式のラグランジアン $\mathcal{L}$ から $\frac{1}{2}k_A x_2^2$ を引いた

$$\mathcal{L}' = \frac{1}{2}m\dot{x}_1^2 + \frac{1}{2}m\dot{x}_2^2 + \frac{1}{2}m\dot{x}_3^2 - \frac{1}{2}k(x_2-x_1)^2 - \frac{1}{2}k(x_3-x_2)^2 - \frac{1}{2}k_A x_2^2$$

で表すことができる．非自明な解を持つための条件式は

$$\begin{vmatrix} \Omega^2 - \frac{k}{m} & \frac{k}{m} & 0 \\ \frac{k}{m} & \Omega^2 - \frac{2k+k_A}{m} & \frac{k}{m} \\ 0 & \frac{k}{m} & \Omega^2 - \frac{k}{m} \end{vmatrix} = 0$$

となり，これを計算すると

$$\left(\Omega^2 - \frac{k}{m}\right)^2 \left(\Omega^2 - \frac{2k+k_A}{m}\right) - 2\left(\Omega^2 - \frac{k}{m}\right)\left(\frac{k}{m}\right)^2 = 0$$
$$\iff \left(\Omega^2 - \frac{k}{m}\right)\left(\Omega^4 - \frac{3k+k_A}{m}\Omega^2 + \frac{kk_A}{m^2}\right) = 0$$

を得る．結果として

$$\Omega^2 = \frac{k}{m},\ \frac{1}{2m}\left(3k + k_A \pm \sqrt{9k^2 + 2kk_A + k_A^2}\right)$$

が求まる．

$k_A \neq 0$ の場合，$\Omega = 0$ の解（並進運動の解）がなくなり，**基準振動モード**の数は 3 つになる．このことは，ラグランジアン $\mathcal{L}'$ が**平行移動**

$$(x_1, x_2, x_3) \to (x_1+\delta, x_2+\delta, x_3+\delta)$$

に対する**不変性**を持たなくなることからも明らかである．

(問 2) (a) 円環の半径を a としたとき，質点 $j\,(j=1,2,3)$ の円に沿った変位 x_j は $x_j = a\theta_j$ と表すことができる．また，$\dot{x}_j = a\frac{d\theta_j}{dt} = a\dot{\theta}_j$ であるので，運動エネルギー T は

$$T = \frac{1}{2}ma^2\left(\dot{\theta}_1^2 + \dot{\theta}_2^2 + \dot{\theta}_3^2\right)$$

で与えられる．また，位置エネルギー U は

$$U = \frac{1}{2}ka^2\left\{(\theta_1-\theta_2)^2 + (\theta_2-\theta_3)^2 + (\theta_3-\theta_1)^2\right\}$$

で与えられる．これらを用いるとラグランジアン $\mathcal{L}$ は

$$\mathcal{L} = \frac{1}{2}ma^2\left(\dot{\theta}_1^2 + \dot{\theta}_2^2 + \dot{\theta}_3^2\right) - \frac{1}{2}ka^2\left\{(\theta_1-\theta_2)^2 + (\theta_2-\theta_3)^2 + (\theta_3-\theta_1)^2\right\} \quad (7)$$

で与えられる．$\mathcal{L}$ は以下の変換に対して不変である．

- 平行移動： $(\theta_1, \theta_2, \theta_3) \to (\theta_1 + \delta, \theta_2 + \delta, \theta_3 + \delta)$
- 反転： $(\theta_1, \theta_2, \theta_3) \to (-\theta_1, -\theta_2, -\theta_3)$
- $\theta_1, \theta_2, \theta_3$ の任意の置換：$(\theta_1, \theta_2, \theta_3) \to (\theta_j, \theta_k, \theta_l)$ $(1 \leq j \neq k \neq l \leq 3)$

(b) (7) 式に対するラグランジュの方程式 (2) を計算することにより，運動方程式

$$m\ddot{\theta}_1 + k(2\theta_1 - \theta_2 - \theta_3) = 0$$
$$m\ddot{\theta}_2 + k(2\theta_2 - \theta_1 - \theta_3) = 0 \tag{8}$$
$$m\ddot{\theta}_3 + k(2\theta_3 - \theta_1 - \theta_2) = 0$$

が導かれる．(**問 1**) と同様に，解の形を

$$\theta_1 = D e^{i\Omega t}, \quad \theta_2 = E e^{i\Omega t}, \quad \theta_3 = F e^{i\Omega t}$$

(D, E, F はそれぞれ定数) と仮定して，(8) 式にそれぞれ代入することで

$$\begin{pmatrix} \Omega^2 - \frac{2k}{m} & \frac{k}{m} & \frac{k}{m} \\ \frac{k}{m} & \Omega^2 - \frac{2k}{m} & \frac{k}{m} \\ \frac{k}{m} & \frac{k}{m} & \Omega^2 - \frac{2k}{m} \end{pmatrix} \begin{pmatrix} D \\ E \\ F \end{pmatrix} = O \tag{9}$$

が得られる．非自明な解を持つためには

$$\begin{vmatrix} \Omega^2 - \frac{2k}{m} & \frac{k}{m} & \frac{k}{m} \\ \frac{k}{m} & \Omega^2 - \frac{2k}{m} & \frac{k}{m} \\ \frac{k}{m} & \frac{k}{m} & \Omega^2 - \frac{2k}{m} \end{vmatrix} = 0$$

すなわち

$$\Omega^2 \left(\Omega^2 - \frac{3k}{m}\right)^2 = 0$$

を満たす必要がある．これより Ω は

$$\Omega = 0, \sqrt{\frac{3k}{m}} \quad \text{(重解)}$$

で与えられることがわかる．

(i) **$\Omega = 0$ の場合** (9) 式に代入すると，振動の振幅比が

$$D = E = F \implies D : E : F = 1 : 1 : 1$$

であることがわかる．これは並進運動を表す．

(ii) **$\Omega = \sqrt{\frac{3k}{m}}$ の場合** (9) 式に代入すると，得られる関係式は

$$D + E + F = 0 \tag{10}$$

の 1 つだけであり，D, E, F の比は一意的には決まらない．ただし，この関係を満たし，互いに直交するベクトル (D, E, F) を 2 つ定めれば，(10) 式を満たすすべてのベクトル (D, E, F) は，それらの**線形結合**で表すことができる．(**問 1**) の $\Omega \neq 0$ の 2 つの振動モードと同じ，次の振幅比

$$D : E : F = 1 : 0 : -1$$
$$D : E : F = 1 : -2 : 1$$

を考えると，いずれも (10) 式を満たし，互いに直交している．以上より，振動子が直線状の配

置から円状に変化したことで，2 つの基準振動数が重解になるという変化が生じるが，基準振動モードには変化は生じないことがわかる．

(c) ラグランジアン $\mathcal{L}'$ は

$$\mathcal{L}' = \frac{ma^2}{2}(\dot{\theta}_1^2 + \dot{\theta}_2^2 + \dot{\theta}_3^2) - \frac{ka^2}{2}\left\{(\theta_1 - \theta_2)^2 + (\theta_2 - \theta_3)^2\right\} - \frac{k_A a^2}{2}(\theta_3 - \theta_1)^2$$

で与えられる．非自明な解を持つためには

$$\begin{vmatrix} \Omega^2 - \frac{k}{m} - \frac{k_A}{m} & \frac{k}{m} & \frac{k_A}{m} \\ \frac{k}{m} & \Omega^2 - \frac{2k}{m} & \frac{k}{m} \\ \frac{k_A}{m} & \frac{k}{m} & \Omega^2 - \frac{k}{m} - \frac{k_A}{m} \end{vmatrix} = 0$$

を満たさなければならない．これを計算すると

$$\Omega^2 \left(\Omega^2 - \frac{3k}{m}\right)\left(\Omega^2 - \frac{k + 2k_A}{m}\right) = 0$$

が与えられるので，基準振動数は

$$\Omega = 0, \ \sqrt{\frac{2k_A + k}{m}}, \ \sqrt{\frac{3k}{m}}$$

となる．$k_A \neq k$，すなわち $k_1 = k_2 \neq k_3$ になると，対称性が下がり，平行移動と反転以外では，θ_1 と θ_3 の交換に対してのみ $\mathcal{L}'$ が不変となる．これにより基準振動数の**縮退**が解ける．また，$k_A \to 0$ で (**問 1**) の直線状に配置された振動子の運動に近づく．

1.2 (1) S' 系は S 系を ωt だけ回転させたものなので，行列を用いて

$$\begin{pmatrix} \xi \\ \eta \end{pmatrix} = \begin{pmatrix} \cos\omega t & -\sin\omega t \\ \sin\omega t & \cos\omega t \end{pmatrix} \begin{pmatrix} x \\ y \end{pmatrix}$$

と書くことができる．すなわち

$$\xi = x\cos\omega t - y\sin\omega t, \quad \eta = x\sin\omega t + y\cos\omega t \tag{1}$$

である．

(2) S 系での運動エネルギーは

$$T = \frac{m}{2}(\dot{\xi}^2 + \dot{\eta}^2) \tag{2}$$

と与えられる．(1) 式を時間微分することにより

$$\dot{\xi}^2 + \dot{\eta}^2 = \dot{x}^2 + \dot{y}^2 + \omega^2(x^2 + y^2) + 2\omega(x\dot{y} - \dot{x}y).$$

万有引力ポテンシャルは $U = -Gm\left(\frac{m_1}{r_1} + \frac{m_2}{r_2}\right)$ なので，S' 系でのラグランジアン $\mathcal{L} = T - U$ は ③ 式で与えられる．

(3) ③ 式を用いてラグランジュの運動方程式

$$\frac{d}{dt}\left(\frac{\partial \mathcal{L}}{\partial \dot{x}}\right) = \frac{\partial \mathcal{L}}{\partial x}, \quad \frac{d}{dt}\left(\frac{\partial \mathcal{L}}{\partial \dot{y}}\right) = \frac{\partial \mathcal{L}}{\partial y}$$

を書き下せばよい．x 成分について (左辺) $= m\ddot{x} - m\omega\dot{y}$，および

$$(右辺) = m\omega^2 x + m\omega\dot{y} - \left\{\frac{1}{2}\frac{m_1}{r_1^3}(2x + 2\mu_2 a) + \frac{1}{2}\frac{m_2}{r_2^3}(2x - 2\mu_1 a)\right\}Gm$$

であることから
$$m\ddot{x} - 2m\omega\dot{y} - m\omega^2 x + Gmm_1\frac{x+\mu_2 a}{r_1^3} + Gmm_2\frac{x-\mu_1 a}{r_2^3} = 0 \tag{3}$$
という方程式が得られる．同様に y 成分は (左辺) $= m\ddot{y} + m\omega\dot{x}$, および
$$(右辺) = m\omega^2 y - m\omega\dot{x} - \frac{Gmm_1 y}{r_1^3} - \frac{Gmm_2 y}{r_2^3}$$
であることから
$$m\ddot{y} + 2m\omega\dot{x} - m\omega^2 y + Gmm_1\frac{y}{r_1^3} + Gmm_2\frac{y}{r_2^3} = 0 \tag{4}$$
が得られる．

(4) $\ddot{x} = \ddot{y} = \dot{x} = \dot{y} = 0$ の条件より (4) 式は
$$y\left(-m\omega^2 + Gmm_1\frac{1}{r_1^3} + Gmm_2\frac{1}{r_2^3}\right) = 0 \tag{5}$$
と整理できる．(5) 式を満たすラグランジュ点は $y = 0$, すなわち ⑤ 式, もしくは
$$-m\omega^2 + Gmm_1\frac{1}{r_1^3} + Gmm_2\frac{1}{r_2^3} = 0 \tag{6}$$
を満たさなければならない．(6) 式に $\frac{a^3}{m}$ をかけると
$$-\omega^2 a^3 + Gm_1\left(\frac{a}{r_1}\right)^3 + Gm_2\left(\frac{a}{r_2}\right)^3 = 0$$
が得られる．**ケプラーの第 3 法則** ② 式より，これは
$$-G(m_1 + m_2) + Gm_1\left(\frac{a}{r_1}\right)^3 + Gm_2\left(\frac{a}{r_2}\right)^3 = 0$$
に等しい．全体を $G(m_1 + m_2)$ で割って ① 式を用いると，④ の条件式が導かれる．

(5) 運動方程式の x 成分についても，前問と同様にラグランジュ点が満たす条件を求める．$\ddot{x} = \ddot{y} = \dot{x} = \dot{y} = 0$ とした (3) 式に ② 式を代入し，$Gm(m_1 + m_2)$ で両辺を割ると
$$-\frac{x}{a^3} + \mu_1\frac{x+\mu_2 a}{r_1^3} + \mu_2\frac{x-\mu_1 a}{r_2^3} = 0 \tag{7}$$
という関係式が導かれる．

P_1, P_2, L_2 の位置関係より
$$r_1 = a + r_2, \quad x = \mu_1 a + r_2$$
が成り立っているので，これらを (7) 式に代入すると
$$-\frac{\mu_1 a + r_2}{a^3} + \mu_1\frac{1}{(a+r_2)^2} + \mu_2\frac{1}{r_2^2} = 0.$$
この関係式を $r_2 = ua$ と $\mu_1 + \mu_2 = 1 \iff \frac{1}{\mu_1} = 1 + \frac{\mu_2}{\mu_1}$ に注意して，さらに式変形すると
$$-\mu_1 - u + \mu_1\frac{1}{(1+u)^2} + \mu_2\frac{1}{u^2} = 0$$
$$\iff -1 - \left(1 + \frac{\mu_2}{\mu_1}\right)u + \frac{1}{(1+u)^2} + \frac{\mu_2}{\mu_1}\frac{1}{u^2} = 0$$

$$\iff \frac{\mu_2}{\mu_1} = \frac{u^2}{1-u^3}\frac{(1+u)^3-1}{(u+1)^2}$$

となり，⑥ 式と一致することがわかる.

(6) $u \ll 1$ のとき ⑥ 式は

$$\frac{\mu_2}{\mu_1} \simeq 3u^3 \implies u \simeq \left(\frac{1}{3}\frac{\mu_2}{\mu_1}\right)^{1/3} \tag{8}$$

と近似できる．また，$\frac{\mu_2}{\mu_1} \simeq 3 \times 10^{-6}$ なので (8) 式から $u \simeq 1 \times 10^{-2}$ と評価できる．したがって，地球からラグランジュ点 L_2 点までの距離 r_2 は

$$r_2 = au \simeq 1.5 \times 10^{11} \times 1 \times 10^{-2} = 1.5 \times 10^9 \,[\mathrm{m}].$$

1.3 中心力ポテンシャル中の質点は，中心点を含む 1 つの平面上を運動する．本設問では，この運動平面を xy 平面としている．xy 平面内の極座標表示は

$$x = r\cos\phi, \quad y = r\sin\phi \tag{1}$$

で与えられるので，この 2 次元極座標表示における運動エネルギー T は

$$T = \frac{1}{2}m(\dot{r}^2 + r^2\dot{\phi}^2) \tag{2}$$

と表される．これよりラグランジアンは

$$\mathcal{L} = \frac{1}{2}m(\dot{r}^2 + r^2\dot{\phi}^2) - U(r)$$

で与えられるので，極座標表示におけるラグランジュの方程式は

$$\frac{\partial \mathcal{L}}{\partial r} - \frac{d}{dt}\left(\frac{\partial \mathcal{L}}{\partial \dot{r}}\right) = mr\dot{\phi}^2 - \frac{dU(r)}{dr} - m\ddot{r} = 0$$
$$\frac{\partial \mathcal{L}}{\partial \phi} - \frac{d}{dt}\left(\frac{\partial \mathcal{L}}{\partial \dot{\phi}}\right) = \frac{d}{dt}(mr^2\dot{\phi}) = 0 \tag{3}$$

と表される．また角運動量は $\boldsymbol{L} = \boldsymbol{r} \times m\dot{\boldsymbol{r}}$ で定義されるが，運動平面を xy 平面とし，それに垂直な方向に z 軸をとっているので，$z = \dot{z} = 0$ であり，よって $L_x = L_y = 0$ である．また L_z は

$$L_z = m(x\dot{y} - y\dot{x}) = mr^2\dot{\phi} \tag{4}$$

で与えられる．(3), (4) 式より

$$\frac{dL_z}{dt} = 0$$

となり角運動量保存則が示せた.

(2) 最接近時の距離が b で，速度 v で等速直線運動をする質量 m の物体が持つ角運動量を考えればよい．このとき，角運動量 L_z は

$$L_z = mvb \tag{5}$$

で与えられる．角運動量が保存するので (4) 式と (5) 式は等しく

$$mr^2\dot{\phi} = mvb \iff \dot{\phi} = \frac{vb}{r^2}$$

が得られる.

(3) 力学的エネルギーは保存し，無限遠では運動エネルギーのみを持つことを考えるとその大きさは $\frac{1}{2}mv^2$ である．① 式と (2) 式を利用すると，全力学的エネルギーは

$$E = T + U(r) = \frac{1}{2}m\dot{r}^2 + \frac{mv^2b^2}{2r^2} + U(r) = \frac{1}{2}mv^2$$

と書ける．この式を $\dot{r}$ に関して解くと

$$\dot{r} = \frac{2}{m}\sqrt{\frac{1}{2}mv^2 - \frac{mv^2b^2}{2r^2} - U(r)} \tag{6}$$

を得る．$r = r_0$ は**転回点**なので $\dot{r} = 0$ となる．(6) 式に $U(r) = -\frac{GMm}{r}$ を代入し，整理することで

$$r_0^2 + 2\frac{GM}{v^2}r_0 - b^2 = 0$$

という 2 次方程式が導かれる．$r_0 > 0$ の解を求めることにより

$$r_0 = -\frac{GM}{v^2} + \sqrt{\left(\frac{GM}{v^2}\right)^2 + b^2}$$

と定まる．

(4) 運動方程式の x 成分

$$m\frac{dv_x}{dt} = -\frac{\partial U}{\partial x} \iff m\frac{dv_x}{dt} = -GMm\frac{x}{r^3}$$

の右辺は，① 式と (1) 式を用いると

$$(右辺) = -GMm\frac{\cos\phi}{r^2} = -\frac{GMm}{vb}\cos\phi\,\dot{\phi}$$
$$= -\frac{GMm}{vb}\cos\phi\frac{d\phi}{dt}$$

と書き直せる．これより，② の関係式が導かれる．

(5) 入射前の無限遠方で $v_x = -v\cos\alpha, \phi = \alpha$，入射後の無限遠方で $v_x = v\cos\alpha, \phi = 2\pi - \alpha$ となる．② 式の両辺を積分すると

$$\int_{-v\cos\alpha}^{v\cos\alpha} dv_x = -\frac{GM}{vb}\int_{\alpha}^{2\pi-\alpha}\cos\phi\,d\phi$$

となるが

$$(左辺) = 2v\cos\alpha$$
$$(右辺) = -\frac{GM}{vb}[\sin\phi]_{\alpha}^{2\pi-\alpha}$$
$$= -\frac{2GM}{vb}\{\sin(2\pi - \alpha) - \sin\alpha\} = \frac{2GM}{vb}\sin\alpha$$

と計算できるので，$\cot\alpha = \frac{GM}{v^2b}$ という関係式が得られる．$\alpha + \frac{\theta}{2} = \frac{\pi}{2}$ を代入すると，$\cot\left(\frac{\pi}{2} - \frac{\theta}{2}\right) = \tan\frac{\theta}{2}$ なので

$$\tan\frac{\theta}{2} = \frac{GM}{v^2b} \tag{7}$$

が導かれる．

(6) 出射後の惑星の相対速度ベクトルを $\boldsymbol{W}'$ とすると，運動量保存則より

$$mv + MW = mv' + MW'. \tag{8}$$

入射前後で探査機と惑星の距離は十分に大きく，運動エネルギーに対して惑星–探査機間のポテンシャルエネルギーは無視できる程度に小さいと仮定すると，力学的エネルギー保存則は

$$\frac{1}{2}m|v|^2 + \frac{1}{2}M|W|^2 = \frac{1}{2}m|v'|^2 + \frac{1}{2}M|W'|^2. \tag{9}$$

(8) 式から得られる関係式 $W' = W + \frac{m}{M}(v - v')$ を (9) 式に代入し，$\frac{m}{M}$ の 2 次以上の項を無視すると，探査機のエネルギー変化は

$$\frac{1}{2}m|v'|^2 - \frac{1}{2}m|v|^2 \simeq m(v' - v) \cdot W$$

と求まる．

(7) 前問の結果より相対速度ベクトル $v' - v$ および W の内積が正の値をとるときに探査機は加速される．また，距離 b と角度 θ の関係は (7) 式で決まるので，距離 b によって探査機の進む方向と加速の程度が決定されることになる．惑星の公転運動の運動エネルギーから，その（ごく）一部をもらうことで探査機は運動エネルギーを増加させている．

1.4 (1) 円板上に，原点を中心とした極座標 (r, θ) をとる．r 方向に dr，θ 方向に $d\theta$ の幅をもった微小面積要素をとったとき，その面積は $rd\theta \cdot dr$，厚さは d なので，該当部分の微小体積 dV は $dV = d \cdot rd\theta \cdot dr$ で与えられる．よって，慣性モーメント I_z は

$$I_z = \int r^2 \rho dV = \rho d \int_0^{2\pi} d\theta \int_0^a r^3 dr = \frac{1}{2}\pi \rho d a^4 \tag{1}$$

と計算できる．面内で中心を通り I_x の軸と直交する軸のまわりの慣性モーメントを I_y としたとき，直交軸の定理より $I_z = I_x + I_y$ が成り立つ．$I_x = I_y$ なので

$$I_x = \frac{1}{2}I_z = \frac{1}{4}\pi \rho d a^4$$

が得られる．

設問 (1) の別解：I_x についても，直接積分をすることにより求めることができる．極座標 (r, θ) に位置する微小体積要素は，軸から $r \sin \theta$ だけ離れているので

$$I_x = \int (r \sin \theta)^2 \rho dV = \rho d \int_0^{2\pi} \sin^2 \theta \, d\theta \int_0^a r^3 dr$$

である．積分を実行すると

$$I_x = \frac{1}{4}\rho d a^4 \int_0^{2\pi} \frac{1 - \cos 2\theta}{2} d\theta$$
$$= \frac{1}{4}\rho d a^4 \left[\frac{\theta}{2} - \frac{1}{4}\sin 2\theta \right]_0^{2\pi} = \frac{1}{4}\pi \rho d a^4$$

と求められる．

(2) 球の中心を通る z 軸のまわりの慣性モーメントを計算する．ある点 z から球を厚さ dz だけスライスしてできる薄い円板は，半径が $\sqrt{a^2 - z^2}$ であるので，この円板の慣性モーメント dI は (1) 式で

$$d \to dz, \quad a \to \sqrt{a^2 - z^2}, \quad \rho \to \frac{M}{\frac{4}{3}\pi a^3}$$

の置き換えをすることにより
$$dI = \frac{3}{8}\frac{M}{a^3}(a^2 - z^2)^2 dz$$
と求まる．よって，球の慣性モーメント I は
$$I = \int_{-a}^{a} dI = \int_{-a}^{a} \frac{3}{8}\frac{M}{a^3}(a^2 - z^2)^2 dz$$
$$= \frac{3}{4}\frac{M}{a^3}\int_{0}^{a}(a^4 - 2a^2 z^2 + z^4)dz = \frac{2}{5}Ma^2.$$

設問 (2) の別解：回転軸を z 軸とする．微小体積要素 dV は，3 次元極座標で $dV = r^2 \sin\theta dr d\theta d\phi$ で与えられる．体積要素 dV は z 軸から $r\sin\theta$ だけ離れているので，慣性モーメント I は

$$I = \int (r\sin\theta)^2 \rho dV = \rho \int_0^a r^4 dr \int_0^\pi \sin^3\theta\, d\theta \int_0^{2\pi} d\phi$$
$$= \frac{2}{5}\pi\rho a^5 \int_0^\pi \sin^3\theta\, d\theta$$
$$= \frac{2}{5}\pi\rho a^5 \int_0^\pi (1 - \cos^2\theta)d(-\cos\theta)$$
$$= \frac{2}{5}\pi\rho a^5 \left[-\cos\theta + \frac{1}{3}\cos^3\theta\right]_0^\pi$$
$$= \frac{8}{15}\pi\rho a^5$$

と求められる．これに ρ の表式を用いることで $I = \frac{2}{5}Ma^2$ が得られる．

(3) 質量中心の速度 v に関する運動方程式は，**動摩擦力**の大きさ $\mu' Mg$ を用いて
$$M\frac{dv}{dt} = -\mu' Mg \tag{2}$$
回転の角速度 ω に関する運動方程式は
$$I\frac{d\omega}{dt} = a\mu' Mg \tag{3}$$
で与えられる．初期条件 ($t = 0$ で $v = v_0, \omega = 0$) の下，(2) 式と (3) 式をそれぞれ積分すると
$$v = -\mu' gt + v_0, \tag{4}$$
$$\omega = \frac{5}{2}\frac{\mu' g}{a}t \tag{5}$$
と求まる．(4) 式と (5) 式より，t の関数として v は**単調減少**，ω は**単調増加**であることがわかる．$v > a\omega$ の間は球は**滑り運動**をする（その結果，面との間に**摩擦**が生じ，球の運動エネルギーが失われていくので，v が減少していくのである）．$v = a\omega$ の関係が成り立つと，滑らずに転がり始める．そうなるまでの時間は
$$-\mu' gt + v_0 = \frac{5}{2}\mu' gt \iff t = \frac{2}{7}\frac{v_0}{\mu' g} \tag{6}$$
と計算できる．

(4) 式を $t = 0, x = 0$ の初期条件の下，t について積分すると，質量中心の位置 x が t の関

数として
$$x = -\frac{\mu' g}{2}t^2 + v_0 t$$
と定まる．これに (6) 式の時刻を代入することにより，滑らずに転がり始めるまでに進む距離が
$$x = \frac{12}{49}\frac{v_0^2}{\mu' g}$$
であることが示せる．

転がり摩擦は無視するので，滑らなくなった後は，摩擦によって球の運動エネルギーが失われることはない．よって，その後は質量中心の速さも回転の速さも一定になる．この一定値は，(6) 式の時刻を (4), (5) 式に代入することにより
$$v = \frac{5}{7}v_0, \quad \omega = \frac{5}{7}\frac{v_0}{a}$$
と求まる．

(4) 斜面に平行で上向きを正の方向とする．滑らずに転がりのぼる場合，**静止摩擦力** F は斜面上向きにはたらくので，質量中心の運動方程式は
$$M\frac{dv}{dt} = -Mg\sin\theta + F \tag{7}$$
質量中心まわりの回転の運動方程式は
$$I\frac{d\omega}{dt} = -aF \tag{8}$$
で与えられる（図参照）．

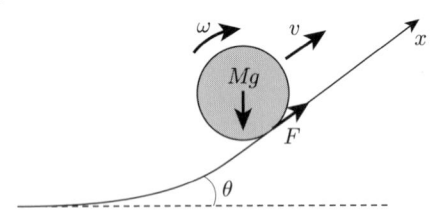

滑りがないときは $v = a\omega$，すなわち $\frac{dv}{dt} = a\frac{d\omega}{dt}$ の条件を満たすので，静止摩擦力 F は (7), (8) 式より
$$-g\sin\theta + \frac{F}{M} = -\frac{a^2 F}{I} = -\frac{5}{2}\frac{F}{M} \iff F = \frac{2}{7}Mg\sin\theta$$
と求まる．また，静止摩擦力の上限は $\mu Mg\cos\theta$ なので
$$F = \frac{2}{7}\mu Mg\sin\theta \leq \mu Mg\cos\theta \iff \tan\theta \leq \frac{7}{2}\mu$$
が滑らずに斜面をのぼる条件である．すなわち，滑りだす角度は
$$\tan\theta = \frac{7}{2}\mu$$
を満たす θ である．

(5) 転がりのぼる前の速度と角速度をそれぞれ v_0, ω_0，のぼりきった場所の水平面からの距離を h とすると，滑らない場合は力学的エネルギーが保存するので

第 1 章の解答

$$\frac{1}{2}Mv_0^2 + \frac{1}{2}I\omega_0^2 = Mgh$$

が成り立つ．すなわち，初期状態で持っていた力学エネルギーがすべて位置エネルギーに変化する．他方，摩擦がない場合は最高点に達しても球が滑り回転（空回り）しているので，その回転エネルギーの分位置エネルギーの最大値も小さい．よって，摩擦があり球が滑らずに転がるほうが高くまでのぼることができる．

1.5 (1) ds は dx, dy を用いて

$$ds = \sqrt{dx^2 + dy^2} = \sqrt{1 + \left(\frac{dy}{dx}\right)^2}\, dx$$

と表せる．$ds = \sqrt{2gx}\, dt$ を代入すると

$$dt = \sqrt{\frac{1 + y'^2}{2gx}}\, dx$$

が得られる．ここで $y' \equiv \frac{dy}{dx}$ とした．両辺を O（時刻 0, x 座標 0）から P（時刻 T_1, x 座標 x_1）まで積分することにより，T_1 に対する積分表式

$$T_1 = \int_0^{x_1} \sqrt{\frac{1 + y'^2}{2gx}}\, dx$$

が導かれる．

(2) ラグランジュの方程式 ① に

$$L(x, y, y') \equiv \sqrt{\frac{1 + y'^2}{2gx}} \tag{1}$$

を代入する．(1) 式は y を含まないので，① 式は

$$\frac{\partial L}{\partial y'} = C \quad (C \text{ は定数})$$

を与える．左辺を計算すると

$$\frac{1}{\sqrt{2gx}}\frac{y'}{\sqrt{1 + y'^2}} = C \iff \frac{1}{2C^2 gx} = 1 + \frac{1}{y'^2}$$

を得る．$y = y(x)$ の両辺を y で微分すると $1 = y'\frac{dx}{dy}$ なので，$(y')^{-1} = \frac{dx}{dy}$ である．よって，$2a = (2C^2 g)^{-1}$ と置けば ② 式が導かれる．

(3) ③ 式と ④ 式より

$$\frac{dx}{d\phi} = a\sin\phi, \quad \frac{dy}{d\phi} = a(1 - \cos\phi)$$

であるから

$$\frac{dx}{dy} = \frac{dx}{d\phi}\frac{d\phi}{dy} = \frac{a\sin\phi}{a(1 - \cos\phi)}.$$

両辺を 2 乗すると

$$\left(\frac{dx}{dy}\right)^2 = \frac{\sin^2\phi}{(1 - \cos\phi)^2} = \frac{1 - \cos^2\phi}{(1 - \cos\phi)^2} = \frac{1 + \cos\phi}{1 - \cos\phi}$$

を得る．また，③ 式より

$$\frac{2a}{x} - 1 = \frac{2a}{a(1-\cos\phi)} - 1 = \frac{1+\cos\phi}{1-\cos\phi}$$

であるので，③ 式と ④ 式で与えられる x, y が微分方程式 ② の解であることが示せた．

(4) ③ 式と ④ 式より

$$\frac{dx}{dt} = a\frac{d\phi}{dt}\sin\phi, \quad \frac{dy}{dt} = a\frac{d\phi}{dt}(1-\cos\phi)$$

であるから，運動エネルギー K は

$$K = \frac{m}{2}\left\{\left(\frac{dx}{dt}\right)^2 + \left(\frac{dy}{dt}\right)^2\right\}$$
$$= \frac{m}{2}a^2\left(\frac{d\phi}{dt}\right)^2\left\{\sin^2\phi + (1-\cos\phi)^2\right\}$$
$$= 2ma^2\left(\frac{d\phi}{dt}\right)^2\left(\frac{1-\cos\phi}{2}\right) = 2ma^2\left(\frac{d\phi}{dt}\right)^2\sin^2\frac{\phi}{2}.$$

また，$x=0$ を基準点とする位置エネルギー U は

$$U = -mgx = -mga(1-\cos\phi)$$

で与えられる．$\phi = \phi_0$ のとき，全力学的エネルギーは

$$U_0 = -mga(1-\cos\phi_0)$$

なので，力学的エネルギー保存則より

$$K + U = U_0$$
$$\iff 2ma^2\left(\frac{d\phi}{dt}\right)^2\sin^2\frac{\phi}{2} - mga(1-\cos\phi) = -mga(1-\cos\phi_0)$$
$$\iff \left(\frac{d\phi}{dt}\right)^2 = \frac{g}{2a}\frac{\cos\phi_0 - \cos\phi}{\sin^2\frac{\phi}{2}} = \frac{g}{a}\frac{\cos^2\frac{\phi_0}{2} - \cos^2\frac{\phi}{2}}{\sin^2\frac{\phi}{2}}$$

が得られる．

(5) 設問 (4) の結果を使うと

$$T = 4\int_{\phi_0}^{\pi} d\phi\left(\frac{d\phi}{dt}\right)^{-1} = 4\sqrt{\frac{a}{g}}\int_{\phi_0}^{\pi}\frac{\sin\frac{\phi}{2}\,d\phi}{\sqrt{\cos^2\frac{\phi_0}{2} - \cos^2\frac{\phi}{2}}}.$$

変数変換

$$u = \frac{\cos\frac{\phi}{2}}{\cos\frac{\phi_0}{2}}$$

を行うと

$$T = 4\sqrt{\frac{a}{g}}\int_1^0 \frac{-2du}{\sqrt{1-u^2}} = 8\sqrt{\frac{a}{g}}\int_0^1 \frac{du}{\sqrt{1-u^2}}$$
$$= 8\sqrt{\frac{a}{g}}\left[\sin^{-1}u\right]_0^1 = 4\pi\sqrt{\frac{a}{g}} \tag{2}$$

が求められる．この結果は振幅 ϕ_0 によらないので，**等時性**を持つことも示されたことになる．

(6) $\phi = 2\pi$ のとき
$$y = a(2\pi - 0) = 2\pi a.$$
これが京都-東京間の直線距離に相当するので
$$2\pi a = 310\,[\mathrm{km}] = 3.1 \times 10^5\,[\mathrm{m}]$$
である．これを (2) 式に代入すると，求める時間は
$$\frac{T}{2} \simeq 2\pi \sqrt{\frac{3.1 \times 10^5\,[\mathrm{m}]}{2\pi \times 9.8\,[\mathrm{m \cdot s^{-2}}]}} \simeq 2\pi \times \sqrt{\frac{10^4}{2}}\,[\mathrm{s}] \simeq 7\,[\mathrm{min}].$$

1.6 (1) 粒子 1, 2 の実験室系での速度をそれぞれ $\bm{v}_1, \bm{v}_2$，重心系での速度を $\bm{v}_1^*, \bm{v}_2^*$ とする．重心の速度 $\bm{v}_\mathrm{g}$ は
$$\bm{v}_\mathrm{g} = \frac{m_1 \bm{v}_1 + m_2 \bm{v}_2}{m_1 + m_2} \tag{1}$$
であるので
$$\begin{aligned}\bm{v}_1^* &= \bm{v}_1 - \bm{v}_\mathrm{g} = \frac{m_2 \bm{v}_1 - m_2 \bm{v}_2}{m_1 + m_2} \\ \bm{v}_2^* &= \bm{v}_2 - \bm{v}_\mathrm{g} = \frac{-m_1 \bm{v}_1 + m_1 \bm{v}_2}{m_1 + m_2}\end{aligned} \tag{2}$$
となる．重心系の全運動量は常に零である．よって
$$\bm{v}_1^* = -\frac{m_2}{m_1}\bm{v}_2^*$$
が常に成り立っている．すなわち，重心系では 2 つの粒子の速度は質量比で決まる．

入射前の無限遠方で $|\bm{v}_1| = v, |\bm{v}_2| = 0$ なので，対応する重心系での速さは
$$v_1^* = |\bm{v}_1^*| = \frac{m_2 v}{m_1 + m_2}, \quad v_2^* = |\bm{v}_2^*| = \frac{m_1 v}{m_1 + m_2} \tag{3}$$
となる．なお，無限遠方では運動エネルギーだけを持ち，速度の比は質量で決まることから，散乱後も無限遠方では速さはこの値になる（当然，散乱前と散乱後では，$\bm{v}_1^*$ と $\bm{v}_2^*$ のベクトルの向きは変化する）．

(2) 実験室系と重心系の角度と速度には，(2) 式の上の式により図 (a) のような関係があることがわかる．これより
$$\tan\theta_1 = \frac{v_1^* \sin\theta_1^*}{|\bm{v}_\mathrm{g}| + v_1^* \cos\theta_1^*}$$
が与えられる．実験室系でも運動量が保存することを考えると (1) 式より，$|\bm{v}_\mathrm{g}|$ は定数で
$$|\bm{v}_\mathrm{g}| = \frac{m_1 v}{m_1 + m_2}$$

図 (a)

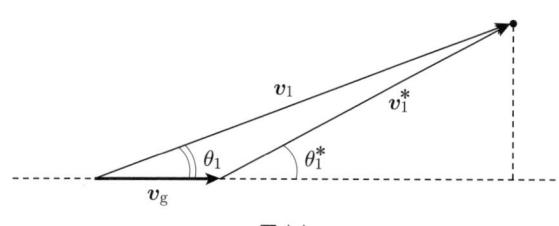

となるので，これと (3) 式を用いると次式が得られる．
$$\tan\theta_1 = \frac{m_2 \sin\theta_1^*}{m_1 + m_2 \cos\theta_1^*}$$

(3) 粒子 1, 2 の座標を r_1, r_2 とした場合，粒子間距離は $r = r_1 - r_2$ で定義する**相対座標**ベクトルの大きさ $r = |r|$ で与えられる．重心を原点にとれば $m_1 r_1 + m_2 r_2 = 0$ が成り立つので，運動エネルギー T は，**換算質量** μ を用いて
$$T = \frac{1}{2}m_1 \dot{r}_1^2 + \frac{1}{2}m_2 \dot{r}_2^2 = \frac{1}{2}\mu \dot{r}^2$$

と書けることがわかる．また，2 粒子には中心力のみがはたらくので，この **2 体問題**は位置が r で与えられる質量 μ の **1 体問題**に帰着される．運動は平面内に限られるので，以下では相対座標ベクトル r を 2 次元極座標 $r = (r\cos\phi, r\sin\phi)$ で表すことにする．ただし，この座標系の原点は O_r と記すことにする（図 (b) 参照）．ラグランジアンは
$$\mathcal{L} = \frac{1}{2}\mu \dot{r}^2 - U(r) = \frac{1}{2}\mu(\dot{r}^2 + r^2\dot{\phi}^2) - U(r)$$

となる．一般化座標 ϕ に関するラグランジュの方程式を求めることにより
$$l = \mu r^2 \dot{\phi} = 一定 \tag{4}$$

であることがわかる．図 (b) に示したように，いまの場合 $\dot{\phi} < 0$ なので $l < 0$ である．$|l|$ は $r \times \mu \dot{r}$，つまり，角運動量の大きさを表す．

以上の結果を使って，全力学的エネルギー E を表すと
$$E = \frac{1}{2}\mu \dot{r}^2 + \frac{l^2}{2\mu r^2} + U(r)$$

となり，この結果から $\dot{r} = \frac{dr}{dt}$ に関して
$$\dot{r} = \pm\sqrt{\frac{2}{\mu}\left(E - U(r) - \frac{l^2}{2\mu r^2}\right)} \tag{5}$$

を得る（ただし，**転回点**に達する前は $-$，後は $+$）．$\phi = \phi(r) = \phi(r(t))$ の時間微分を考えると，$\frac{d\phi}{dt} = \frac{d\phi}{dr}\frac{dr}{dt} \iff \frac{d\phi}{dr} = \frac{\dot{\phi}}{\dot{r}}$ なので，(4) および (5) 式より
$$d\phi = \pm\frac{\frac{l}{r^2}dr}{\sqrt{2\mu\{E - U(r)\} - \frac{l^2}{r^2}}} \tag{6}$$

が与えられる（(5) 式と複号同順）．

保存される全力学的エネルギー E と角運動量の大きさ l を求めたいが，これは無限遠方で考えればよい．特に角運動量に関しては，O_r からの距離が b の直線上を等速 v で運動する質量 μ の物体の O_r のまわりの角運動量を求めればよい．したがって
$$E = \frac{1}{2}\mu v^2, \quad l = -\mu b v$$

となる．これらと $U(r) = \frac{k}{r}$ を (6) 式に代入する．O_r からの距離が最小値 $r_{\min}$ のときの**偏角**を $\theta_1^* + \phi_0$ とする（図 (b) 参照）．入射前の $r = \infty$ では $\phi = \pi$ で，最接近時 $(r = r_{\min})$ では $\phi = \theta_1^* + \phi_0$ なので，(6) 式の負符号の場合の等式を積分すると

第 1 章の解答

図 (b)

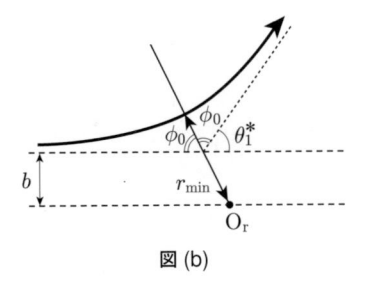

$$\int_{\theta_1^* + \phi_0}^{\pi} d\phi = \int_{r_{\min}}^{\infty} \frac{b}{r^2} \frac{dr}{\sqrt{1 - \frac{b^2}{r^2} - \frac{2k}{\mu v^2 r}}}$$

が得られる．この左辺は $\pi - (\theta_1^* + \phi_0)$ であるが，図 (b) から ϕ_0 と θ_1^* には

$$\theta_1^* = \pi - 2\phi_0$$

の関係があることがわかるので，② 式が得られる．

(4) **微分散乱断面積** $d\sigma$ は重心系と実験室系で同じである．その理由は以下の通りである．単一粒子の代りに均一な（単位時間，単位面積当たり粒子数 n の）粒子ビームを照射する場合を考える．重心系において $\theta_1^* + d\theta_1^*$ の間を単位時間に通過する粒子数を dN とすると $d\sigma$ は

$$d\sigma = \frac{dN}{n}$$

と定義される．実験室系では dN は $\theta_1 + d\theta_1$ の間を通過する粒子数を意味し，これは重心系と同じ値を持つ．よって，$d\sigma$ は重心系と実験室系で同じ値をとる．したがって，次式が成り立つ．

$$\begin{aligned} d\sigma &= \left.\frac{d\sigma}{d\Omega}\right|_{重心系} \sin\theta_1^* d\theta_1^* d\phi_1^* \\ &= \left.\frac{d\sigma}{d\Omega}\right|_{実験室系} \sin\theta_1 d\theta_1 d\phi_1 \end{aligned} \quad (7)$$

$m_1 = m_2 = m$ の条件の下では，① 式は

$$\tan\theta_1 = \frac{\sin\theta_1^*}{1 + \cos\theta_1^*} = \frac{2\sin\frac{\theta_1^*}{2}\cos\frac{\theta_1^*}{2}}{1 + \cos^2\frac{\theta_1^*}{2} - \sin^2\frac{\theta_1^*}{2}}$$

$$= \frac{2\sin\frac{\theta_1^*}{2}\cos\frac{\theta_1^*}{2}}{2\cos^2\frac{\theta_1^*}{2}} = \tan\frac{\theta_1^*}{2}$$

となり

$$\theta_1 = \frac{\theta_1^*}{2} \quad (8)$$

という関係式が得られる．方位角については $d\phi_1 = d\phi_1^*$ であるので，(7) 式の最初の等式に ③ 式を代入して (8) 式を用いると

$$d\sigma = \left(\frac{k}{2\mu v^2}\right)^2 \frac{\sin\theta_1^* d\theta_1^* d\phi_1^*}{\sin^4\frac{\theta_1^*}{2}} = \left(\frac{k}{2\mu v^2}\right)^2 \frac{2\sin 2\theta_1 d\theta_1 d\phi_1}{\sin^4\theta_1}$$

$$= \left(\frac{2k}{2\mu v^2}\right)^2 \frac{\cos\theta_1 \sin\theta_1 d\theta_1 d\phi_1}{\sin^4\theta_1} \tag{9}$$

となる．これを (7) 式の 2 番目の等式と比べることにより，$\frac{d\sigma}{d\Omega}|_{実験室系}$ の表式が得られる．

(5) 実験室系で散乱後の粒子 1, 2 の速度をそれぞれ v_1, v_2 とする．進行方向および垂直方向についての運動量保存則より

$$m_1 v = m_1 v_1 \cos\theta_1 + m_2 v_2 \cos\theta_2 \tag{10}$$

$$0 = m_1 v_1 \sin\theta_1 - m_2 v_2 \sin\theta_2 \tag{11}$$

が与えられる．ここで (10) 式 $\times \sin\theta_2 +$ (11) 式 $\times \cos\theta_2$ より

$$v \sin\theta_2 = v_1(\cos\theta_1 \sin\theta_2 + \sin\theta_1 \cos\theta_2)$$

$$\iff v_1 = v \frac{\sin\theta_2}{\sin(\theta_1 + \theta_2)}.$$

同様に (10) 式 $\times \sin\theta_1 -$ (11) 式 $\times \cos\theta_1$ より

$$v \sin\theta_1 = v_2(\sin\theta_1 \cos\theta_2 + \sin\theta_2 \cos\theta_1)$$

$$\iff v_2 = \frac{m_1}{m_2} v \frac{\sin\theta_1}{\sin(\theta_1 + \theta_2)}. \tag{12}$$

ここで，エネルギー保存則の式に v_1, v_2 を代入すると

$$\frac{1}{2} m_1 v^2 = \frac{1}{2} m_1 v_1^2 + \frac{1}{2} m_2 v_2^2$$

$$= \frac{1}{2} m_1 v^2 \frac{\sin^2\theta_2}{\sin^2(\theta_1 + \theta_2)} + \frac{1}{2} m_2 \frac{m_1^2}{m_2^2} v^2 \frac{\sin^2\theta_1}{\sin^2(\theta_1 + \theta_2)}$$

となり，整理すると

$$\frac{m_1}{m_2} = \frac{\sin^2(\theta_1 + \theta_2) - \sin^2\theta_2}{\sin^2\theta_1}$$

$$= \frac{\{\sin(\theta_1 + \theta_2) + \sin\theta_2\}\{\sin(\theta_1 + \theta_2) - \sin\theta_2\}}{\sin^2\theta_1}.$$

ここで

$$\sin(\theta_1 + \theta_2) = \sin\left(\frac{\theta_1 + 2\theta_2}{2} + \frac{\theta_1}{2}\right), \quad \sin\theta_2 = \sin\left(\frac{\theta_1 + 2\theta_2}{2} - \frac{\theta_1}{2}\right)$$

と式変形してから，三角関数の公式を用いると

$$\frac{m_1}{m_2} = \frac{1}{\sin^2\theta_1} \left\{2\sin\left(\frac{\theta_1 + 2\theta_2}{2}\right)\cos\left(\frac{\theta_1}{2}\right)\right\} \left\{2\cos\left(\frac{\theta_1 + 2\theta_2}{2}\right)\sin\left(\frac{\theta_1}{2}\right)\right\}$$

$$= \frac{\sin(\theta_1 + 2\theta_2)\sin\theta_1}{\sin^2\theta_1} = \frac{\sin(\theta_1 + 2\theta_2)}{\sin\theta_1}. \tag{13}$$

(13) 式は 2 つの粒子の質量比と**散乱角**の関係を与える．本設問では $m_1 = m_2 = m$ の場合なので $\sin(\theta_1 + 2\theta_2) = \sin\theta_1 = \sin(\pi - \theta_1)$，すなわち $\theta_2 = 0$，または

$$\theta_1 + \theta_2 = \frac{\pi}{2} \tag{14}$$

となる．散乱においては，当然，関係式 (14) が妥当である．

散乱後の粒子 2 の運動エネルギー T_2 は，(12) 式と (14) 式より

$$T_2 = \frac{1}{2}mv_2^2 = \frac{1}{2}m(v\sin\theta_1)^2$$

と求まる。

設問 (5) の別解：重心系における散乱後の粒子 1 の進行方向を単位ベクトル n_0 で表すと，粒子 2 の進行方向は $-n_0$ になる．この単位ベクトルを使うと実験室系の粒子 2 の（最終）速度は設問 (1) の結果より

$$v_2 = v_2^* + v_g = -\frac{m_1 v}{m_1 + m_2}n_0 + \frac{m_1 v}{m_1 + m_2}h_0.$$

ここで h_0 は粒子 1 の入射方向を向く単位ベクトルで，n_0 と h_0 のなす角度が θ_1^* になっている．これらのベクトルは二等辺三角形を形成し，内角の 1 つが θ_1^* で，残りの 2 つが θ_2 になっている．したがって $\theta_1^* + 2\theta_2 = \pi$ の関係があり，これと (8) 式を使うと，$\theta_1 + \theta_2 = \frac{\pi}{2}$ が成り立っていることがわかる．

粒子 2 の速度は

$$|v_2|^2 = \left(\frac{m_1 v}{m_1 + m_2}\right)^2 (2 - 2n_0 \cdot h_0) = \left(\frac{m_1 v}{m_1 + m_2}\right)^2 2(1 - \cos\theta_1^*)$$
$$= \frac{v^2}{2}(1 - \cos 2\theta_1) = v^2 \sin^2\theta_1$$

と求まる．

(6) 粒子 2 の運動エネルギーが $\frac{1}{4}mv^2$ 以上なので，設問 (5) の結果より，θ_1 は

$$T_2 = \frac{1}{2}m(v\sin\theta_1)^2 \geq \frac{1}{4}mv^2$$

を満たす．また (13) 式より $\sin\theta_1$ の最大値は $\frac{m_2}{m_1}$ であり，特に $m_1 \geq m_2$ の場合，散乱角には上限が存在する．$m_1 = m_2 = m$ の場合，(14) 式より θ_1 と θ_2 が直交しているので，鉛直方向の運動量が零で保存されることを考えると，θ_1 の上限は $\frac{\pi}{2}$ である．以上より，実現可能な散乱角は

$$\frac{\pi}{4} \leq \theta_1 \leq \frac{\pi}{2}$$

となる．**全断面積** σ は粒子 1, 2 の微分断面積を可能な散乱角の範囲で積分して求める．実験室系の粒子 1 の微分断面積 $d\sigma_1$ は，重心系の微分断面積 $d\sigma$ を θ_1 で表した (9) 式に他ならず，**方位角** ϕ_1 についての積分を実行すると

$$d\sigma_1 = 2\pi \left(\frac{k}{\mu v^2}\right)^2 \frac{\cos\theta_1 d\theta_1}{\sin^3\theta_1}$$

で与えられる．実験室系の粒子 2 の微分断面積 $d\sigma_2$ は，(8), (14) 式から求まる $\theta_1^* = \pi - 2\theta_2$ を使い，(9) 式と同様に，重心系の微分散乱断面積から変数変換を行うことで

$$d\sigma_2 = 2\pi \left(\frac{k}{\mu v^2}\right)^2 \frac{\sin\theta_2 d\theta_2}{\cos^3\theta_2}$$

と求まる．ただし，$d\sigma_2$ は面積であることを考えて，$d\theta_1^* = |\frac{d\theta_1^*}{d\theta_2}|d\theta_2 = 2d\theta_2$ とした．また，積分範囲は $0 \leq \theta_2 \leq \frac{\pi}{4}$ である．以上より，全断面積は

$$\sigma = 2\pi \left(\frac{k}{\mu v^2}\right)^2 \left(\int_{\pi/4}^{\pi/2} \frac{\cos\theta_1}{\sin^3\theta_1} d\theta_1 + \int_0^{\pi/4} \frac{\sin\theta_2}{\cos^3\theta_2} d\theta_2\right)$$

$$= 2\pi \left(\frac{k}{\mu v^2}\right)^2$$

と計算される．

(7) 検出数の夏冬間の比は散乱断面積（夏：σ_s，および冬：σ_w）に比例するはずなので

$$\frac{\sigma_\mathrm{s}}{\sigma_\mathrm{w}} = \left(\frac{v_\mathrm{w}}{v_\mathrm{s}}\right)^4 \simeq 4.5 \times 10^{-1}$$

と見積もることができる．

1.7 (1) 極座標系における r および ϕ 方向の（時間とともに動く）基底ベクトルを，それぞれ $\widehat{r}, \widehat{\phi}$ とする．この基底ベクトルと，空間に固定された xy 座標の基底ベクトル $\widehat{x}, \widehat{y}$ の間には

$$\widehat{r} = \cos\phi \widehat{x} + \sin\phi \widehat{y}$$
$$\widehat{\phi} = -\sin\phi \widehat{x} + \cos\phi \widehat{y}$$

の関係がある．両式を時間 t で微分すると

$$\dot{\widehat{r}} = -\dot{\phi}\sin\phi \widehat{x} + \dot{\phi}\cos\phi \widehat{y} = \dot{\phi}\widehat{\phi} \tag{1}$$
$$\dot{\widehat{\phi}} = -\dot{\phi}\cos\phi \widehat{x} - \dot{\phi}\sin\phi \widehat{y} = -\dot{\phi}\widehat{r} \tag{2}$$

が求まる．よって，速度 v は

$$\boldsymbol{v} = \dot{\boldsymbol{r}} = \dot{r}\widehat{r} + r\dot{\widehat{r}} = \dot{r}\widehat{r} + r\dot{\phi}\widehat{\phi}$$
$$\implies v_r = \dot{r}, \quad v_\phi = r\dot{\phi}$$

と求まる．加速度 $\boldsymbol{a}$ についても

$$\boldsymbol{a} = \ddot{\boldsymbol{r}} = \ddot{r}\widehat{r} + \dot{r}\dot{\widehat{r}} + \dot{r}\dot{\phi}\widehat{\phi} + r\ddot{\phi}\widehat{\phi} + r\dot{\phi}\dot{\widehat{\phi}}$$
$$= (\ddot{r} - r\dot{\phi}^2)\widehat{r} + (2\dot{r}\dot{\phi} + r\ddot{\phi})\widehat{\phi}$$
$$\implies a_r = \ddot{r} - r\dot{\phi}^2, \quad a_\phi = 2\dot{r}\dot{\phi} + r\ddot{\phi}$$

を得る．

(2) 地球とともに回転する非慣性系 S′ を考える．S′ 系は北緯 $\theta = 30°$ の野球場を原点とし，地表から垂直上向きに z 軸，地表に接する平面内の東方向に x 軸，北向きに y 軸をとることにする（図参照）．コリオリの力 $\boldsymbol{F}_\mathrm{C}$ は

$$\boldsymbol{F}_\mathrm{C} = 2m\boldsymbol{v}' \times \boldsymbol{\omega}$$

で与えられる．ここで $\boldsymbol{\omega}$ は地球の自転による角速度ベクトルで

$$\boldsymbol{\omega} = (0, \omega\cos\theta, \omega\sin\theta)$$

と表せる（$\omega = |\boldsymbol{\omega}|$）．また $\boldsymbol{v}'$ および m はそれぞれ S′ 系における球の速度と質量を意味し，成分表示で $\boldsymbol{v}' = (0, v', 0)$ と表せる（$v' = |\boldsymbol{v}'|$）．以上の関係より，コリオリの力は東向き（x の正方向）で，大きさは $F_\mathrm{C} = 2m\omega v' \sin\theta$ であることがわかる．よって，コリオリの力による加速度の大きさ a_C は $a_\mathrm{C} = 2\omega v'\sin\theta$ なので，球のずれ δr_C は

$$\delta r_\mathrm{C} = \frac{1}{2}a_\mathrm{C}t^2 = \omega v' t^2 \sin\theta$$

で求まる．地球の角速度 ω は周期 T が 1 日（$24 \times 60 \times 60 = 86400\,[\mathrm{s}]$）であることより

$$\omega = \frac{2\pi}{T} = \frac{2\pi}{86400} \simeq 7.3 \times 10^{-5}\,[\mathrm{s}^{-1}]$$

と見積もることができる．以上より，コリオリの力のため，真北に打った球はスタンドに到達するまでに

$$\delta r_\mathrm{C} = 7.3 \times 10^{-5}\,[\mathrm{s}^{-1}] \times 50\,[\mathrm{m \cdot s^{-1}}] \times (3.0\,[\mathrm{s}])^2 \times \frac{1}{2} \simeq 1.6 \times 10^{-2}\,[\mathrm{m}]$$

だけ東にずれることになる．

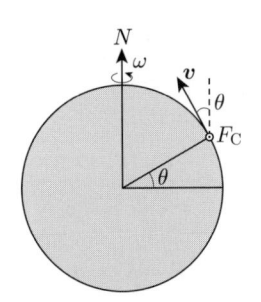

(3) r および ϕ 方向の単位ベクトルをそれぞれ $\widehat{r}(t), \widehat{\phi}(t)$ とする．時刻 t における速度 $\boldsymbol{v}(t)$ は歩く速度の r 方向成分 $\dot{r}$，および円板の角速度 $\dot{\phi}$（いずれも定数）を用いると

$$\boldsymbol{v}(t) = \dot{r}\widehat{r}(t) + \dot{\phi}r(t)\widehat{\phi}(t)$$

と表せる．よって，時刻 $t+\Delta t$ と t における速度差は

$$\begin{aligned}
\boldsymbol{v}(t+\Delta t) - \boldsymbol{v}(t) &= \dot{r}\widehat{r}(t+\Delta t) + \dot{\phi}r(t+\Delta t)\widehat{\phi}(t+\Delta t) \\
&\quad - \dot{r}\widehat{r}(t) - \dot{\phi}r(t)\widehat{\phi}(t) \\
&= \left(\dot{r}\frac{d\widehat{r}}{dt} + \dot{\phi}\frac{dr}{dt}\widehat{\phi} + \dot{\phi}r\frac{d\widehat{\phi}}{dt}\right)\Delta t
\end{aligned} \tag{3}$$

と求まる．(1) 式より $\dot{r}\frac{d\widehat{r}}{dt} = \dot{r}\dot{\phi}\widehat{\phi}$ なので，(3) 式の最右辺の括弧内の第 1 項 $\dot{r}\frac{d\widehat{r}}{dt}$ が「(b) 回転で r 方向が変化することによる ϕ 方向の速度の変化」を表しており，第 2 項 $\dot{\phi}\frac{dr}{dt}\widehat{\phi}$ が，「(a) 半径 r が変化することによる ϕ 方向の速度の変化」を表している．ただし，当然 $\frac{dr}{dt} = \dot{r}$ なので，両者の大きさは等しく $\dot{r}\dot{\phi}$ である．なお，(3) 式の最右辺の括弧内の第 3 項は，(2) 式を用いると $-r\dot{\phi}^2\widehat{r}$ に等しく，速度の r 方向の変化を表す．

第 2 章

2.1 (1) 真空中の任意の閉曲線 C に沿って磁場 $\boldsymbol{B}$ を線積分すると

$$\oint_C \boldsymbol{B} \cdot d\boldsymbol{s} = \mu_0 I \tag{1}$$

の関係が成り立つ．ここで，μ_0 は真空の透磁率を，I は C の中を貫く電流を表す．ただし，線素ベクトル $d\boldsymbol{s}$ の向きを右ネジを回す方向に一致させたとき，そのネジが進む向きと電流の向きが同じ場合に右辺の I の符号を正とし，逆向きの場合を負とする．これを**アンペールの法則の積分形**という．

(2) xz 平面上に原点を中心とした半径 r の円を描く．この円を閉曲線 C として，アンペー

ルの法則 (1) を適用する．系が直線状の電線を中心軸とする**回転対称性**を持つことから，磁場 $\bm{B}$ の大きさはこの円上では一定であることが結論される．その値を $B(r)$ と書くと

$$\oint_C \bm{B} \cdot d\bm{s} = 2\pi r B(r) = \mu_0 I \iff B(r) = \frac{\mu_0 I}{2\pi r}$$

が得られる．半径 b の円と x 軸との交点 $(b, 0, 0)$ $(b > 0)$ では，$\bm{B} = (B_x, B_y, B_z)$ は z 軸に平行なベクトルで向きは負の向きである．よって

$$B_z = -B(b) = -\frac{\mu_0 I_0}{2\pi b}$$

と定まる．

(3) 磁場 $\bm{B}$ は，マクスウェル方程式の 1 つ

$$\nabla \cdot \bm{B} = 0 \tag{2}$$

を満たすベクトル場である．任意のベクトル $\bm{C}$ に対し $\nabla \cdot (\nabla \times \bm{C}) = 0$ という**恒等式**が成立する．よって，磁場 $\bm{B}$ に対して

$$\bm{B} = \nabla \times \bm{A} \tag{3}$$

という関係が成り立つベクトル場 $\bm{A}$ が存在するとすれば，(2) 式は自動的に成立する．一般に，(3) 式の関係がベクトルポテンシャル $\bm{A}$ と磁場 $\bm{B}$ の関係を与える．ただし，ϕ を任意のスカラー場，$\bm{C}$ を任意の定ベクトルとして

$$\bm{A}' = \bm{A} + \nabla \phi + \bm{C}$$

としたとき，$\nabla \times \nabla \phi = 0$ であり，また当然 $\nabla \times \bm{C} = 0$ なので，$\nabla \times \bm{A}' = \nabla \times \bm{A}$ である．つまり，与えられた磁場 $\bm{B}$ に対して，(3) 式を満たすベクトルポテンシャルは一意的には決まらない．

(4) $\bm{j} = I\delta(x)\delta(z)\widehat{\bm{y}}$ を ① 式に代入すると

$$\bm{A}(\bm{r}) = \frac{\mu_0}{4\pi} \widehat{\bm{y}} \int dx' dy' dz' \frac{I\delta(x')\delta(z')}{|\bm{r} - \bm{r}'|}$$

$$= \frac{\mu_0 I}{4\pi} \widehat{\bm{y}} \int_{-\infty}^{\infty} dx' \delta(x') \int_{-\infty}^{\infty} dz' \delta(z') \int_{-L}^{L} dy' \frac{1}{|\bm{r} - \bm{r}'|}.$$

ここで，デルタ関数の性質

$$\int_{-\infty}^{\infty} dx \delta(x - a) f(x) = f(a)$$

を用いると

$$\bm{A}(\bm{r}) = \frac{\mu_0 I}{4\pi} \widehat{\bm{y}} \int_{-L}^{L} dy' \frac{1}{|\bm{r} - \bm{r}'|}\bigg|_{x'=z'=0}$$

$$= \frac{\mu_0 I}{4\pi} \widehat{\bm{y}} \int_{-L}^{L} dy' \frac{1}{\sqrt{x^2 + z^2 + (y - y')^2}} \tag{4}$$

が導かれる．

(5) y 軸のまわりの点での磁場 $\bm{B}$ を考える．その点でのベクトルポテンシャル $\bm{A}(\bm{r})$ が，(4) 式の $L \to \infty$ 極限で与えられているとすると，$\bm{A}(\bm{r}) \parallel \widehat{\bm{y}}$，つまり $\bm{A} = (0, A_y, 0)$ より

である。B_x は

$$B = (B_x, B_y, B_z) = \nabla \times A = \left(-\frac{\partial A_y}{\partial z}, 0, \frac{\partial A_y}{\partial x}\right)$$

である。B_x は

$$B_x = -\frac{\partial A_y}{\partial z} = \frac{\mu_0 I}{4\pi} \int_{-\infty}^{\infty} \frac{z\,dy'}{(x^2 + z^2 + y'^2)^{3/2}}$$

の積分から求まる。ここで、$x^2 + z^2 = r^2$, $y' = r\tan\theta$ とすると

$$B_x = \frac{\mu_0 I}{4\pi} \int_{-\pi/2}^{\pi/2} \frac{z}{r^3(1+\tan^2\theta)^{3/2}} \frac{r\,d\theta}{\cos^2\theta}$$

$$= \frac{\mu_0 I}{4\pi} \frac{z}{r^2} \int_{-\pi/2}^{\pi/2} \cos\theta\, d\theta = \frac{\mu_0 I}{2\pi} \frac{z}{r^2}.$$

B_z の計算も同様に行うと

$$B = (B_x, B_y, B_z) = \frac{\mu_0 I}{2\pi r^2}(z, 0, -x)$$

を得る。よって、$(b, 0, 0)$ での磁場は

$$B = \frac{\mu_0 I}{2\pi b}(0, 0, -1)$$

となり設問 (2) の結果と一致する。

2.2 (問1) $r < R$ のとき、半径 r の位置でアンペールの法則を用いると、磁場の動径方向成分 B_r は零 ($B_r = 0$)、円周方向成分 B_ϕ は向きが反時計回りで、大きさが

$$2\pi r B_\phi = \mu_0 I \implies B_\phi = \frac{\mu_0 I}{2\pi r}$$

で与えられる。

$r > R$ では、導線と円筒導体の電流からの寄与は打ち消しあうので $B_r = B_\phi = 0$ となる。

(問2) (a) $r < R$ のとき、O を中心に持つ半径 r の円筒面を考える。その単位長さの側面部分と両端の円板部分からなる閉領域に対してガウスの法則を適用する。対称性を考慮すると、電場の円周方向成分 E_ϕ は零 ($E_\phi = 0$)、動径方向成分 E_r は

$$2\pi r E_r = \frac{\lambda}{\varepsilon_0} \implies E_r = \frac{\lambda}{2\pi \varepsilon_0 r}$$

で与えられることが結論される。

$r > R$ の場合、接地された円筒導体には、導線が持つ電荷と単位長さ当たりで同じ大きさの反対符号の電荷が現れる。よって、電荷の効果は打ち消され、$E_r = E_\phi = 0$ となる。

(b) 円筒導体に生じる電荷は導線が持つ電荷を打ち消すので、$\lambda_\mathrm{t} = -\lambda$. 円筒側面の単位長さ当たりの表面積は $2\pi R$ なので、面電荷密度 σ は

$$2\pi R \sigma = -\lambda \implies \sigma = -\frac{\lambda}{2\pi R}$$

と求まる。

(c) 絶縁されている場合、円筒導体全体の電荷は零なので、単位長さ当たりで考えて、円筒内側に $-\lambda$、円筒外側に $+\lambda$ の電荷が現れる。よって、電場の各成分は $r < R, r > R$ ともに

$$E_r = \frac{\lambda}{2\pi \varepsilon_0 r}, \quad E_\phi = 0$$

で与えられる．

(問 3) 点 O から x_0 だけずれた導線の位置を O′，点 A と O′ の距離を r'，OO′ を含む直線と線分 O′A のなす角を θ とする（図 (a)）．O′ に位置する導線を流れる電流が作る磁場を $\boldsymbol{B}'$ と書くことにする．$\boldsymbol{B}'$ は O′ を中心とした円の円周方向（反時計回り）であり，その大きさを B' と書くことにすると

$$B' = \frac{\mu_0 I}{2\pi r'}. \tag{1}$$

O′ を中心としたときの動径方向と円周方向は，O を中心にしたときのそれらとそれぞれ角度が $\theta - \phi$ だけずれている．よって，磁場 $\boldsymbol{B}'$ の O を中心としたときの動径方向成分 B'_r および円周方向成分 B'_ϕ はそれぞれ

$$B'_r = -B'\sin(\theta - \phi), \tag{2}$$
$$B'_\phi = B'\cos(\theta - \phi) \tag{3}$$

で与えられる．

図 (a)

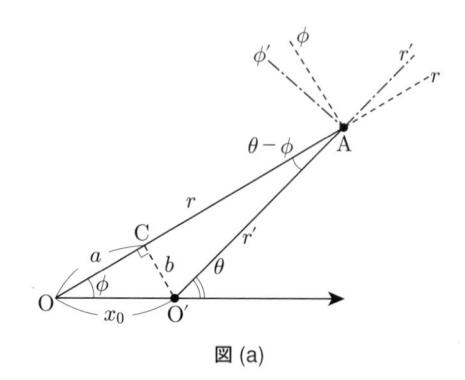

ここで，点 O′ から線分 OA に垂線を下ろしたときの交点を C，垂線の長さを b，点 C と O との距離を a とすると，△AO′C において

$$\cos(\theta - \phi) = \frac{r - a}{r'}, \quad \sin(\theta - \phi) = \frac{b}{r'} \tag{4}$$

△OO′C において

$$\cos\phi = \frac{a}{x_0}, \quad \sin\phi = \frac{b}{x_0} \tag{5}$$

が成り立つ．(4), (5) 式から a, b を消去すると

$$\cos(\theta - \phi) = \frac{r - x_0\cos\phi}{r'}, \quad \sin(\theta - \phi) = \frac{x_0}{r'}\sin\phi \tag{6}$$

を得る．また r' については

$$r'^2 = (r\sin\phi)^2 + (r\cos\phi - x_0)^2$$
$$= r^2 + x_0^2 - 2x_0 r\cos\phi \quad (余弦定理) \tag{7}$$

が成り立つ．(1), (6), (7) 式を (2), (3) 式に代入すると

$$B'_r = -\frac{\mu_0 I}{2\pi}\frac{x_0 \sin\phi}{r^2 + x_0^2 - 2x_o r\cos\phi},$$

$$B'_\phi = \frac{\mu_0 I}{2\pi}\frac{r - x_0 \cos\phi}{r^2 + x_0^2 - 2x_0 r\cos\phi}$$

を得る．これに円筒導体を流れる電流が作る磁場の成分を足したものが，求める円筒外 ($r > R$) での磁場の各成分となる．結果は

$$B_r = -\frac{\mu_0 I}{2\pi}\frac{x_0 \sin\phi}{r^2 + x_0^2 - 2x_o r\cos\phi},$$

$$B_\phi = \frac{\mu_0 I}{2\pi}\left(\frac{r - x_0 \cos\phi}{r^2 + x_0^2 - 2x_0 r\cos\phi} - \frac{1}{r}\right).$$

(問 4) (a) 図 (b) のように，導線の位置を O′，**電気影像**の位置を D，AO′ の距離を r'，AD の距離を r_D とすると，導線と電気影像が作る電場（それぞれ $\boldsymbol{E}'$ および $\boldsymbol{E}^D$ と書くことにする）の大きさは，それぞれ

$$E' = |\boldsymbol{E}'| = \frac{\lambda}{2\pi\varepsilon_0 r'}, \quad E^D = |\boldsymbol{E}^D| = \frac{\lambda}{2\pi\varepsilon_0 r_D}$$

と表せる．点 A において $\boldsymbol{E}'$ は $\overrightarrow{O'A}$，$\boldsymbol{E}^D$ は $\overrightarrow{AD}$ の向きを持つ．点 A の電位 V_A は C を定数として

$$V_A = C + \frac{1}{2\pi\varepsilon_0}\{\lambda \ln r' + (-\lambda)\ln r_D\} = C + \frac{\lambda}{2\pi\varepsilon_0}\ln\frac{r'}{r_D} \tag{8}$$

と書ける．ここで，r' は (7) 式の正の平方根で与えられる．また，OD の距離が $\frac{R^2}{x_0}$ なので (7) 式と同様に

$$r_D^2 = r^2 + \left(\frac{R^2}{x_0}\right)^2 - 2\frac{R^2}{x_0}r\cos\phi. \tag{9}$$

点 A が円筒導体上にあるとき，電位 V_A は (8) 式に (7) 式と (9) 式を代入して $r = R$ とおくことにより

$$V_A = C + \frac{\lambda}{4\pi\varepsilon_0}\ln\frac{R^2 + x_0^2 - 2x_0 R\cos\phi}{R^2 + \left(\frac{R^2}{x_0}\right)^2 - 2\frac{R^2}{x_0}R\cos\phi}$$

$$= C + \frac{\lambda}{4\pi\varepsilon_0}\ln\frac{x_0^2}{R^2}$$

となる．この結果，V_A は ϕ に依存しない．よって定数 C を

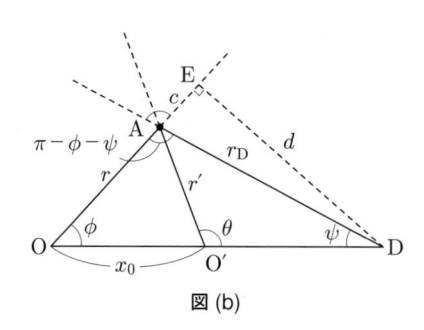

図 (b)

$$C = \frac{\lambda}{2\pi\varepsilon_0} \ln \frac{R}{x_0}$$

とおくことで円周上の電位を $V_A = 0$ とすることができる．以上より，O から $\frac{R^2}{x_0}$ の距離にある線電荷密度 $-\lambda$ の無限に長い導線が，当該の電気影像であることが示せたことになる．

$\angle \mathrm{DO'A} = \theta$, $\angle \mathrm{O'DA} = \psi$ とする（図 (b)）．点 O' にある導線が点 A に作る電場の動径方向成分 E'_r と円周方向成分 E'_ϕ は (**問 3**) と同様に考えると

$$E'_r = \frac{\lambda}{2\pi\varepsilon_0} \frac{r - x_0 \cos\phi}{r^2 + x_0^2 - 2x_0 r \cos\phi},$$

$$E'_\phi = \frac{\lambda}{2\pi\varepsilon_0} \left(\frac{x_0 \sin\phi}{r^2 + x_0^2 - 2x_0 r \cos\phi} \right)$$

のように求まる．

点 D から直線 OA に垂線を引き，その交点を E とすると，$\angle \mathrm{DAE}$ が $\phi + \psi$ で与えられることより，点 D にある電気影像が点 A に作る電場に対して

$$E_r^{\mathrm{D}} = E^{\mathrm{D}} \cos(\phi + \psi), \tag{10}$$

$$E_\phi^{\mathrm{D}} = -E^{\mathrm{D}} \sin(\phi + \psi) \tag{11}$$

を得る．$\triangle \mathrm{ADE}$ において，線分 AE の長さを c, DE の長さを d とすると

$$\cos(\phi + \psi) = \frac{c}{r_D}, \quad \sin(\phi + \psi) = \frac{d}{r_D}$$

また，$\triangle \mathrm{ODE}$ において

$$\cos\phi = \frac{r + c}{\frac{R^2}{x_0}}, \quad \sin\phi = \frac{d}{\frac{R^2}{x_0}}$$

が成り立つ．c, d を消去すると

$$\cos(\phi + \psi) = \frac{1}{r_D} \left(\frac{R^2}{x_0} \cos\phi - r \right),$$

$$\sin(\phi + \psi) = \frac{1}{r_D} \frac{R^2}{x_0} \sin\phi$$

が得られる．(10), (11) 式に代入すると

$$E_r^{\mathrm{D}} = \frac{\lambda}{2\pi\varepsilon_0} \frac{\frac{R^2}{x_0} \cos\phi - r}{r^2 + \left(\frac{R^2}{x_0}\right)^2 - 2\frac{R^2 r}{x_0} \cos\phi},$$

$$E_\phi^{\mathrm{D}} = -\frac{\lambda}{2\pi\varepsilon_0} \frac{R^2}{x_0} \frac{\sin\phi}{r^2 + \left(\frac{R^2}{x_0}\right)^2 - 2\frac{R^2 r}{x_0} \cos\phi}$$

を得る．

導線およびその電気影像による電場を，各成分ごとに重ね合わせると

$$E_r = E'_r + E_r^{\mathrm{D}}$$
$$= \frac{\lambda}{2\pi\varepsilon_0} \left\{ \frac{r - x_0 \cos\phi}{r^2 + x_0^2 - 2x_0 r \cos\phi} + \frac{\frac{R^2}{x_0} \cos\phi - r}{r^2 + \left(\frac{R^2}{x_0}\right)^2 - 2\frac{R^2}{x_0} r \cos\phi} \right\},$$

$$E_\phi = E'_\phi + E_\phi^{\mathrm{D}}$$

$$= \frac{\lambda}{2\pi\varepsilon_0} \left\{ \frac{x_0 \sin\phi}{r^2 + x_0^2 - 2x_0 r \cos\phi} - \frac{\frac{R^2}{x_0}\sin\phi}{r^2 + \left(\frac{R^2}{x_0}\right)^2 - 2\frac{R^2}{x_0} r \cos\phi} \right\}$$

と点 A における電場の各成分が決定される.

(b) 円筒内側の表面を考える. この面の法線は円筒内側を向いている. それに対して, 電場の動径方向成分 E_r は円筒の内側から外側へ向かう向きを正としているので, 面電荷密度 σ と E_r の関係式は $\sigma = -\varepsilon_0 E_r$ となる. 円筒表面では $r = R$ なので

$$\sigma = -\varepsilon_0 \left. E_r \right|_{r=R} = -\frac{\lambda}{2\pi}\left(\frac{R - \frac{x_0^2}{R}}{R^2 + x_0^2 - 2x_0 R \cos\phi}\right)$$

と求まる.

(c) λ_+, λ_- は

$$\lambda_+ = \int_0^{\pi/2} \sigma R d\phi + \int_{3\pi/2}^{2\pi} \sigma R d\phi,$$

$$\lambda_- = \int_{\pi/2}^{3\pi/2} \sigma R d\phi$$

で与えられる. $x_0 \ll R$ なので

$$\sigma = -\frac{\lambda}{2\pi}\frac{1}{R^2}\frac{R - \frac{x_0^2}{R}}{1 + \frac{x_0^2}{R^2} - 2\frac{x_0}{R}\cos\phi} \simeq -\frac{\lambda}{2\pi}\frac{1}{R}\left(1 + \frac{2x_0}{R}\cos\phi\right)$$

と近似できる. よって

$$\lambda_+ = -\frac{\lambda}{2\pi}\left(\pi + \frac{4x_0}{R}\right), \quad \lambda_- = -\frac{\lambda}{2\pi}\left(\pi - \frac{4x_0}{R}\right)$$

$$\Longrightarrow \frac{\lambda_+ - \lambda_-}{\lambda_+ + \lambda_-} = \frac{4}{\pi R}x_0$$

$$\Longrightarrow S = \frac{4}{\pi R}$$

と S が求まる.

2.3 (1) 静電ポテンシャル ϕ は 2 つの電荷が作る静電ポテンシャルの**重ね合わせ**になるので

$$\phi = \frac{q}{4\pi\varepsilon_0}\left\{\frac{1}{\sqrt{x^2 + y^2 + \left(z - \frac{d}{2}\right)^2}} - \frac{1}{\sqrt{x^2 + y^2 + \left(z + \frac{d}{2}\right)^2}}\right\} \quad (1)$$

で与えられる.

(2) $0 < d \ll 1$ として, d の 2 次以上の項を無視すると

$$\left\{x^2 + y^2 + \left(z - \frac{d}{2}\right)^2\right\}^{-1/2} \simeq \left(x^2 + y^2 + z^2 - zd\right)^{-1/2}$$

$$= \left(x^2 + y^2 + z^2\right)^{-1/2}\left(1 - \frac{zd}{x^2 + y^2 + z^2}\right)^{-1/2}$$

$$\simeq (x^2+y^2+z^2)^{-1/2}\left(1+\frac{1}{2}\frac{zd}{x^2+y^2+z^2}\right).$$

同様に

$$\left\{x^2+y^2+\left(z+\frac{d}{2}\right)^2\right\}^{-1/2} \simeq (x^2+y^2+z^2)^{-1/2}\left(1-\frac{1}{2}\frac{zd}{x^2+y^2+z^2}\right).$$

これらを (1) 式に代入すると,双極子の静電ポテンシャル $\phi_{双極子}$ が

$$\begin{aligned}
\phi_{双極子} &= \lim_{\substack{d\to 0, q\to 0,\\ qd=p}} \phi\\
&= \lim_{\substack{d\to 0, q\to 0,\\ qd=p}} \frac{q}{4\pi\varepsilon_0} \frac{1}{(x^2+y^2+z^2)^{1/2}} \frac{zd}{x^2+y^2+z^2}\\
&= \frac{p}{4\pi\varepsilon_0} \frac{z}{r^3}
\end{aligned} \tag{2}$$

のように得られる.

静電ポテンシャル ϕ と電場 $\boldsymbol{E}$ との関係は,一般に $\boldsymbol{E}=(E_x,E_y,E_z)=-\nabla\phi$ で与えられるので,(2) 式より

$$E_x = -\frac{\partial \phi_{双極子}}{\partial x} = \frac{p}{4\pi\varepsilon_0}\frac{3xz}{r^5}, \tag{3}$$

$$E_y = -\frac{\partial \phi_{双極子}}{\partial y} = \frac{p}{4\pi\varepsilon_0}\frac{3yz}{r^5}, \tag{4}$$

$$E_z = -\frac{\partial \phi_{双極子}}{\partial z} = -\frac{p}{4\pi\varepsilon_0}\left(\frac{1}{r^3}-\frac{3z^2}{r^5}\right). \tag{5}$$

ここで,$\boldsymbol{p}=(0,0,p)$ であり,また

$$\boldsymbol{p}\cdot\boldsymbol{r}=pz \implies \boldsymbol{r}(\boldsymbol{p}\cdot\boldsymbol{r})=(pxz,pyz,pz^2)$$

であることに注意すると,(3)〜(5) 式の結果は ① 式にまとめられることがわかる.

(3) 系の静電ポテンシャル ϕ は,一様な静電場 $\boldsymbol{E}$ による静電ポテンシャル ϕ_0 と導体球に誘起される電荷による静電ポテンシャル ϕ_1 の和 $\phi=\phi_0+\phi_1$ で記述できる.ϕ_0 については,$\phi_0=-\boldsymbol{E}\cdot\boldsymbol{r}=-E_0 z$.ここで,$z=r\cos\theta$ より

$$\phi_0 = -E_0 r\cos\theta = -E_0 r P_1(\cos\theta)$$

であり,確かに ② 式の形の特別な場合になっている.設問で述べられている一般論より同様に ϕ_1 も ② 式の形で与えられるとすると,十分遠方で ϕ が ϕ_0 に漸近することから,② 式の係数 A_l は $l=0$ と $l\geq 2$ に対しては零でなければならないことになる.また,導体球表面では $\phi=0$ なので,導体球の半径を R とすると

$$\phi(R,\theta) = -E_0 R P_1(\cos\theta) + \sum_{l=0}^{\infty}\frac{B_l}{R^{l+1}}P_l(\cos\theta) = 0$$

が成り立つ.すなわち

$$B_0 P_0(\cos\theta) + \left(-E_0 R + \frac{B_1}{R^2}\right)P_1(\cos\theta) + \sum_{l=2}^{\infty}\frac{B_l}{R^{l+1}}P_l(\cos\theta) = 0 \tag{6}$$

が成立しなければならない．**ルジャンドル多項式**は $\cos\theta$ の関数として**直交関数系**

$$\int_{-\pi}^{\pi} P_l(\cos\theta) P_m(\cos\theta) d\cos\theta = \frac{2}{2l+1}\delta_{lm} \quad (l, m = 0, 1, 2, \cdots) \tag{7}$$

を成す．(6) 式において，$P_l(\cos\theta)$ の係数を c_l と略記することにすると $\sum_{l=0}^{\infty} c_l P_l(\cos\theta) = 0$ と書ける．この両辺に $P_m(\cos\theta)$ をかけて $\cos\theta$ について $-\pi$ から π まで積分すると，(7) 式より $c_m \frac{2}{2m+1} = 0$ を得る．これは任意の $m = 0, 1, 2, \cdots$ に対して成立するので

$$c_m = 0 \quad (m = 0, 1, 2, \cdots)$$

$$\iff \begin{cases} B_0 = 0, \\ -E_0 R + \frac{B_1}{R^2} = 0, \\ B_m = 0 \quad (m = 2, 3, 4, \cdots) \end{cases}$$

でなければならないことが結論される．以上より

$$\phi(r, \theta) = \left(-E_0 r + \frac{E_0 R^3}{r^2}\right) P_1(\cos\theta) = -\left(1 - \frac{R^3}{r^3}\right) E_0 r \cos\theta$$

と定まる．$z = r\cos\theta$ を使うと

$$\phi = \phi_0 + \phi_1 = -E_0 z + \left(\frac{R}{r}\right)^3 E_0 z$$

この第 2 項 $\phi_1 = \left(\frac{R}{r}\right)^3 E_0 z$ は，設問 (2) で求めた静電ポテンシャル (2) 式で $p = 4\pi\varepsilon_0 R^3 E_0$ としたものに一致する．以上より，一様な静電場 $\boldsymbol{E}$ 中に置かれた導体球に誘起される電荷が作る電場は，導体球の外では**電気双極子**モーメント $\boldsymbol{p} = 4\pi\varepsilon_0 R^3 \boldsymbol{E}$ が作る電場と等価であることが示せた．

(4) $\boldsymbol{s}$ と $\boldsymbol{r}$ とのなす角度を θ とすると ③ 式の被積分関数は，$s = |\boldsymbol{s}|$ として

$$\frac{1}{|\boldsymbol{r} - \boldsymbol{s}|} = \frac{1}{(r^2 + s^2 - 2rs\cos\theta)^{1/2}}$$

と書けるが，これは $r \gg s$ のとき

$$\frac{1}{|\boldsymbol{r} - \boldsymbol{s}|} = \frac{1}{r}\left\{1 - 2\frac{s}{r}\cos\theta + \left(\frac{s}{r}\right)^2\right\}^{-1/2}$$

$$\simeq \frac{1}{r}\left(1 + \frac{s}{r}\cos\theta\right)$$

と近似できる．よって，ベクトルポテンシャルは，$r \gg s$ のとき

$$\boldsymbol{A}(\boldsymbol{r}) \simeq \frac{\mu_0 I}{4\pi} \int_C \frac{1}{r}\left(1 + \frac{s}{r}\cos\theta\right) d\boldsymbol{s}$$

$$= \frac{\mu_0 I}{4\pi}\frac{1}{r}\int_C d\boldsymbol{s} + \frac{\mu_0 I}{4\pi}\frac{1}{r^2}\int_C s\cos\theta \, d\boldsymbol{s}. \tag{8}$$

(8) 式において，第 1 項は閉曲線に沿った線積分なので零．また，第 2 項は

$$\frac{\mu_0 I}{4\pi}\frac{1}{r^2}\int_C s\cos\theta d\boldsymbol{s} = \frac{\mu_0 I}{4\pi}\frac{1}{r^3}\int_C (\boldsymbol{r}\cdot\boldsymbol{s})d\boldsymbol{s}$$

と書き直せるので，公式 ④, ⑤ 式を用いると

$$A(r) = \frac{\mu_0 I}{4\pi} \frac{1}{2r^3} \int_C (s \times ds) \times r$$
$$= \frac{\mu_0 I}{4\pi} \frac{1}{2r^3} (2nS \times r)$$
$$= \frac{\mu_0 IS}{4\pi} \frac{n \times r}{r^3}.$$

磁場 B は

$$B = \nabla \times A(r)$$
$$= \frac{\mu_0 SI}{4\pi} \nabla \times \left(\frac{n \times r}{r^3}\right)$$

で与えられる．閉電流の流れる平面が xy 平面に一致しているとし，図の鉛直上向きを z 軸の正の向きとすると，$n = (0, 0, 1)$ となり，$n \times r = (-y, x, 0)$ である．このとき

$$\nabla \times \frac{n \times r}{r^3} = \nabla \times \left(-\frac{y}{r^3}, \frac{x}{r^3}, 0\right)$$
$$= \left(-\frac{\partial}{\partial z}\left(\frac{x}{r^3}\right), -\frac{\partial}{\partial z}\left(\frac{y}{r^3}\right), \frac{\partial}{\partial x}\left(\frac{x}{r^3}\right) + \frac{\partial}{\partial y}\left(\frac{y}{r^3}\right)\right)$$

となる．そこで，各成分において

$$\frac{\partial}{\partial z}\left(\frac{x}{r^3}\right) = -\frac{3xz}{r^5}, \quad \frac{\partial}{\partial x}\left(\frac{x}{r^3}\right) = \frac{1}{r^3} - \frac{3x^2}{r^5}$$

といった具体的な微分計算を行うと

$$\nabla \times \left(\frac{n \times r}{r^3}\right) = \left(\frac{3xz}{r^5}, \frac{3yz}{r^5}, -\frac{1}{r^3} + \frac{3z^2}{r^5}\right)$$
$$= -\frac{1}{r^3}(0, 0, 1) + \frac{3}{r^5}(x, y, z)z$$
$$= -\frac{1}{r^3}n + \frac{3}{r^5}r(n \cdot r)$$

が導かれる．よって，磁場 B は

$$B = \frac{\mu_0 SI}{4\pi} \nabla \times \left(\frac{n \times r}{r^3}\right)$$
$$= \frac{1}{4\pi}\left\{-\frac{m}{r^3} + \frac{3r(m \cdot r)}{r^5}\right\}$$

となり，設問 (2) で求めた電気双極子が作る電場 ① と同じ関数形になることがわかる．

(5) 問題文で与えられた電荷配置を遠方から見ると，原点をはさんで z 軸の負側に $p = (0, 0, p)$，正側に $p = (0, , 0, -p)$ の 2 つの電気双極子を近接して配置したものとみなすことができる．設問 (4) で示したように，z 軸に垂直な面を z 軸の上から見て反時計回りに回転する電流が作る磁場と $p = (0, 0, p)$ の電気双極子が作る電場が同じ関数形をしている．よって，題意の**四重極子磁場**を作るには，原点をはさんで z 軸の負側と正側に，それぞれ z 軸に垂直な面上を z 軸上方から見て反時計回りに流れる閉電流と，時計回りに流れる同様の閉電流を配置すればよいことになる（図参照）．

第 2 章の解答

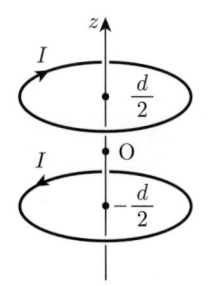

2.4 (1) 角振動数 ω の**電磁波**が z 方向に進行しているとする．電場が x 方向に**直線偏光**しているものとすると，電場 $\boldsymbol{E}$ は**位相** δ と**波数** k を用いて

$$\boldsymbol{E} = (E_x, E_y, E_z) = (E_0 \sin(\omega t - kz + \delta), 0, 0). \tag{1}$$

磁場 $\boldsymbol{B}$ は

$$\boldsymbol{B} = (B_x, B_y, B_z) = (0, B_0 \sin(\omega t - kz + \delta), 0) \tag{2}$$

で与えられる．電子の速度を $\boldsymbol{v} = (v_x, v_y, v_z)$ とすると，電子にはたらく外力の x 成分 F_x は

$$F_x = -e\{E_x + (v_y B_z - v_z B_y)\} = -eE_0 \left(1 - v_z \frac{B_0}{E_0}\right) \sin(\omega t - kz + \delta).$$

磁場成分と電子との相互作用を表す項は $v_z \frac{B_0}{E_0}$ であるが，$\frac{B_0}{E_0} = \frac{1}{c}$ であることから，これが十分小さくなるための条件は $v_z \ll c$ であることがわかる．一般には $|\boldsymbol{v}| \ll c$ が条件である．

(2) 設問 (1) と同様に，電場と磁場をそれぞれ (1) 式と (2) 式で与えると，電子にはたらく力 $\boldsymbol{F}$ は次式となる．

$$\begin{aligned}
\boldsymbol{F} &= (F_x, F_y, F_z) = -e \sin(\omega t - kz + \delta)(E_0 - v_z B_0, 0, v_x B_0) \\
&= -eE_0 \sin(\omega t - kz + \delta) \left(1 - v_z \frac{B_0}{E_0}, 0, v_x \frac{B_0}{E_0}\right) \\
&= -eE_0 \sin(\omega t - kz + \delta) \left(1 - \frac{v_z}{c}, 0, \frac{v_x}{c}\right).
\end{aligned} \tag{3}$$

したがって，設問 (1) の結果より $|\boldsymbol{v}| \ll c$ ならば，磁場 $\boldsymbol{B}$ の寄与である (3) 式の最右辺の $\frac{v_z}{c}$ および $\frac{v_x}{c}$ の項は無視してよい．結果，磁場の効果を無視した電子の運動方程式の x 成分

$$m \frac{dv_x}{dt} = -eE_0 \sin(\omega t - kz + \delta)$$

を考えればよいことになる．この微分方程式を解くと

$$v_x = -\frac{eE_0}{m\omega} \cos(\omega t - kz + \delta) + C$$

が得られる（C は積分定数）．$t = t_0$ で $\boldsymbol{v} = 0$ なので，定数 C は

$$C = \frac{eE_0}{m\omega} \cos(\omega t_0 - kz + \delta).$$

よって，運動エネルギー K は次のように求められる．

$$K = \frac{1}{2} m v_x^2 = \frac{1}{2} \frac{e^2 E_0^2}{m \omega^2} \{\cos(\omega t - kz + \delta) - \cos(\omega t_0 - kz + \delta)\}^2.$$

(3) 1 周期平均の定義式より

$$\langle \cos\omega t \rangle = \langle \sin\omega t \rangle = 0, \quad \langle \cos^2\omega t \rangle = \langle \sin^2\omega t \rangle = \frac{1}{2}$$

なので，運動エネルギーの 1 周期平均は

$$\langle K \rangle = \frac{e^2 E_0^2}{4m\omega^2} \{1 + 2\cos^2(\omega t_0 - kz + \delta)\}.$$

最小値 $\langle K \rangle_{\min}$ は

$$\langle K \rangle_{\min} = \frac{e^2 E_0^2}{4m\omega^2}.$$

ここで，外力 $F_x = -eE_x$ が電子にする**仕事率** $\dot{W} = v_x F_x$ を考えると

$$\dot{W} = \frac{dW}{dt} = v_x F_x$$

$$= \frac{e^2 E_0^2}{m\omega} \cos\omega t \sin\omega t = \frac{e^2 E_0^2}{2m\omega} \sin 2\omega t$$

$$= 2\omega \langle K \rangle_{\min} \sin 2\omega t = -\langle K \rangle_{\min} \frac{d}{dt} \cos 2\omega t$$

$$\implies W \sim \langle K \rangle_{\min} \cos 2\omega t.$$

よって，$\langle K \rangle_{\min}$ は電磁波が電子にする仕事の最大値を与えることがわかる．

(4) ポインティングベクトル $\boldsymbol{S}$ の各成分は

$$\boldsymbol{S} = (S_x, S_y, S_z) = \left(0, 0, \frac{1}{\mu_0} E_0 B_0 \sin^2(\omega t - kz + \delta)\right)$$

で与えられる．よって，**光の強度** I は

$$I = \frac{1}{T} \int_t^{t+T} |\boldsymbol{S}(t')| dt' = \frac{E_0 B_0}{\mu_0} \langle \sin^2(\omega t) \rangle = \frac{E_0^2}{2\mu_0 c}$$

と計算される．$c = \frac{1}{\sqrt{\varepsilon_0 \mu_0}}$ の関係を代入すると

$$E_0 = \sqrt{2\mu_0 cI} = \sqrt{2\sqrt{\frac{\mu_0}{\varepsilon_0}}I} = \sqrt{2Z_0 I}$$

と求まる．

(5) 関係式 $\omega = \frac{2\pi c}{\lambda}$ と前問の結果を使うと次式を得る．

$$U = \frac{e^2 E_0^2}{4m\omega^2} = \frac{2e^2 Z_0 I}{4m\omega^2} = \frac{e^2 Z_0 I \lambda^2}{8\pi^2 mc^2}.$$

(6) U, I および λ の関係は $U = 1.5 \times 10^{-24} I \lambda^2$ [J]．$\lambda = 8 \times 10^{-7}$ [m] の場合

$$U = 1.5 \times 10^{-24} \times (8 \times 10^{-7})^2 I$$

$$= 9.6 \times 10^{-37} I \text{ [J]}.$$

$I < 10^{18}$ [W·m^{-2}] であれば

$$U < 9.6 \times 10^{-19} \text{ [J]}.$$

このエネルギーを運動エネルギーとして持つ電子の速度 v は

$$\frac{1}{2} mv^2 = 4.5 \times 10^{-31} v^2 < 9.6 \times 10^{-19} \text{ [J]}$$

$$\implies v < 1.5 \times 10^6 \text{ [m·s}^{-1}\text{]}$$

と見積もることができる．光速は $c \simeq 3.0 \times 10^8 \,[\mathrm{m \cdot s^{-1}}]$ なので，$\frac{v}{c} \sim 5 \times 10^{-3}$．すなわち磁場の影響は電場のそれと比較して 200 分の 1 程度である．

2.5 (1) $\boldsymbol{E} = 0$ なので，運動方程式は

$$m\frac{d\boldsymbol{v}}{dt} = q\boldsymbol{v} \times \boldsymbol{B} \tag{1}$$

で与えられる．粒子の速度成分を $\boldsymbol{v} = (v_x, v_y, v_z)$ とし，各成分ごとに分けると

$$m\frac{dv_x}{dt} = qv_yB, \quad m\frac{dv_y}{dt} = -qv_xB, \quad m\frac{dv_z}{dt} = 0$$
$$\Longrightarrow \quad \dot{v}_x - \omega_0 v_y = 0, \quad \dot{v}_y + \omega_0 v_x = 0, \quad \dot{v}_z = 0 \tag{2}$$

と表すことができる．ただし，$\omega_0 = \frac{qB}{m}$．z 方向の運動は等速運動．x, y 成分については (2) 式のはじめの 2 つの式と，それらを時間微分して得られる式

$$\ddot{v}_x - \omega_0 \dot{v}_y = 0, \quad \ddot{v}_y + \omega_0 \dot{v}_x = 0$$

を連立させることにより

$$\ddot{v}_x + \omega_0^2 v_x = 0, \quad \ddot{v}_y + \omega_0^2 v_y = 0$$

が得られる．これはともに，角振動数 ω_0 の**単振動**の運動方程式である．以上より，$C_1, C_2, C_3, C_4, C_5, C_6$ を定数とすると，速度は

$$\begin{cases} v_x = C_1 \sin\omega_0 t + C_2 \cos\omega_0 t \\ v_y = -C_2 \sin\omega_0 t + C_1 \cos\omega_0 t \\ v_z = C_3 \end{cases}$$

また，これらを時刻 t について積分することにより，位置に関しては

$$\begin{cases} x = \dfrac{-C_2 \sin\omega_0 t + C_1 \cos\omega_0 t}{\omega_0} + C_4 \\ y = \dfrac{-C_1 \sin\omega_0 t + C_2 \cos\omega_0 t}{\omega_0} + C_5 \\ z = C_3 t + C_6 \end{cases}$$

の形の**一般解**が導かれる．初期条件を代入すると

$$C_2 = v_0, \quad C_5 = -\frac{v_0}{\omega_0}, \quad C_1 = C_3 = C_4 = C_6 = 0$$

と定まるので，速度は

$$\begin{cases} v_x = v_0 \cos\omega_0 t \\ v_y = -v_0 \sin\omega_0 t \\ v_z = 0 \end{cases}$$

位置は

$$\begin{cases} x = -\dfrac{v_0}{\omega_0} \sin\omega_0 t \\ y = \dfrac{v_0}{\omega_0}(\cos\omega_0 t - 1) \\ z = 0 \end{cases}$$

と求まる．

(2) 与えられた電場 $\boldsymbol{E}$ が印加された場合の運動方程式は

$$\begin{cases} \dot{v}_x - \omega_0 v_y = -\dfrac{qE}{m}\sin\Omega t \\ \omega_0 v_x + \dot{v}_y = -\dfrac{qE}{m}\cos\Omega t. \end{cases} \tag{3}$$

$\Omega \neq \omega_0$ **の場合**：この**非斉次微分方程式**の**特殊解**が，印加された外部電場と同じ角振動数を持つ正弦波と余弦波の重ね合わせで与えられるものと仮定して

$$v_x = C_1'\sin\Omega t + C_2'\cos\Omega t, \quad v_y = C_3'\sin\Omega t + C_4'\cos\Omega t \tag{4}$$

とおく（C_1', C_2', C_3', C_4' は定数）．これらを (3) 式に代入して整理すると

$$\begin{pmatrix} \dfrac{qE}{m} - C_2'\Omega - C_3'\omega_0 & C_1'\Omega - C_4'\omega_0 \\ C_1'\omega_0 - C_4'\Omega & \dfrac{qE}{m} + C_2'\omega_0 + C_3'\Omega \end{pmatrix} \begin{pmatrix} \sin\Omega t \\ \cos\Omega t \end{pmatrix} = \begin{pmatrix} 0 \\ 0 \end{pmatrix} \tag{5}$$

を得る．(5) 式が任意の時刻 t で成り立つためには，行列

$$A = \begin{pmatrix} \dfrac{qE}{m} - C_2'\Omega - C_3'\omega_0 & C_1'\Omega - C_4'\omega_0 \\ C_1'\omega_0 - C_4'\Omega & \dfrac{qE}{m} + C_2'\omega_0 + C_3'\Omega \end{pmatrix}$$

に対して

$$\begin{aligned} \det A &= \left\{\dfrac{qE}{m} - (C_2'\Omega + C_3'\omega_0)\right\}\left\{\dfrac{qE}{m} + C_2'\omega_0 + C_3'\Omega\right\} \\ &\quad - (C_1'\Omega - C_4'\omega_0)(C_1'\omega_0 - C_4'\Omega) \\ &= 0 \end{aligned} \tag{6}$$

が成り立つ必要がある．$C_1' = C_4' = 0, C_2' = -C_3'$ を選び，(6) 式に代入すると

$$\left\{\dfrac{qE}{m} - C_2'(\Omega - \omega_0)\right\}^2 = 0 \iff C_2' = \dfrac{qE}{m}\dfrac{1}{\Omega - \omega_0}.$$

この結果を (4) 式に代入すると

$$v_x = \dfrac{qE}{m}\dfrac{\cos\Omega t}{\Omega - \omega_0}, \quad v_y = -\dfrac{qE}{m}\dfrac{\sin\Omega t}{\Omega - \omega_0}$$

を得る．(3) 式の微分方程式に代入してみると，確かにこの微分方程式の解になっていることがわかる．**一般解**はこの特殊解に**斉次微分方程式** (2) 式の一般解を足したものなので

$$\begin{aligned} v_x &= C_1\sin\omega_0 t + C_2\cos\omega_0 t + \dfrac{qE}{m}\dfrac{\cos\Omega t}{\Omega - \omega_0}, \\ v_y &= -C_2\sin\omega_0 t + C_1\cos\omega_0 t - \dfrac{qE}{m}\dfrac{\sin\Omega t}{\Omega - \omega_0} \end{aligned}$$

を得る．初期条件より定数 C_1, C_2 が $C_1 = 0, C_2 = v_0 - \dfrac{qE}{m}\dfrac{1}{\Omega-\omega_0}$ と決定され，速度は

$$\begin{aligned} v_x &= v_0\cos\omega_0 t + \dfrac{qE}{m}\dfrac{1}{\Omega - \omega_0}(-\cos\omega_0 t + \cos\Omega t), \\ v_y &= -v_0\sin\omega_0 t + \dfrac{qE}{m}\dfrac{1}{\Omega - \omega_0}(\sin\omega_0 t - \sin\Omega t) \end{aligned}$$

と求まる．

$\Omega = \omega_0$ **の場合**：外部電場の振動数と系の固有振動数が一致しているため**共振**をおこし，振動の振幅が時刻 t とともに増大することが考えられる．そこで

第 2 章の解答

$$v_x = C_1' t \sin \Omega t + C_2' t \cos \Omega t, \quad v_y = C_3' t \sin \Omega t + C_4' t \cos \Omega t \tag{7}$$

の形の特殊解を想定してみる（C_1', C_2', C_3', C_4' は定数）．これらを (3) 式に代入し，同様の計算を行うと

$$\begin{vmatrix} \frac{qE}{m} + C_1' - C_2'\Omega t - C_3'\omega_0 t & C_1'\Omega t + C_2' - C_4'\omega_0 t \\ C_1'\omega_0 t + C_3' - C_4'\Omega t & \frac{qE}{m} + C_2'\omega_0 t + C_3'\Omega t + C_4' \end{vmatrix} = 0$$

を得る．$C_1' = C_4', C_2' = C_3' = 0$ を選び，$\Omega = \omega_0$ を使うと $C_1' = C_4' = -\frac{qE}{m}, C_2' = C_3' = 0$ が求まる．結果を (7) 式に代入すると

$$v_x = -\frac{qE}{m} t \sin \Omega t, \quad v_y = -\frac{qE}{m} t \cos \Omega t$$

を得る．(3) 式の微分方程式に代入してみると，確かに解になっていることがわかる．よって，一般解は

$$v_x = C_1 \sin \omega_0 t + C_2 \cos \omega_0 t - \frac{qE}{m} t \sin \omega_0 t,$$

$$v_y = -C_2 \sin \omega_0 t + C_1 \cos \omega_0 t - \frac{qE}{m} t \cos \omega_0 t$$

となる．初期条件を考慮すると，$C_1 = 0, C_2 = v_0$ と求まる．よって，速度は

$$v_x = v_0 \cos \omega_0 t - \frac{qE}{m} t \sin \omega_0 t,$$

$$v_y = -v_0 \sin \omega_0 t - \frac{qE}{m} t \cos \omega_0 t.$$

(3) $\Omega = \omega_0$ の場合，運動エネルギー T は前問の結果を使うと

$$T = \frac{1}{2} m (v_x^2 + v_y^2) = \frac{1}{2} m \left\{ v_0^2 + \left(\frac{qE}{m}\right)^2 t^2 \right\}.$$

よって，運動エネルギーは t^2 に比例して増大することがわかる．

(4) パラメータ $\gamma = \frac{1}{\sqrt{1 - \frac{v^2}{c^2}}}$ を導入すると，**相対論的な運動量**は $\boldsymbol{p} = \gamma m \boldsymbol{v}$ と書ける．m は**静止質量**なので定数であることを考慮すると，**相対論的な運動方程式**は

$$\boldsymbol{F} = \frac{d\boldsymbol{p}}{dt} = \frac{d(\gamma m \boldsymbol{v})}{dt} = m \dot{\gamma} \boldsymbol{v} + m \gamma \dot{\boldsymbol{v}}. \tag{8}$$

両辺に対して $\boldsymbol{v}$ と内積を取ると

$$\boldsymbol{F} \cdot \boldsymbol{v} = m \dot{\gamma} v^2 + m \gamma \boldsymbol{v} \cdot \dot{\boldsymbol{v}}. \tag{9}$$

γ の時間微分

$$\frac{d\gamma}{dt} = \dot{\gamma} = \frac{1}{c^2} \gamma^3 \boldsymbol{v} \cdot \dot{\boldsymbol{v}} \tag{10}$$

を (9) 式に代入すると

$$\boldsymbol{F} \cdot \boldsymbol{v} = m \gamma \left(\frac{v^2}{c^2} \gamma^2 + 1 \right) \boldsymbol{v} \cdot \dot{\boldsymbol{v}} = m \gamma^3 \boldsymbol{v} \cdot \dot{\boldsymbol{v}}. \tag{11}$$

(10) 式から得られる関係式 $\boldsymbol{v} \cdot \dot{\boldsymbol{v}} = c^2 \dot{\gamma} \gamma^{-3}$ を (11) 式に代入すると

$$\boldsymbol{F} \cdot \boldsymbol{v} = m \gamma^3 \boldsymbol{v} \cdot \dot{\boldsymbol{v}} = mc^2 \frac{d\gamma}{dt}. \tag{12}$$

磁場だけが存在するときには $\bm{F}\cdot\bm{v} = q(\bm{v}\times\bm{B})\cdot\bm{v} = 0$ が成立するので，(12) 式より

$$\frac{d\gamma}{dt} = \frac{d}{dt}\frac{1}{\sqrt{1-\frac{v^2}{c^2}}} = 0.$$

すなわち，v は運動中一定であることがわかった．

(5) 設問 (4) の結果から

$$\gamma = \frac{1}{\sqrt{1-\frac{v^2}{c^2}}}$$

が時間によらない定数であることがわかったので，運動方程式 (8) より

$$\frac{d\bm{p}}{dt} = m\gamma\frac{d\bm{v}}{dt} = \bm{F} = q\bm{v}\times\bm{B}.$$

これは設問 (1) で求めた (1) 式の運動方程式で，$m \to \gamma m$ と置き換えたものと等しい．よって，運動方程式の解についても同様の置き換えをすればよく，速度は $v_x = v_0\cos\omega_0' t, v_y = -v_0\sin\omega_0' t, v_z = 0$ と決まる．ただし

$$\omega_0' = \frac{qB}{\gamma m} = \frac{qB}{m}\sqrt{1-\frac{v_0^2}{c^2}}. \tag{13}$$

(6) 荷電粒子の速度が光速に比べて小さい間は，系の固有振動数と印加する電場の振動数が一致しているので，設問 (3) で求めたように運動エネルギーは増加していく．荷電粒子が加速され相対論的な効果が現れてくると，系の固有振動が (13) 式のように変化し，電場の振動数とずれはじめる．よって，加速は止まる．

2.6 (1) j でラベル付けした電子の速度を $\bm{v}_j$ とすると，その運動方程式は $m\frac{d\bm{v}_j}{dt} = -e\bm{E}$ で与えられる．$\bm{v}_j$ の平均値を $\overline{\bm{v}} = \langle \bm{v}_j \rangle$ とすると運動方程式は $m\frac{d\overline{\bm{v}}}{dt} = -e\bm{E}$，電流密度は $\bm{J} = -ne\overline{\bm{v}}$ と書けるので，$\bm{J}$ の時間微分より

$$\frac{\partial \bm{J}}{\partial t} = -ne\frac{\partial \overline{\bm{v}}}{\partial t} = \frac{ne^2}{m}\bm{E}.$$

よって，① 式が成り立つことになる．

常伝導体内では，電子は散乱により速度に比例する抵抗力を受ける．**抵抗係数**を $\gamma > 0$ とすると運動方程式は $m\frac{d\overline{\bm{v}}}{dt} = -\gamma m\overline{\bm{v}} - e\bm{E}$ という形になり，電流密度 $\bm{J}_\mathrm{N}$ の式は

$$\frac{\partial \bm{J}_\mathrm{N}}{\partial t} = \frac{ne^2}{m}\bm{E} - \gamma \bm{J}_\mathrm{N}$$

となる．常伝導体の電気抵抗を表す減衰項 $-\gamma \bm{J}_\mathrm{N}$ が存在する点が**超伝導体**の場合と異なる．

(2) ① 式の両辺について**回転** (rot) をとると

$$\mathrm{rot}\frac{\partial \bm{J}}{\partial t} = \frac{\partial}{\partial t}\mathrm{rot}\bm{J} = \frac{ne^2}{m}\mathrm{rot}\bm{E}. \tag{1}$$

ここで，マクスウェル方程式 $\mathrm{rot}\bm{E} = -\frac{\partial \bm{B}}{\partial t}$ を (1) 式に代入すると ② 式が導かれる．

(3) マクスウェル方程式 $\frac{1}{\mu_0}\mathrm{rot}\bm{B} = \bm{J} + \varepsilon_0\frac{\partial \bm{E}}{\partial t}$ は，定常状態では

$$\frac{1}{\mu_0}\mathrm{rot}\bm{B} = \bm{J} \tag{2}$$

となる．両辺の回転をとると $\frac{1}{\mu_0}\mathrm{rot}(\mathrm{rot}\bm{B}) = \mathrm{rot}\bm{J}$．ここで，ベクトル場 $\bm{V}$ に対する公式

rot(rot$V$) = grad(div$V$) − $\nabla^2 V$ とマクスウェル方程式の 1 つ div$B$ = 0 を用いると

$$-\frac{1}{\mu_0}\nabla^2 B = \text{rot}J$$

が得られる．これを ② 式に代入すると

$$\frac{\partial}{\partial t}\left(-\frac{1}{\mu_0}\nabla^2 B + \frac{ne^2}{m}B\right) = 0$$

が導かれる．これより，時間に依存しないベクトル場を C として

$$-\frac{1}{\mu_0}\nabla^2 B + \frac{ne^2}{m}B = C$$

が成立することが結論される．$B_0 = -\frac{m}{ne^2}C$ とし

$$\lambda^2 = \frac{m}{\mu_0 ne^2}$$

とおくと ③ 式が導かれる．

(4) 超伝導体内部の磁場も z 方向を向いていると考えられるので

$$B = (0, 0, B_z(x)) \tag{3}$$

とおくことができる．この表式を $B_0 = 0$ とした ③ 式に代入すると

$$\lambda^2 \frac{\partial^2 B_z(x)}{\partial x^2} = B_z(x).$$

この微分方程式の一般解は B_1, B_2 を定数として

$$B_z(x) = B_1 e^{-x/\lambda} + B_2 e^{x/\lambda}$$

で与えられる．$|B_{\text{out}}| = B_{\text{out}}$ とすると，境界条件

$$\lim_{x \to -d} B_z(x) = B_1 e^{d/\lambda} + B_2 e^{-d/\lambda} = B_{\text{out}},$$

$$\lim_{x \to d} B_z(x) = B_1 e^{-d/\lambda} + B_2 e^{d/\lambda} = B_{\text{out}}$$

より

$$B_1 = B_2 = B_{\text{out}}\frac{e^{d/\lambda} - e^{-d/\lambda}}{e^{2d/\lambda} - e^{-2d/\lambda}} = \frac{B_{\text{out}}}{e^{d/\lambda} + e^{-d/\lambda}}.$$

よって磁場の大きさ分布として

$$B_z(x) = B_{\text{out}}\frac{e^{x/\lambda} + e^{-x/\lambda}}{e^{d/\lambda} + e^{-d/\lambda}} \tag{4}$$

が得られる．

$d \gg \lambda$ のとき，例えば $x = d$ の近傍 $x = d - \Delta x$ ($\Delta x > 0$) における磁場の大きさは

$$B_z(x) \simeq B_{\text{out}}\frac{e^{(d-\Delta x)/\lambda}}{e^{d/\lambda}} = B_{\text{out}} e^{-\Delta x/\lambda}.$$

すなわち，磁場の大きさは超伝導体の内部に侵入するにつれ，**指数関数的**に減衰する．超伝導体中に磁場が侵入できる深さは λ 程度である．

(5) 電流密度は (3) 式を (2) 式に代入することにより求まる．

$$J = (J_x, J_y, J_z) = \left(0, -\frac{1}{\mu_0}\frac{\partial B_z}{\partial x}, 0\right).$$

(4) 式を代入すると

$$J_y(x) = -\frac{1}{\mu_0}\frac{\partial B_z}{\partial x} = -\frac{B_\text{out}}{\mu_0 \lambda}\frac{e^{x/\lambda} - e^{-x/\lambda}}{e^{d/\lambda} + e^{-d/\lambda}}$$

が導かれる．超伝導体表面における電流密度の大きさは $\frac{B_\text{out}}{\mu_0 \lambda}$ で，電流は y 軸に平行に，$x > 0$ で負の向き，$x < 0$ で正の向きに流れ，超伝導体内部に侵入する外部磁場 $\boldsymbol{B}_\text{out}$ を打ち消すような磁場を作る．また磁場と同様に，超伝導体内部に侵入するにつれて，電流密度も指数関数的に減衰する（図参照）．

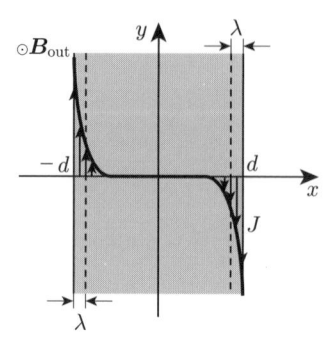

2.7 (1) c を光速として，電磁波の電場 $\boldsymbol{E}$ と磁場 $\boldsymbol{B}$ との間に $|\boldsymbol{E}| = c|\boldsymbol{B}|$ の関係があるので，電子の速度の大きさが光速 c に比べて十分に小さい場合，運動方程式は

$$m\frac{d\boldsymbol{v}}{dt} = -e(\boldsymbol{E} + \boldsymbol{v} \times \boldsymbol{B}) \simeq -e\boldsymbol{E}$$

で与えられる．いま，電場 $\boldsymbol{E}$ は x 成分のみ与えられているので，上の運動方程式も v_x に関してのみ考えればよい．運動方程式を v_x について積分すると

$$\frac{dv_x}{dt} = -\frac{e}{m}E_0 \sin(kz - \omega t)$$
$$\iff v_x = -\frac{e}{m}\frac{E_0}{\omega}\cos(kz - \omega t) + v_0$$

が得られる．ここで v_0 は初期条件により決定される定数であるが，入射前の**電離層**の電子はランダムに運動していると考えられるので，正味の速度は零と考えてよい．以降，$v_0 = 0$ とする．これより電子の運動による電流密度ベクトルの x 成分は

$$j_{\text{ex}} = -nev_x = \frac{ne^2 E_0}{m\omega}\cos(kz - \omega t)$$

と求められ，変位電流ベクトルの x 成分は次式で与えられる．

$$j_{\text{D}x} = \frac{\partial D_x}{\partial t} = \varepsilon_0 \frac{\partial}{\partial t}\{E_0 \sin(kz - \omega t)\}$$
$$= -\varepsilon_0 E_0 \omega \cos(kz - \omega t).$$

(2) 全電流密度を $\boldsymbol{j} = (j_x, 0, 0)$ で表すと，設問 (1) の結果より

$$j_x = j_{\text{ex}} + j_{\text{D}x} = \left(\frac{ne^2}{m\omega} - \varepsilon_0 \omega\right) E_0 \cos(kz - \omega t) \tag{1}$$

で与えられる．電磁波の進行方向はポインティングベクトル $\frac{1}{\mu_0}(\boldsymbol{E} \times \boldsymbol{B})$ の向きであり，具体的

には z 軸の正の向きである．よって，$\boldsymbol{B} = (0, B_y(z), 0)$ と書けることがわかる．以上の結果とマクスウェル方程式 $\nabla \times \boldsymbol{B} = \mu_0 \boldsymbol{j}$ より，方程式

$$-\frac{\partial B_y(z)}{\partial z} = \mu_0 j_x = \mu_0 \left(\frac{ne^2}{m\omega} - \varepsilon_0 \omega \right) E_0 \cos(kz - \omega t)$$

が導かれる．設問 (1) と同様に積分定数を零とすると

$$B_y = \mu_0 \left(\varepsilon_0 \omega - \frac{ne^2}{m\omega} \right) \frac{E_0}{k} \sin(kz - \omega t)$$

と求められる．

(3) (1) 式を変形すると，$j_x = -\varepsilon_0 \left(1 - \frac{ne^2}{m\omega^2 \varepsilon_0} \right) \omega E_0 \cos(kz - \omega t)$ を得る．この式は，電離層の誘電率は真空の値 ε_0 ではなく

$$\varepsilon = \varepsilon_0 \left(1 - \frac{ne^2}{m\omega^2 \varepsilon_0} \right)$$

で与えられることを意味している．これを用いて，屈折率 n_r を計算する．**プラズマの比透磁率は 1 と仮定したので**，真空に対する電離層の屈折率は

$$n_\mathrm{r} = \sqrt{\frac{\varepsilon}{\varepsilon_0}} = \sqrt{1 - \frac{ne^2}{m\omega^2 \varepsilon_0}} \tag{2}$$

で与えられることになる．ここで

$$\omega_\mathrm{p}^2 = \frac{ne^2}{m\varepsilon_0} \tag{3}$$

によって ω_p を定義すると，(2) 式は

$$n_\mathrm{r} = \sqrt{1 - \frac{\omega_\mathrm{p}^2}{\omega^2}}$$

と与えられる（ω_p は**プラズマ角振動数**と呼ばれる）．この式で，$\omega_\mathrm{p} > \omega$ のとき，屈折率 n は純虚数になる．このとき，電場は電離層内を伝搬できなくなる．つまり，電離層表面で**全反射**が起こる．

設問 (3) の別解 マクスウェル方程式 $\nabla \times \boldsymbol{E} = -\frac{\partial \boldsymbol{B}}{\partial t}$ に $\boldsymbol{E}, \boldsymbol{B}$ を代入すると，**分散関係**

$$\left(\frac{k}{\omega} \right)^2 = \mu_0 \left(\varepsilon_0 - \frac{ne^2}{m\omega^2} \right)$$

を得る．屈折率 n_r は真空中の光速 $c \left(= \frac{1}{\sqrt{\mu_0 \varepsilon_0}} \right)$ と媒質中の位相速度 $v \left(= \frac{\omega}{k} \right)$ の比なので

$$n_\mathrm{r} = \frac{c}{\frac{\omega}{k}} = \sqrt{1 - \frac{ne^2}{m\omega^2 \varepsilon_0}} = \sqrt{1 - \frac{\omega_\mathrm{p}^2}{\omega^2}}$$

で与えられる．$\omega_\mathrm{p} > \omega$ で，k は屈折率とともに純虚数となり，電場は電離層への侵入距離 z の関数として**指数関数的**に減衰することになる．これが上で「電離層内を伝搬できなくなる」と述べた状態である．

(4) ω_p（プラズマ角振動数）は電離層表面で全反射されるための電磁波の最大角振動数を与える．(3) 式より，これは電子の数密度 n と $\omega_\mathrm{p} \sim \sqrt{n}$ の関係にある．夜間は太陽の影響が無くなるため，電離層の電子の数密度 n は昼間よりも全体的に小さくなる．したがって，ラジオなどに利用される電波の角振動数 ω に対して，条件 $\omega < \omega_\mathrm{p}$ を満たす領域の高度は昼間よりも夜間の方が高く，その結果，より遠方に電波が届くことになる．

第3章

3.1 (1) まず**カルノー機関** C' を逆回転させた図 (a) のような**複合機関**を考える．熱力学第 1 法則（エネルギー保存則）を 2 つの熱機関 C, C' のそれぞれで考えると

$$Q_1 = W + Q_2, \tag{1}$$

$$Q_1' = W + Q_2' \tag{2}$$

が成り立つ．(1) および (2) 式の差をとると

$$Q_1 - Q_1' = Q_2 - Q_2' \tag{3}$$

を得る．ここで，$\eta > \eta'$ が成り立っていると仮定してみる．すると (1), (2) 式より

$$\eta = \frac{W}{Q_1} > \eta' = \frac{W}{Q_1'} \iff Q_1 < Q_1' \tag{4}$$

が導かれる．複合機関が 1 サイクル動くと，C がする仕事 W はすべて C' が受け取るので，複合機関は仕事のかたちでは外部に影響を与えない．1 サイクルの間に高温源から吸収した熱量は合計で $Q_1 - Q_1'$ になるが，(4) 式より不等式 $Q_1 - Q_1' < 0$ が成り立つ．同様に，低温源に放出する熱量は $Q_2 - Q_2' = Q_1 - Q_1' < 0$ となる．これは低温源から熱 $Q_1' - Q_1 > 0$ を吸収し，それを高温源に移動させていることを意味している．複合機関は 1 サイクル動き，最初の状態に戻っているので，「他に何の変化を残すことなく，熱を低温の物体から高温の物体に移すことはできない」とするクラウジウスの原理に反している．よって，$\eta > \eta'$ の仮定は正しくなく，$\eta \leq \eta'$ でなければならないことが結論される．

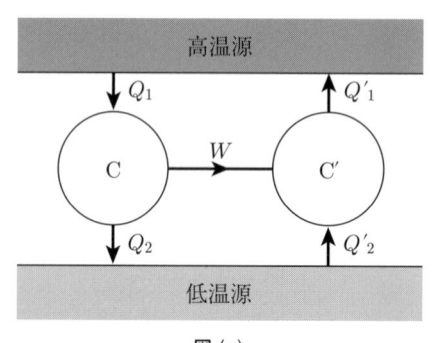

図 (a)

次に，C を逆回転させた図 (b) のような複合機関を考えてみる．この場合も熱力学第 1 法則である (1)〜(3) 式はそのまま成り立つ．そこで今度は $\eta < \eta'$ が成り立っていると仮定してみると，同様の議論より

$$\eta = \frac{W}{Q_1} < \eta' = \frac{W}{Q_1'} \iff Q_1 > Q_1'$$

が導かれる．複合機関が 1 サイクル動くと，この間に高温源から吸収する熱量は負値 $Q_1' - Q_1 < 0$，低温源から吸収する熱量も負値 $Q_2' - Q_2 = Q_1' - Q_1 < 0$ となる．前述の場合と同様，複合機関が外部に影響を及ぼすことなしに，熱が低温側から高温側に流れることになり，クラウジウスの原理に反してしまう．このことから $\eta < \eta'$ の仮定は正しくなく，$\eta \geq \eta'$

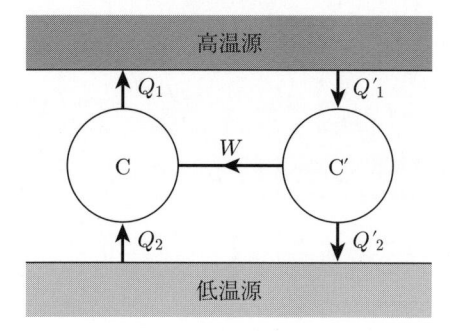

図 (b)

でなければならないことが結論される．以上より，$\eta = \eta'$ が結論される．またこの結果は，移動する熱量の間に $Q_1 = Q'_1, Q_2 = Q'_2$ の関係が成り立つことも意味している．すなわち，可逆な熱機関を連結した複合機関を 1 サイクル運転すると，移動する熱量も含めて，状態は完全に元の状態に戻ることを示している．

(2) 必要な熱量 Q は
$$Q = C_{\mathrm{w}}(T - T_0) \tag{5}$$
で与えられる．よって，(5) 式より
$$\delta Q = C_{\mathrm{w}} \delta T \tag{6}$$
が導かれる．

(3) 熱力学第 1 法則より
$$\delta Q = \delta W + \delta Q_0 \iff \frac{\delta W}{\delta Q} = 1 - \frac{\delta Q_0}{\delta Q}$$
が導かれる．ここで，設問 (1) で与えられているカルノー機関の効率の式を使うことで
$$\frac{\delta W}{\delta Q} = 1 - \frac{T_0}{T}. \tag{7}$$

(4) (6) 式と (7) 式を用いると $\delta W = C_{\mathrm{w}} \left(1 - \frac{T_0}{T}\right) \delta T$．温度 T_0 から T まで積分することで
$$W = C_{\mathrm{w}} \int_{T_0}^{T} \left(1 - \frac{T_0}{T'}\right) dT' = C_{\mathrm{w}} \left(T - T_0 - T_0 \ln \frac{T}{T_0}\right). \tag{8}$$

(5) (5) 式および (8) 式より
$$\gamma = \frac{Q}{W} = \frac{T - T_0}{T - T_0 - T_0 \ln \frac{T}{T_0}} = \left(1 - \frac{T_0}{T - T_0} \ln \frac{T}{T_0}\right)^{-1}. \tag{9}$$

(6) (9) 式の最後の式の括弧内の第 2 項の振舞いについて考えてみる．**高温極限**では
$$\frac{T_0}{T - T_0} \ln \frac{T}{T_0} \to 0 \quad (T \to \infty)$$
であるので，$T \to \infty$ で γ は 1 に漸近する．

$T \to T_0$ の振舞いを調べるために，$T = T_0 + \Delta T$ とおき，対数関数のテイラー展開 $\ln(1+x) = x - \frac{x^2}{2} + \mathcal{O}(x^3)$ を使うと，$\Delta T \to 0$ で

$$\frac{T_0}{T-T_0}\ln\frac{T}{T_0} = \frac{T_0}{\Delta T}\ln\left(1+\frac{\Delta T}{T_0}\right)$$
$$= \frac{T_0}{\Delta T}\left\{\frac{\Delta T}{T_0} - \frac{1}{2}\left(\frac{\Delta T}{T_0}\right)^2 + \mathcal{O}\left((\Delta T)^3\right)\right\} \to 1. \tag{10}$$

すなわち，$T \to T_0$ で γ は無限大に発散する．

次に，γ の T に関する導関数を計算すると

$$\frac{d\gamma}{dT} = -\left[1 - \frac{T_0}{T-T_0}\ln\frac{T}{T_0}\right]^{-2}\left\{\frac{T_0}{(T-T_0)^2}\ln\frac{T}{T_0} - \frac{T_0}{T-T_0}\frac{1}{T}\right\}$$
$$= \left[1 - \frac{T_0}{T-T_0}\ln\frac{T}{T_0}\right]^{-2}\left[\frac{T_0}{T(T-T_0)^2}\right]\left(T - T_0 - T\ln\frac{T}{T_0}\right). \tag{11}$$

(11) 式の最右辺の中の括弧で囲まれたはじめの 2 つの因子が負の値をとることはないことは明らか．$f(T) = T - T_0 - T\ln\left(\frac{T}{T_0}\right)$ とすると，$f(T_0) = 0$ であり

$$\frac{df(T)}{dT} = -\ln\frac{T}{T_0} < 0 \quad (T > T_0)$$

なので，$T > T_0$ では $f(T) < 0$ である．以上より

$$\frac{d\gamma}{dT} < 0 \quad (T > T_0)$$

が結論される．すなわち，$T > T_0$ では，**成績係数** γ は温度 T の関数として単調に減少する．$\gamma = \gamma(T)$ の概形は図 (c) のようである．

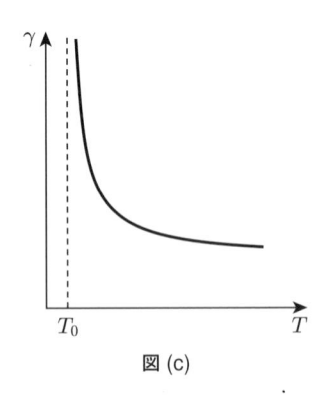

図 (c)

(7) 設問 (6) で示したように $T > T_0$ で γ は単調減少関数なので，外気温 T_0 と水温 T の温度差が大きくなると，γ は小さくなる．

(8) テイラー展開式 (10) を (9) 式に代入すると，$\frac{\Delta T}{T_0} \ll 1$ のとき

$$\gamma \simeq \left[1 - \frac{T_0}{\Delta T}\left\{\frac{\Delta T}{T_0} - \frac{1}{2}\left(\frac{\Delta T}{T_0}\right)^2\right\}\right]^{-1} \simeq \frac{2T_0}{\Delta T}. \tag{12}$$

(9) $T_0 = 290\,[\mathrm{K}]$ および $\Delta T = 50\,[\mathrm{K}]$ を (12) 式に代入すると，$\gamma \simeq 11.6$ が得られる．燃料を使って得た熱量をすべて加熱に利用できた場合が $\gamma = 1$ であるので，同じ熱量をヒートポンプで得るときは，その $\frac{1}{10}$ 以下の仕事で足りることになる．

(10) 設問 (1) で考えた熱機関 C′ を逆回転させた複合機関を再度考察する．ヒートポンプ C′ が**可逆機関**の場合，設問 (1) の結果より $Q_1 = Q_1'$ が成り立つので，成績係数 $\gamma_{可逆}$ について

$$\gamma_{可逆} = \frac{Q_1'}{W} = \frac{Q_1}{W}$$

が成り立つ．

ヒートポンプ C′ のみが**不可逆機関**に置き換わった場合でも，複合機関が 1 サイクル動く間に移動する熱量の関係 (1)〜(3) 式は成り立つ．また，クラウジウスの原理が成り立つために必要な条件は，熱量が高温源から低温源に流れることなので

$$Q_1 - Q_1' = Q_2 - Q_2' \geq 0 \tag{13}$$

である．カルノー機関 C はヒートポンプ C′ を可逆なものから不可逆なものに置き換えても同じ動きをする．Q_1, Q_2, W の大きさに変化はないため，(13) 式の関係 ($Q_1 \geq Q_1'$) より，不可逆なヒートポンプの成績係数 $\gamma_{不可逆}$ に対しては

$$\gamma_{不可逆} = \frac{Q_1'}{W} \leq \frac{Q_1}{W} = \gamma_{可逆}$$

が成立する．すなわち，不可逆機関ヒートポンプの成績係数は可逆機関の場合に比べて小さくなることが結論される．

3.2 (1) 分子量 M の分子 1 モルは $M \times 10^{-3}$ kg なので，これが体積 V 中に n モル存在しているとき，密度は $\rho = \frac{nM}{V} \times 10^{-3}$ で与えられる．この式と理想気体の状態方程式 $pV = nRT$ より $\frac{n}{V}$ を消去すれば

$$p = \rho \frac{RT}{M} \times 10^3 \tag{1}$$

が得られる．

(2) 断熱過程における関係式 $\frac{p}{\rho^\gamma} = $ 一定 の両辺を ρ で微分すると

$$\left(\frac{dp}{d\rho}\right)_{断熱過程} \rho^{-\gamma} - \gamma p \rho^{-\gamma-1} = 0 \iff k = \frac{\gamma p}{\rho}.$$

上の (1) 式を用いて p を消去すると

$$k = \gamma \frac{RT}{M} \times 10^3$$

が得られる．

(3) 媒質密度に関する波動方程式 ① より，音速 v は $v = \sqrt{k} = \sqrt{\gamma \frac{RT}{M} \times 10^3}$ と表される．ヘリウムガス中の音速 v_{He} は，$M = 4.0, \gamma = \frac{5}{3}$ を代入して $v_{He} = \sqrt{\frac{5}{3}\frac{RT}{4.0} \times 10^3}$ で与えられる．同様に，窒素ガス中の音速 v_N は，$M = 28.0, \gamma = \frac{7}{5}$ を代入して $v_N = \sqrt{\frac{7}{5}\frac{RT}{28.0} \times 10^3}$ で与えられる．以上より

$$\frac{v_{He}}{v_N} = \sqrt{\frac{5}{3} \times \frac{5}{7} \times \frac{28.0}{4.0}} = \frac{5}{\sqrt{3}} \simeq 2.9.$$

つまり，ヘリウムガス中の音速は窒素ガス中の音速の約 2.9 倍である．

(4) 気柱内の**定在波**は，**固定端（閉塞端）**で**節**を，**自由端（開放端）**で**腹**を持つ．したがって，**基本振動**において，管の長さ l は振動の波長 λ の $\frac{1}{4}$ に等しい．他方，一般に音速 v と波長 λ，および振動数 ν_0 の間には $v = \lambda \nu_0$ の関係が成り立つので，基本定在波の振動数 ν_0 は $\nu_0 = \frac{v}{4l}$

で与えられることになる．よって，ヘリウムガス中での基本振動数 ν_{He} は $\nu_{He} = \frac{v_{He}}{4l}$, 窒素ガス中の振動数 ν_N は $\nu_N = \frac{v_N}{4l}$ となる．設問 (3) より $\frac{v_{He}}{v_N} \simeq 2.9$ なので，振動数についてもヘリウムガス中では窒素ガス中の約 2.9 倍になる．つまり，ヘリウムガス中で発する音は窒素ガス中よりも，高音に聞こえる．

(5) **入射角**を θ, **反射角**を φ, **透過角**を ϕ とする．まず反射角 φ は入射角と等しい．つまり $\varphi = \theta$. また透過角 ϕ はスネルの法則 $\frac{\sin \theta}{\sin \phi} = \frac{v_{He}}{v_N}$ により決定される．$v_{He} > v_N$ なので，入射角 θ に対し，透過角 ϕ は小さくなる．以上をまとめたものを図に記すと下のようになる．

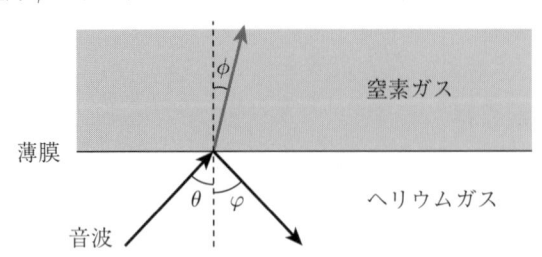

3.3 (問 1) (a) 高度上昇にともない，上空に存在する空気の量は減り**大気圧**は減少する．垂直方向に立つ単位断面積の気柱を考える．z と $z + dz$ の間の微小幅部分に外からかかる力は，底面に対しては上向きに $p(z)$ であり，天井面に対しては下向きに $p(z + dz)$ である．すなわち，気柱のこの微小幅の部分にかかる大気圧による力は $-p(z+dz) + p(z) = -\frac{dp(z)}{dz}dz$ となる．また，この部分に含まれる空気の質量は $D(z)dz$ であり，この質量にかかる単位断面積当たりの重力と前述の圧力が釣り合うので

$$\frac{dp(z)}{dz} = -D(z)g \tag{1}$$

の関係が導かれる．

(b) 1 モル当たりの空気の体積を v, 温度を T とすると，空気を理想気体と考えたときの状態方程式は $p(z)v = RT$ となる．これに $vD(z) = M$ の関係を用いると

$$p(z)\frac{M}{D(z)} = RT \iff D(z) = \frac{Mp(z)}{RT}. \tag{2}$$

(問 2) (a) **断熱過程**の熱力学第 1 法則と 1 モルの理想気体の状態方程式を用いることにより $dU = -pdv \implies c_V dT + \frac{RT}{v}dv = 0$ の関係を得る．T と v を変数分離し，積分した後，変数 v を p に置き換えると

$$c_V \ln T + R \ln v = \text{一定} \iff Tv^{R/c_V} = \text{一定}$$
$$\iff T^{1+R/c_V} p^{-R/c_V} = \text{一定}.$$

両辺の対数をとった後，p で微分すると

$$\frac{c_V + R}{c_V}\frac{1}{T}\frac{dT}{dp} - \frac{R}{c_V}\frac{1}{p} = 0$$
$$\iff \frac{dT}{dp} = \left(\frac{R}{c_V + R}\right)\frac{T}{p} = \frac{RT}{c_p p}. \tag{3}$$

ここで，マイヤーの関係式 $c_p - c_V = R$ を使った．温度変化率 $\frac{dT(z)}{dz}$ は，(1)〜(3) 式を使うことで

$$\frac{dT(z)}{dz} = \frac{dT}{dp}\frac{dp(z)}{dz} = -\frac{Mg}{c_p}$$

と求まる.

(b) 与えられた値を代入すると

$$\frac{dT(z)}{dz} = -\frac{Mg}{c_p} = -\frac{0.029 \times 9.8}{29} = -9.8 \times 10^{-3}\,[\mathrm{K\cdot m^{-1}}].$$

すなわち 100 m 上昇するごとに,約 1 度ずつ温度が下がることになる.

(**問 3**) 高度が大きくなるにつれ,気温は下がり,それとともに**飽和水蒸気圧**も小さくなる.空気中に含まれる水蒸気の**分圧**が飽和水蒸気圧よりも大きくなると,水は気体相(水蒸気)から液体相(水滴)に**相転移**する.相転移が起こる温度を T,気体相と液体相の 1 モル当たりのエントロピーをそれぞれ $s_{水蒸気}$, $s_{水滴}$ とすると,状態が水蒸気から水滴になるとき,水蒸気は 1 モル当たり $q = T(s_{水滴} - s_{水蒸気})$ の熱量を得る.気体相と液体相のエントロピーは $s_{水滴} < s_{水蒸気}$ の大小関係を持つため,$q < 0$ となる.すなわち,水蒸気が水滴に変化するとき,水蒸気は熱量を $|q|$ だけ放出する(これを**潜熱**という).この熱量により,大気温の減少は和らげられることになる.結果,温度変化率の絶対値は小さくなる.

参考:実際の温度減少率は約 $6.5 \times 10^{-3}\,\mathrm{K\cdot m^{-1}}$.つまり,100 m 上昇するごとに約 0.65 度の温度降下が観測されている.

3.4 (1) **熱力学第 2 法則** より $dS \geq \frac{\delta Q}{T}$. 可逆過程では等号が成り立つので,求める関係式は $dS = \frac{\delta Q}{T}$ となる.

(2) 前問の結果より,熱力学の第 1 法則は可逆過程では

$$dU = \delta Q - pdV = TdS - pdV$$

と書ける.よって,可逆過程において,$H(= U + pV)$ の全微分は

$$dH = dU + pdV + Vdp = TdS + Vdp \tag{1}$$

となり,$G(= H - TS)$ の全微分 dG は

$$dG = dH - TdS - SdT = Vdp - SdT \tag{2}$$

で与えられる.

(3) G を p と T の関数と考えると

$$dG = \left(\frac{\partial G}{\partial p}\right)_T dp + \left(\frac{\partial G}{\partial T}\right)_p dT. \tag{3}$$

よって,(2) 式と (3) 式を比較することにより

$$V = \left(\frac{\partial G}{\partial p}\right)_T, \quad S = -\left(\frac{\partial G}{\partial T}\right)_p$$

が得られる.後者が ① 式である.また p を固定したまま $\frac{G}{T}$ を T で偏微分すると

$$\left(\frac{\partial \left(\frac{G}{T}\right)}{\partial T}\right)_p = -\frac{G}{T^2} + \frac{1}{T}\left(\frac{\partial G}{\partial T}\right)_p.$$

ここで ① 式を用いると

$$\left(\frac{\partial \left(\frac{G}{T}\right)}{\partial T}\right)_p = -\frac{G}{T^2} + \frac{1}{T}(-S)$$

$$\iff -T^2 \left(\frac{\partial \left(\frac{G}{T}\right)}{\partial T}\right)_p = G + TS = H$$

が導かれる．

(4) 鎖状高分子の 1 分子当たりの状態数を W とする．低温構造は唯一なので，状態数は $W_{低温} = 1$，また高温ランダム構造の状態数は $W_{高温} = n^N$ で与えられる．**アボガドロ定数**を N_A とすると，分子 1 モル当たりのエントロピー変化 ΔS_C は 1 分子のエントロピー変化 ΔS を N_A 倍したものである．

$$\Delta S_C = N_A \Delta S. \tag{4}$$

ここで，k_B を**ボルツマン定数**として，**ボルツマンの関係式** $S = k_B \ln W$ を用いると

$$\Delta S = k_B \ln W_{高温} - k_B \ln W_{低温}$$
$$= k_B(\ln n^N - \ln 1) = k_B N \ln n$$

である．これを (4) 式に代入すると，$k_B N_A = R$ なので $\Delta S_C = RN \ln n$ となる．与えられた数値 $N = 100, n = 10$ を代入すると

$$\Delta S_C = 100 R \ln 10 \simeq 1.9 \times 10^3 \, [\text{J} \cdot \text{K}^{-1} \cdot \text{mol}^{-1}]$$

と求まる．

(5) 圧力は一定で，エントロピー変化は ΔS_C のみなので，1 モル当たりのエンタルピー変化は (1) 式より

$$\Delta H = T\Delta S_C = (273 + 90) \times 1.9 \times 10^3 \simeq 6.9 \times 10^5 \, [\text{J} \cdot \text{mol}^{-1}]$$

と計算される．

3.5 (1) ギブスの自由エネルギー G の全微分は

$$dG = dU - d(TS) + d(pV)$$
$$= dU - TdS - SdT + pdV + Vdp$$

であるが，これに与えられた U の全微分 dU の式を代入すると

$$dG = -SdT + Vdp + \mu dN. \tag{1}$$

(2) (1) 式より G は T, p および N の関数であることがわかる．ここで G は示量性状態量であることから，N に比例する．以上より

$$G(T, p, N) = Nf(T, p) \tag{2}$$

と表すことができる．

G の全微分の (1) 式より $\left(\frac{\partial G}{\partial N}\right)_{T,p} = \mu$ である．これを (2) 式と見比べると $f = \mu$ であるので $G(T, p, N) = N\mu(T, p)$ が結論される．

(3) 設問 (2) より，1 分子当たりのギブス自由エネルギーとは**化学ポテンシャル** μ に他ならないことがわかる．よって，問題文にある注意より，相の境界線上では

$$\mu_{\text{g}}(T, p) = \mu_{\ell}(T, p) \tag{3}$$

が成り立っていることがわかる.

次に, 液相・気相境界線に沿って, 状態を (T, p) から $(T + \delta T, p + \delta p)$ まで微小に変化させたとする. (3) 式の関係は相の境界線に沿った変化で保たれる.

$$\mu_{\text{g}}(T + \delta T, p + \delta p) = \mu_{\ell}(T + \delta T, p + \delta p). \tag{4}$$

$\delta T, \delta p$ を微小として 1 次まで展開すると

$$\mu_{\text{g}}(T + \delta T, p + \delta p) = \mu_{\text{g}}(T, p) + \left(\frac{\partial \mu_{\text{g}}}{\partial T}\right)_p \delta T + \left(\frac{\partial \mu_{\text{g}}}{\partial p}\right)_T \delta p$$

を得る. ここで, $\left(\frac{\partial \mu}{\partial T}\right)_p = -s$, $\left(\frac{\partial \mu}{\partial p}\right)_T = v$ であることを用いると, (4) 式は

$$-s_{\text{g}} \delta T + v_{\text{g}} \delta p = -s_{\ell} \delta T + v_{\ell} \delta p$$

と計算できる. 以上より

$$\left.\frac{dp}{dT}\right|_{\text{気相・液相}} = \frac{s_{\text{g}} - s_{\ell}}{v_{\text{g}} - v_{\ell}}$$

が得られる. 固相・液相境界線上でも同様に

$$\left.\frac{dp}{dT}\right|_{\text{液相・固相}} = \frac{s_{\text{s}} - s_{\ell}}{v_{\text{s}} - v_{\ell}} \tag{5}$$

が得られる.

(4) エントロピーは固相 → 液相 → 気相の順に大きくなるので $s_{\text{s}} - s_{\ell} < 0$ である. また H_2O では固相の方が液相よりも体積がわずかに大きいので $v_{\text{s}} - v_{\ell} \gtrsim 0$ である. よって (5) 式より

$$\left.\frac{dp}{dT}\right|_{\text{液相・固相}} < 0$$

となり, 液相・固相境界線は負の傾きを持ち, その勾配は大きい. 他方, $s_{\text{g}} - s_{\ell} > 0$, $v_{\text{g}} - v_{\ell} > 0$ であり, 液相・気相間の体積変化は大きい. よって, 気相・液相境界線は正の傾きを持ち, その勾配は小さい. 以上の考察より状態図は下図のようになる.

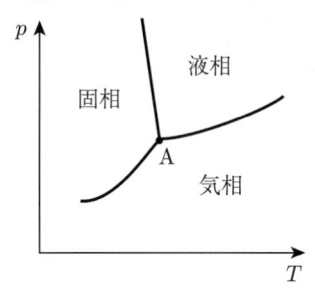

3.6 (問 1) 気体の温度を T_1 から T_2 まで上昇させたときのエントロピー増加量 ΔS は

$$\Delta S = \int_{T_1}^{T_2} \frac{\delta Q}{T}$$

と表される. ここで熱量の微小変化 δQ は, 比熱を c とすると (気体 1 モル当たり) $\delta Q = c dT$ で与えられる. 以上よりエントロピー増加量は

$$\Delta S = \int_{T_1}^{T_2} \left(\frac{2.5R}{T} - gT^{-3} \right) dT$$
$$= 2.5R \ln \frac{T_2}{T_1} + \frac{g}{2} \left(T_2^{-2} - T_1^{-2} \right)$$

で与えられる.

(問 2) 体積 $V = V(T, p)$ が状態量であるための条件は

$$\left[\frac{\partial}{\partial p} \left(\frac{\partial V}{\partial T} \right)_p \right]_T = \left[\frac{\partial}{\partial T} \left(\frac{\partial V}{\partial p} \right)_T \right]_p \tag{1}$$

である. 関係式 ①, ② を使うと

$$\left[\frac{\partial}{\partial p} \left(\frac{\partial V}{\partial T} \right)_p \right]_T = \left[\frac{\partial}{\partial p} \left(\frac{V}{T} + \frac{a}{T^2} \right) \right]_T = \frac{1}{T} \left(\frac{\partial V}{\partial p} \right)_T$$
$$= -\frac{V}{pT} \left(1 + \frac{b}{VT} \right) = -\frac{V}{pT} - \frac{b}{pT^2}$$

および

$$\left[\frac{\partial}{\partial T} \left(\frac{\partial V}{\partial p} \right)_T \right]_p = \left[\frac{\partial}{\partial T} \left(-\frac{V}{p} - \frac{b}{pT} \right) \right]_p$$
$$= -\frac{1}{p} \left(\frac{\partial V}{\partial T} \right)_p + \frac{b}{pT^2} = -\frac{V}{pT} \left(1 + \frac{a}{VT} \right) + \frac{b}{pT^2}$$
$$= -\frac{V}{pT} - \frac{a-b}{pT^2}.$$

よって, (1) 式の関係が成り立つためには

$$b = a - b \iff a = 2b. \tag{2}$$

(問 3) (a) ② 式の両辺に V をかけると

$$-\left(\frac{\partial V}{\partial p} \right)_T = \frac{1}{p} \left(V + \frac{b}{T} \right)$$

が得られる. 温度一定の条件下ではこの微分方程式は変数 V と p について**変数分離**が可能で

$$\frac{dV}{V + \frac{b}{T}} = -\frac{dp}{p}$$

と変形できる. 両辺を積分して整理すると

$$\ln \left(V + \frac{b}{T} \right) = -\ln p + 定数 \iff p \left(V + \frac{b}{T} \right) = A(T)$$

の関係が得られる. ただし $A(T)$ は V と p にはよらないが, T にはよる関数である. 以上より, 等温過程における p と V との関係は

$$V = -\frac{b}{T} + \frac{1}{p} A(T) \tag{3}$$

のように求まる.

(b) ① 式の両辺に V をかけると $\left(\frac{\partial V}{\partial T} \right)_p = \frac{1}{T} \left(V + \frac{a}{T} \right)$ が得られる. この等式に (3) 式を

代入すると

$$\frac{\partial}{\partial T}\left(-\frac{b}{T}+\frac{A(T)}{p}\right)_p = \frac{1}{T}\left(-\frac{b}{T}+\frac{A(T)}{p}+\frac{a}{T}\right)$$

$$\iff \frac{dA(T)}{dT} = \frac{A(T)}{T}+(a-2b)\frac{p}{T^2}$$

が得られる．ここで，**(問2)** で証明した (2) 式を用いると，右辺の第 2 項が零となる．その結果，$A(T)$ に関する微分方程式は，**変数分離型** $\frac{dA}{A} = \frac{dT}{T}$ となる．両辺を積分すると

$$\ln A = \ln T + 定数$$

すなわち λ を未定定数として $A(T) = \lambda T$ であることが導かれる．この結果を (3) 式に代入して，両辺に p をかけると $pV = \lambda T - b\frac{p}{T}$ を得る．$b \to 0$ の極限では (2) 式より $a \to 0$ となり，このとき状態方程式は 1 モルの理想気体に対する式 $pV = RT$ になるはずである．よって上の未定定数は $\lambda = R$（気体定数）と定まる．以上より，この気体の状態方程式は

$$pV = RT - b\frac{p}{T}$$

と決定される．

3.7 (1) 体積 V の容器の中に N 粒子があるとすると $n = \frac{N}{V}$ であり，① 式は

$$p = \frac{Nk_\mathrm{B}T}{V-Nb} - a\left(\frac{N}{V}\right)^2 \tag{1}$$

と書き直せる．これを理想気体の状態方程式 $p = \frac{Nk_\mathrm{B}T}{V}$ と比較する．定数 b は 1 粒子当たりの **排除体積** を表し，その N 倍が気体の体積の下限を与える．(1) 式の右辺第 2 項は，粒子間の相互作用を表す．粒子数密度 $n = \frac{N}{V}$ の 2 乗に比例することより，2 粒子間相互作用を考慮していることになる．負符号は，この相互作用により気体の圧力が減少することを意味し，相互作用が引力的であることを示す．

(2) 液体相における化学ポテンシャル（すなわち，1 粒子当たりのギブスの自由エネルギー）を μ_ℓ，1 粒子当たりのヘルムホルツの自由エネルギーを f_ℓ とする．また，気体相についてもそれぞれ $\mu_\mathrm{g}, f_\mathrm{g}$ とする．共存状態での圧力 p_cx を用いると，これらは

$$\mu_\ell = f_\ell + p_\mathrm{cx}v_\ell, \quad \mu_\mathrm{g} = f_\mathrm{g} + p_\mathrm{cx}v_\mathrm{g}$$

という関係式を満たす．2 相が共存する平衡状態では $\mu_\ell = \mu_\mathrm{g}$ が成立しているので，2 相間のヘルムホルツの自由エネルギーの差 Δf は

$$\Delta f = f_\ell - f_\mathrm{g} = p_\mathrm{cx}(v_\mathrm{g}-v_\ell) \tag{2}$$

となる．また，$df = -pdv$ の関係を用いると Δf の値は

$$\Delta f = \int_{f_\mathrm{g}}^{f_\ell} df = -\int_{v_\mathrm{g}}^{v_\ell} pdv = \int_{v_\ell}^{v_\mathrm{g}} pdv \tag{3}$$

のように圧力 p の積分で表すこともできる．(2) 式の Δf は与えられた p–v 平面図で，$v_\ell \leq v \leq v_\mathrm{g}, 0 \leq p \leq p_\mathrm{cx}$ で与えられる長方形領域の面積（図 (a)）に等しく，(3) 式の Δf は ① 式で決まる圧力 p を $v_\ell < v < v_\mathrm{g}$ の範囲で積分して得られる面積（図 (b)）に等しい．これら 2 つの面積が一致しているので，領域 A と B の面積は等しくなければならないことが結論される．

図 (a)

図 (b)

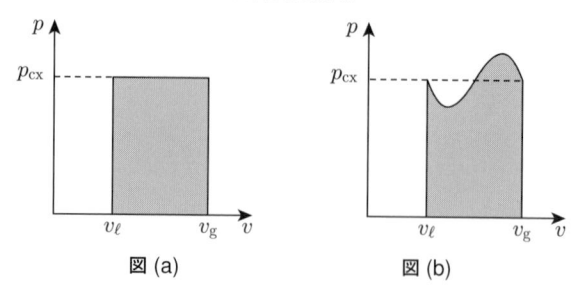

(3) ① 式の両辺を温度一定の条件のもとで圧力 p で偏微分すると

$$1 = \left\{ \frac{k_B T(1-bn) + k_B Tnb}{(1-bn)^2} - 2an \right\} \left(\frac{\partial n}{\partial p}\right)_T$$

$$\iff k_B \left(\frac{\partial n}{\partial p}\right)_T = \frac{(1-bn)^2}{T - \frac{2an}{k_B}(1-bn)^2}.$$

等温圧縮率 K_T の定義より，この式と ② 式を比較すると

$$T_s(n) = \frac{2an}{k_B}(1-bn)^2 \tag{4}$$

が得られる．

$T = T_s(n)$ となる点では，等温変化率 K_T，すなわち $\left(\frac{\partial n}{\partial p}\right)_T$ は発散する．また

$$\left(\frac{\partial n}{\partial p}\right)_T = \left(\frac{\partial \left(\frac{1}{v}\right)}{\partial p}\right)_T = -\frac{1}{v^2}\left(\frac{\partial v}{\partial p}\right)_T$$

の関係より，$\left(\frac{\partial v}{\partial p}\right)_T$ も同様に発散する．つまり，$T = T_s(n)$ となる点は，p–v 平面において ① 式で表される圧力 p が極値をとる 2 点であることが結論される．

(4) 温度を低温側から臨界温度 T_c に近づけると，2 相の体積差 Δv が減少するとともに，p–v 曲線上で p が極値をとる 2 点が接近していく．そして $T = T_c$ で，この 2 つの点，液体相の熱平衡点 (v_ℓ, p_{cx})，および気体相の熱平衡点 (v_g, p_{cx}) の 4 点が一致し，相の分離がみられなくなる．この臨界点で p–v 曲線は水平であり，かつ，この点は変曲点でもある．すなわち

$$\left(\frac{\partial p}{\partial v}\right)_T = 0 \quad \text{かつ} \quad \left(\frac{\partial^2 p}{\partial v^2}\right)_T = 0 \tag{5}$$

が臨界点を求めるための条件となる．

$$\left(\frac{\partial p}{\partial v}\right)_T = -n^2 \left(\frac{\partial p}{\partial n}\right)_T,$$

$$\left(\frac{\partial^2 p}{\partial v^2}\right)_T = -n^2 \frac{\partial}{\partial n}\left(-n^2 \frac{\partial p}{\partial n}\right)_T = 2n^3 \left(\frac{\partial p}{\partial n}\right)_T + n^4 \left(\frac{\partial^2 p}{\partial n^2}\right)_T$$

の関係より

$$\left(\frac{\partial p}{\partial n}\right)_T = 0 \quad \text{かつ} \quad \left(\frac{\partial^2 p}{\partial n^2}\right)_T = 0 \tag{6}$$

が (5) 式と同等な条件であることがわかる．(6) 式の最初の条件式に ① 式を代入すると

$$\left(\frac{\partial p}{\partial n}\right)_T = \frac{k_\mathrm{B} T}{(1-bn)^2} - 2an = 2an\left(\frac{T}{T_\mathrm{s}(n)} - 1\right) = 0 \tag{7}$$

を得る．つまり，臨界点では $T = T_\mathrm{s}(n)$ が成り立っていることがわかる．また，(6) 式の 2 番目の条件式は

$$\left(\frac{\partial^2 p}{\partial n^2}\right)_T = \frac{\partial}{\partial n}\left\{2an\left(\frac{T}{T_\mathrm{s}(n)} - 1\right)\right\} = 0$$
$$\Longleftrightarrow \frac{\partial T_\mathrm{s}(n)}{\partial n} = \frac{1}{n}\left(1 - \frac{T_\mathrm{s}(n)}{T}\right) T_\mathrm{s}(n)$$

を与える．これを (7) 式と連立させると，臨界点では $\frac{\partial T_\mathrm{s}(n)}{\partial n} = 0$，すなわち $T_\mathrm{s}(n)$ が極値をとらなければならないことが結論される．(4) 式から $T_\mathrm{s}(n)$ は $n = \frac{1}{b}$ で極小値 $T_\mathrm{s}(n) = 0$ をとることがわかるが，$T = T_\mathrm{s}(n) = 0$ は臨界点の温度としては不適である．よって $T_\mathrm{s}(n)$ の極大値が臨界温度 T_c ということになる．(4) 式から極大値を与える点を求めると，臨界点における臨界粒子密度 n_c と臨界温度 T_c が

$$n_\mathrm{c} = \frac{1}{3b}, \quad T_\mathrm{c} = \frac{8a}{27bk_\mathrm{B}}$$

であることが導かれる．

粒子密度を $n = n_\mathrm{c}$ に固定したとき，等温圧縮率 K_T は ② 式より

$$K_T = \frac{1}{k_\mathrm{B} n_\mathrm{c}} \frac{(1 - bn_\mathrm{c})^2}{T - T_\mathrm{c}}.$$

よって，粒子密度を $n = n_\mathrm{c}$ に固定したまま，温度を高温側から T_c に近づけると，等温圧縮率 K_T は図のように

$$K_T \sim (T - T_\mathrm{c})^{-1} \tag{8}$$

に従って発散する．

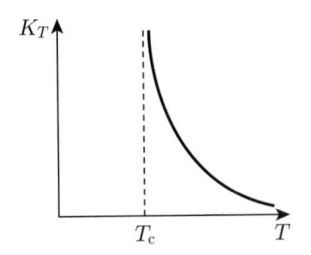

第 4 章

4.1 (1) $V(x)$ が**偶関数**であるならば，$x \to -x$ の変換で ② 式は

$$-\frac{\hbar^2}{2m}\frac{d^2}{dx^2}\psi(-x) + V(x)\psi(-x) = E\psi(-x)$$

と書きかえられる．これは $\psi(x)$ がエネルギー固有値 E に対する固有関数であるならば，$\psi(-x)$ も同じく固有関数であることを意味する．エネルギー固有値に縮退がない場合は，$\psi(-x)$ と $\psi(x)$ の違いは定数倍だけである．この定数を C とすると，$\psi(-x) = C\psi(x)$ と書ける．再度，反転 $x \to -x$ を行うと，$\psi(x) = C\psi(-x) = C^2\psi(x)$ が得られる．これより $C^2 = 1 \Longleftrightarrow C = \pm 1$

が結論される．つまり，$\psi(x)$ は偶関数 $(C=1)$，もしくは**奇関数** $(C=-1)$ でなければならない．

縮退がある場合には，$\psi(x)$ と $\psi(-x)$ は線形独立となる．よって

$$\Psi_+(x) = \frac{\psi(x)+\psi(-x)}{\sqrt{2}}, \quad \Psi_-(x) = \frac{\psi(x)-\psi(-x)}{\sqrt{2}}$$

の 2 つはエネルギー固有値 E に対して線形独立な固有関数を与える．

$$\Psi_+(-x) = \Psi_+(x), \quad \Psi_-(-x) = -\Psi_-(x)$$

であり，Ψ_+ は偶関数，Ψ_- は奇関数である．

(2) デルタ関数の性質から

$$\delta(x^2 - a^2) = \frac{\delta(x+a) + \delta(x-a)}{2a}$$

が成立するので，① 式は，$x=-a$ と $x=a$ に**デルタ関数型ポテンシャル**が 2 つある場合

$$-\frac{\hbar^2}{2m}\frac{d^2}{dx^2}\psi(x) - V_0\{\delta(x+a)+\delta(x-a)\}\psi(x) = E\psi(x) \tag{1}$$

と等価である．$x<-a, -a<x<a, x>a$（ただし $a>0$）の 3 つの領域で，このシュレーディンガー方程式の束縛状態を考える．

$x<-a$ の領域におけるシュレーディンガー方程式は

$$-\frac{\hbar^2}{2m}\frac{d^2}{dx^2}\psi(x) = E\psi(x) \iff \frac{d^2}{dx^2}\psi(x) = -\frac{2mE}{\hbar^2}\psi(x)$$

と表すことができる．束縛状態なので $E<0$ であり，$x\to -\infty$ で $\psi(x)\to 0$ となる解は，A を定数として

$$\psi(x) = Ae^{\alpha x}, \quad \alpha = \sqrt{-\frac{2mE}{\hbar^2}} \tag{2}$$

で与えられる．同様に，B,C,D を定数として，$-a<x<a$ では，$\psi(x) = Ce^{\alpha x} + De^{-\alpha x}$，$x>a$ では，$\psi(x) = Be^{-\alpha x}$．

各領域間の**接続条件**を考える．$x=-a$ で**波動関数が連続**であることから

$$Ae^{-\alpha a} = Ce^{-\alpha a} + De^{\alpha a}. \tag{3}$$

$x=a$ における波動関数の連続性より

$$Be^{-\alpha a} = Ce^{\alpha a} + De^{-\alpha a}. \tag{4}$$

$\varepsilon > 0$ を微小量として，(1) 式の両辺を区間 $(-a-\varepsilon, -a+\varepsilon)$ で積分すると

$$-\frac{\hbar^2}{2m}\left(\left.\frac{d\psi(x)}{dx}\right|_{x=-a+\varepsilon} - \left.\frac{d\psi(x)}{dx}\right|_{x=-a-\varepsilon}\right) - V_0\psi(-a) = E\int_{-a-\varepsilon}^{-a+\varepsilon}\psi(x)dx.$$

$\varepsilon\to 0$ の極限で右辺は零となるので

$$\lim_{\varepsilon\to 0}\psi'(-a+\varepsilon) - \lim_{\varepsilon\to 0}\psi'(-a-\varepsilon) = -\frac{2m}{\hbar^2}V_0\psi(-a)$$

という接続条件が得られる．同様に，$x=a$ での**波動関数の導関数に関する接続条件**は

$$\lim_{\varepsilon\to 0}\psi'(a+\varepsilon) - \lim_{\varepsilon\to 0}\psi'(a-\varepsilon) = -\frac{2m}{\hbar^2}V_0\psi(a).$$

それぞれ計算すると

$$x = -a: \quad \left(\alpha C e^{-\alpha a} - \alpha D e^{\alpha a}\right) - \alpha A e^{-\alpha a} = -\frac{2mV_0}{\hbar^2} A e^{-\alpha a} \tag{5}$$

$$x = a: \quad -\alpha B e^{-\alpha a} - \left(\alpha C e^{\alpha a} - \alpha D e^{-\alpha a}\right) = -\frac{2mV_0}{\hbar^2} B e^{-\alpha a} \tag{6}$$

となる. (3), (5) 式より

$$C e^{-\alpha a} = \left(\frac{\alpha \hbar^2}{mV_0} - 1\right) D e^{\alpha a} \tag{7}$$

が得られる. また, (4), (6) 式より

$$D e^{-\alpha a} = \left(\frac{\alpha \hbar^2}{mV_0} - 1\right) C e^{\alpha a} \tag{8}$$

が得られる. (7), (8) 式が成り立つためには

$$C^2 = D^2 \iff D = \pm C.$$

$D = C$ のとき, (3), (4) 式より

$$A = B = 2C e^{\alpha a} \cosh \alpha a$$

であり, 偶関数の解

$$\psi(x) = \begin{cases} 2C e^{\alpha(x+a)} \cosh \alpha a & (x < -a) \\ 2C \cosh \alpha x & (-a \leq x < a) \\ 2C e^{\alpha(-x+a)} \cosh \alpha a & (x \geq a) \end{cases}$$

が得られる. $D = -C$ のときは

$$A = -B = -2C e^{\alpha a} \sinh(\alpha a)$$

であり, 奇関数の解

$$\psi(x) = \begin{cases} -2C e^{\alpha(x+a)} \sinh \alpha a & (x < -a) \\ 2C \sinh \alpha x & (-a \leq x < a) \\ 2C e^{\alpha(-x+a)} \sinh \alpha a & (x \geq a) \end{cases}$$

が得られる. 概形は図 (a) となる.

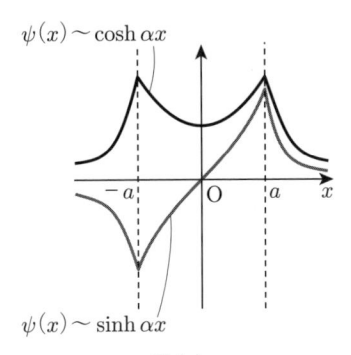

図 (a)

(3) (7), (8) 式より, 偶関数 ($D = C$) のとき

$$1 + e^{-2\alpha a} = \frac{\hbar^2}{mV_0}\alpha \tag{9}$$

奇関数 ($D = -C$) のとき

$$1 - e^{-2\alpha a} = \frac{\hbar^2}{mV_0}\alpha \tag{10}$$

が得られる．これらの式から α を決定できれば，(2) 式に代入することでエネルギー固有値が計算できる．

(4) 偶関数の固有関数に対しては，(9) 式より

$$y = 1 + e^{-2\alpha a}, \quad y = \frac{\hbar^2}{mV_0}\alpha$$

の交点から α の値が決定される（図 (b) 参照）．$a \to 0$ および $a \to \infty$ の極限では

$$\lim_{a \to 0}\alpha = \frac{2mV_0}{\hbar^2}, \quad \lim_{a \to \infty}\alpha = \frac{mV_0}{\hbar^2}.$$

よって，E は (2) 式より $a = 0$ で

$$E = -\frac{\hbar^2}{2m}\alpha^2 = -\frac{2mV_0^2}{\hbar^2}$$

$a \to \infty$ で

$$E = -\frac{\hbar^2}{2m}\alpha^2 \to -\frac{\hbar^2}{2m}\left(\frac{mV_0}{\hbar^2}\right)^2 = -\frac{mV_0^2}{2\hbar^2}$$

に漸近する増加関数である．$a = 0$ 近傍では (9) 式を a の 1 次まで展開して

$$\frac{\hbar^2}{mV_0}\alpha = 1 + e^{-2\alpha a} \simeq 2 - 2\alpha a$$

$$\implies \alpha \simeq \left(\frac{\hbar^2}{2mV_0} + a\right)^{-1}.$$

よって，a を正にすると

$$E = -\frac{\hbar^2}{2m}\alpha^2 \simeq -\frac{\hbar^2}{2m}\left(\frac{\hbar^2}{2mV_0} + a\right)^{-2} \simeq -\frac{2mV_0^2}{\hbar^2}\left(1 - \frac{4mV_0}{\hbar^2}a\right)$$

ように a に比例して E の増加が始まる．概略は図 (c) の通りである．

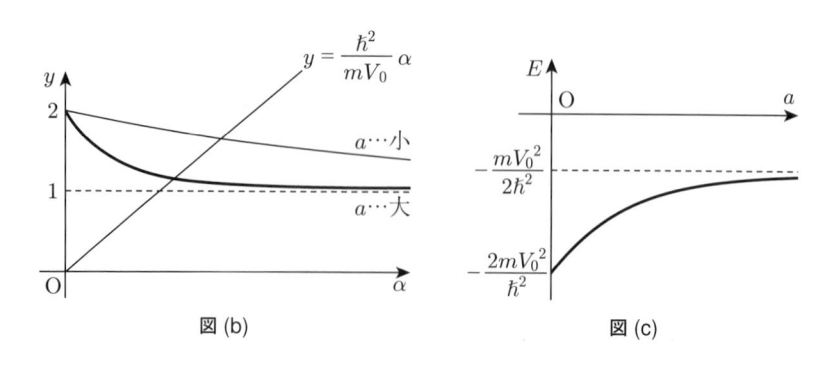

図 (b)

図 (c)

図 (d)　　　　図 (e)

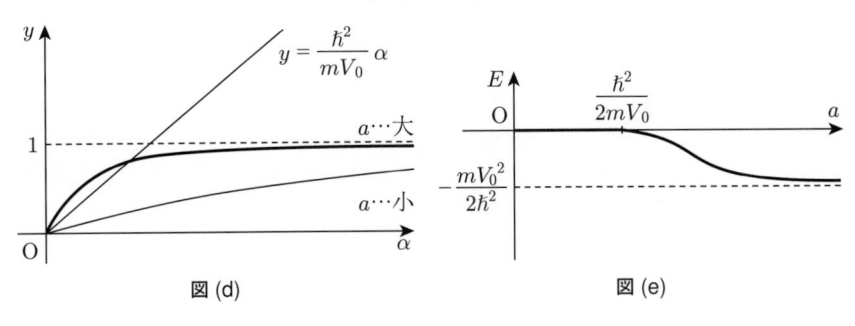

奇関数に関しては (10) 式より
$$y = 1 - e^{-2\alpha a}, \quad y = \frac{\hbar^2}{mV_0}\alpha$$
の交点から α の値が決定される（図 (d) 参照）．a が小さな値のとき，$\alpha = 0$ が唯一の解となる．$\alpha \neq 0$ の解を持つのは $y = 1 - e^{-2\alpha a}$ の $\alpha = 0$ における微係数が $\frac{\hbar^2}{mV_0}$ を超えるときである．$\lim_{\alpha \to 0} \frac{dy}{d\alpha} = 2a$ であるから
$$0 \leq a \leq \frac{\hbar^2}{2mV_0} \equiv a^*$$
の範囲では $\alpha = 0$，すなわち $E = 0$ である．$a > a^*$，ただし $a - a^* \ll 1$ のときは $\alpha \simeq 0$ なので，(10) 式を α の 2 次まで展開すると
$$\frac{\hbar^2}{mV_0}\alpha = 1 - e^{-2\alpha a} \simeq 2\alpha a - \frac{1}{2}(2a\alpha)^2$$
$$\implies \alpha \simeq \frac{1}{a^2}(a - a^*).$$
よって
$$E = -\frac{\hbar^2}{2m}\alpha^2 \simeq -\frac{\hbar^2}{2m}\frac{1}{a^4}(a - a^*)^2$$
のように，E は $a > a^*$ で 2 次関数的に減少を始めることがわかる．E は a に関する減少関数で，$a \to \infty$ で
$$E = -\frac{\hbar^2}{2m}\alpha^2 \to -\frac{\hbar^2}{2m}\left(\frac{mV_0}{\hbar^2}\right)^2 = -\frac{mV_0^2}{2\hbar^2}$$
に漸近する．概略は図 (e) の通りである．

4.2 (1) 以下，空間を 3 つの領域，I $(x < -\frac{a}{2})$, II $(-\frac{a}{2} \leq x \leq \frac{a}{2})$, III $(x > \frac{a}{2})$ に分けて考える．領域 I における波動関数 $\psi = e^{ikx} + Re^{-ikx}$ は，右辺第 1 項が入射波を，第 2 項が反射波をそれぞれ表す．実際，**フラックス**
$$j(x) \equiv \frac{\hbar}{2mi}\left(\psi^* \frac{\partial \psi}{\partial x} - \frac{\partial \psi^*}{\partial x}\psi\right)$$
を計算すると
$$j_\mathrm{I}(x) = \frac{\hbar}{2mi}\left\{(e^{-ikx} + R^* e^{ikx})(ike^{ikx} - ikRe^{-ikx})\right.$$
$$\left. -(-ike^{-ikx} + ikR^* e^{ikx})(e^{ikx} + Re^{-ikx})\right\}$$

$$= \frac{\hbar k}{m}\left(1 - |R|^2\right)$$

となり，入射波のフラックス j_i と反射波のフラックス j_r をそれぞれ

$$j_\text{i} = \frac{\hbar k}{m} \tag{1}$$

$$j_\text{r} = -\frac{\hbar k}{m}|R|^2 \tag{2}$$

とすると，$j_\text{I}(x)$ はこの 2 つの和で与えられる．

領域 III における波動関数 $\psi = Te^{ikx}$ からは，透過波のフラックス j_t が得られる．

$$j_\text{III} = j_\text{t} = \frac{\hbar}{2mi}\left(T^*e^{-ikx}ikTe^{ikx} + ikT^*e^{-ikx}Te^{ikx}\right)$$

$$= \frac{\hbar k}{m}|T|^2. \tag{3}$$

フラックスは保存されるので，$j_\text{i}, j_\text{r}, j_\text{t}$ は

$$j_\text{i} = j_\text{t} + |j_\text{r}| \tag{4}$$

の関係式を満たさなければならない．(4) 式に (1)〜(3) 式を代入することで

$$\frac{\hbar k}{m} = \frac{\hbar k}{m}|T|^2 + \frac{\hbar k}{m}|R|^2 \iff |T|^2 + |R|^2 = 1$$

という T と R の間の関係式が得られる．

(2) $x = -\infty$ から入射した波は，$x = \pm\frac{a}{2}$ に位置するポテンシャルの不連続点において，一部は反射し，別の一部は透過する．領域 III $(x > \frac{a}{2})$ における透過波は，反射なしで透過した波と，領域 II $(-\frac{a}{2} \leq x \leq \frac{a}{2})$ で複数回の反射を繰り返した後，領域 III $(x > \frac{a}{2})$ に到達した波の両方を含む．問題文の位相 θ は，それらの波の重ね合わせに起因する**「位相のずれ」**である．

(3) 定常状態のシュレーディンガー方程式は

$$-\frac{\hbar^2}{2m}\frac{d^2}{dx^2}\psi(x) + V(x)\psi(x) = E\psi(x)$$

$$\iff \frac{d^2}{dx^2}\psi(x) = -\frac{2m}{\hbar^2}(E - V(x))\psi(x) \tag{5}$$

で与えられる．領域 I, III では，$V(x) = 0$ なので，(5) 式より

$$k^2 = \frac{2mE}{\hbar^2} \tag{6}$$

が得られる．また，領域 II では，$V(x) = -V_0$ なので

$$p^2 = \frac{2m(E + V_0)}{\hbar^2} \tag{7}$$

が得られる．(6), (7) 式から E を消去して，$p > 0$ とすると

$$p^2 - k^2 = \frac{2mV_0}{\hbar^2} \implies p = \sqrt{k^2 + \frac{2mV_0}{\hbar^2}} \tag{8}$$

と求まる．

(4) 領域 I と II の境界 $(x = -\frac{a}{2})$ における波動関数とその導関数の**接続条件**は

$$e^{ik(-a/2)} + Re^{-ik(-a/2)} = \alpha e^{ip(-a/2)} + \beta e^{-ip(-a/2)} \tag{9}$$

$$ike^{ik(-a/2)} - ikRe^{-ik(-a/2)} = ip\alpha e^{ip(-a/2)} - ip\beta e^{-ip(-a/2)}. \tag{10}$$

同様に，領域 II と III の境界（$x = \frac{a}{2}$）における接続条件は

$$Te^{ika/2} = \alpha e^{ipa/2} + \beta e^{-ipa/2} \tag{11}$$

$$ikTe^{ika/2} = ip\alpha e^{ipa/2} - ip\beta e^{-ipa/2} \tag{12}$$

で与えられる．まず，(9), (10) 式から R を消去すると

$$2ke^{-ika/2} = \alpha(k+p)e^{-ipa/2} + \beta(k-p)e^{ipa/2}. \tag{13}$$

次に，(11), (12) 式から

$$\alpha = \frac{(k+p)e^{i(k-p)a/2}}{2p}T, \quad \beta = -\frac{(k-p)e^{i(k+p)a/2}}{2p}T$$

となるので，これらを (13) 式に代入して整理すると

$$T = \frac{4kpe^{-ika}}{(k+p)^2 e^{-ipa} - (k-p)^2 e^{ipa}}$$
$$= \frac{e^{-ika}}{\cos pa - \frac{i(k^2+p^2)}{2kp}\sin pa}. \tag{14}$$

これを ① 式と比べると，$A = 1, B = \frac{p^2+k^2}{2pk}$ と決定される．

(5) **完全透過**の条件は，$|T|^2 = 1$．(14) 式を代入すると

$$|T|^2 = TT^* = \frac{e^{-ika}}{\cos pa - i\frac{p^2+k^2}{2pk}\sin pa} \frac{e^{ika}}{\cos pa + i\frac{p^2+k^2}{2pk}\sin pa} = 1$$

$$\iff \frac{1}{1 + \frac{(k^2-p^2)^2}{(2pk)^2}\sin^2 pa} = 1$$

$$\iff \sin pa = 0 \tag{15}$$

が得られる．これは領域 II での波動関数の波数 p が

$$p = \frac{n\pi}{a} \quad (n = 1, 2, 3, \cdots) \tag{16}$$

を満たすことを表している．(16) 式を波数 p と k の関係を表す (8) 式に代入することで，完全透過のための k の条件は

$$(ka)^2 = (n\pi)^2 - \frac{2ma^2 V_0}{\hbar^2}$$

で与えられることがわかる．

(16) 式の波数 p を波長 λ を用いて書くと，$a = \frac{\lambda n}{2}$ となる．これは**井戸型ポテンシャル**の幅 a が**半波長**のちょうど整数倍になっていることを意味する．このとき，ポテンシャルの壁で反射されることがなくなり，完全透過が起こる．

(6) (15) 式の導出過程より

$$|T|^2 = \frac{1}{1 + \frac{(k^2-p^2)^2}{(2pk)^2}\sin^2 pa}$$
$$= \left\{1 + \frac{\sin^2(ak_0\sqrt{\xi^2+1})}{4\xi^2(\xi^2+1)}\right\}^{-1} \tag{17}$$

が得られる．ただし，$k_0 = \frac{\sqrt{2mV_0}}{\hbar}$ とおいて，$\xi = \frac{k}{k_0}$ とした．ξ は k_0 を単位として測った波数 k の値であり，無次元量になっている．(17) 式内の項

$$\frac{\sin^2(ak_0\sqrt{\xi^2+1})}{4\xi^2(\xi^2+1)}$$

は，分子の正弦関数の振幅の上限が 1 であるため，$\xi \to 0$ で無限大に発散する．つまり，$\xi \to 0$ で $|T|^2 \to 0$ である．他方，$\xi \to \infty$ の極限で，この項は零に収束する．つまり $\xi \to \infty$ で $|T|^2 \to 1$ である．ただし，(16) 式の条件が満たされる点では，$|T|^2 = 1$ である．$|T|^2$ の値は，ξ が零から増加するにつれ零から増加を始め，$|T|^2 = 1$ に時々接しながら振動しつつ増加を続け，$|T|^2 \to 1$ に漸近する．$ak_0 = 8$ の場合を例として図に示した．

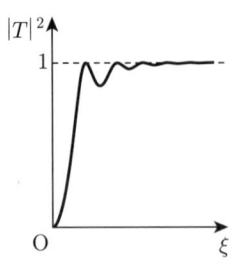

4.3 (1) ポテンシャルエネルギーは

$$V(x) = \frac{1}{2}m\omega^2 x^2 \tag{1}$$

なので，シュレーディンガー方程式は，エネルギー固有値を E_n，対応する波動関数を $\phi_n(x)$ とすれば

$$\left(-\frac{\hbar^2}{2m}\frac{\partial^2}{\partial x^2} + \frac{m\omega^2 x^2}{2}\right)\phi_n(x) = E_n\phi_n(x)$$

となる．無次元化した座標 $\xi = \sqrt{\frac{m\omega}{\hbar}}\, x$ を導入し，$\varphi_n(\xi) = \phi_n(x)$ とすると，シュレーディンガー方程式は

$$\varphi_n''(\xi) + \left(\frac{2E_n}{\hbar\omega} - \xi^2\right)\varphi_n(\xi) = 0 \tag{2}$$

となる．エネルギー固有値は

$$E_n = \left(n + \frac{1}{2}\right)\hbar\omega \quad (n = 0, 1, 2, \cdots) \tag{3}$$

で与えられる．波動関数 φ_n は**エルミート多項式** $H_n(\xi)$ を使い

$$\varphi_n(\xi) = C_n H_n(\xi)\exp\left(-\frac{\xi^2}{2}\right)$$

の形でかける．ただし，C_n は n にはよるが ξ にはよらない係数であり，規格化条件より定まる．最低エネルギー状態 $(n = 0)$ では $H_0(\xi) = 1$ なので，対応する波動関数 $\varphi_0(\xi)$ は

$$\varphi_0(\xi) = C\exp\left(-\frac{\xi^2}{2}\right) \tag{4}$$

となる．ただし，C は規格化定数とする．変数を ξ から x に戻した波動関数

$$\phi_0(x) = C \exp\left(-\frac{m\omega}{2\hbar}x^2\right)$$

と (1) 式のポテンシャルエネルギー $V(x)$ の概形は図 (a) のようになる.

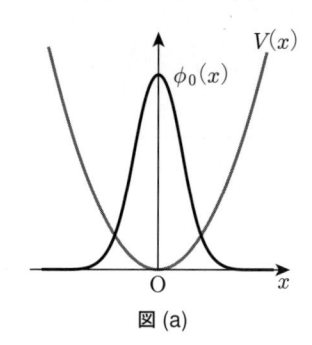

図 (a)

(2) x 軸の正方向に一様な電場 E をかけたときのハミルトニアン $\mathcal{H}$ は

$$\mathcal{H} = -\frac{\hbar^2}{2m}\frac{\partial^2}{\partial x^2} + V(x) = -\frac{\hbar^2}{2m}\frac{\partial^2}{\partial x^2} + \frac{1}{2}m\omega^2 x^2 - eEx$$
$$= -\frac{\hbar^2}{2m}\frac{\partial^2}{\partial x^2} + \frac{1}{2}m\omega^2\left(x - \frac{eE}{m\omega^2}\right)^2 - \frac{e^2 E^2}{2m\omega^2}$$

で与えられる. そこで, ここでは

$$\eta = \sqrt{\frac{m\omega}{\hbar}}\left(x - \frac{eE}{m\omega^2}\right)$$

とおくことで無次元化を行うと, シュレーディンガー方程式は

$$\varphi_n''(\eta) + \left\{\frac{2}{\hbar\omega}\left(E_n + \frac{e^2 E^2}{2m\omega^2}\right) - \eta^2\right\}\varphi_n(\eta) = 0$$

と書ける. (2), (3) 式と比較するとエネルギー固有値は

$$\frac{2}{\hbar\omega}\left(E_n + \frac{e^2 E^2}{2m\omega^2}\right) = 2n+1$$
$$\Longrightarrow\ E_n = \left(n + \frac{1}{2}\right)\hbar\omega - \frac{e^2 E^2}{2m\omega^2}$$

で与えられることが結論される. 最低エネルギー状態の波動関数 $\varphi_0(\eta)$ は (4) 式の ξ を η で置き換えたものである. 変数を η から x に戻した波動関数

$$\phi_0(x) = C \exp\left\{-\frac{m\omega}{2\hbar}\left(x - \frac{eE}{m\omega^2}\right)^2\right\}$$

とポテンシャルエネルギー

$$V(x) = \frac{1}{2}m\omega^2\left(x - \frac{eE}{m\omega^2}\right)^2 - \frac{e^2 E^2}{2m\omega^2}$$

の概形は図 (b) のようになる.

(3) ハミルトニアンは

図 (b)

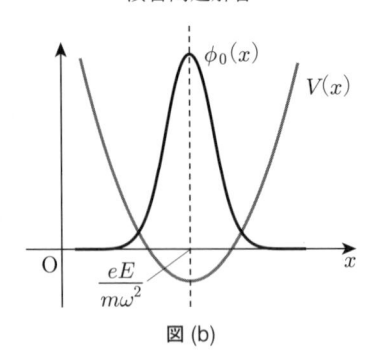

$$\mathcal{H} = -\frac{\hbar^2}{2m}\frac{\partial^2}{\partial x^2} + V(x) = -\frac{\hbar^2}{2m}\frac{\partial^2}{\partial x^2} + \frac{1}{2}m\omega^2 x^2 - eEx + \frac{1}{2}eax^2$$
$$= -\frac{\hbar^2}{2m}\frac{\partial^2}{\partial x^2} + \left(\frac{m\omega^2 + ea}{2}\right)\left(x - \frac{eE}{m\omega^2 + ea}\right)^2 - \frac{e^2 E^2}{2(m\omega^2 + ea)}$$

になる.

$$\zeta = \left\{\frac{m(m\omega^2 + ea)}{\hbar^2}\right\}^{1/4}\left(x - \frac{eE}{m\omega^2 + ea}\right)$$

とおくことで無次元化を行うと，シュレーディンガー方程式は

$$\varphi_n''(\zeta) + \left\{\frac{2}{\hbar\omega}\left(1 + \frac{ea}{m\omega^2}\right)^{-1/2}\left(E_n + \frac{e^2 E^2}{2(m\omega^2 + ea)}\right) - \zeta^2\right\}\varphi_n(\zeta) = 0$$

と書ける．最低エネルギー状態の波動関数 $\varphi_0(\zeta)$ は (4) 式で ξ を ζ で置き換えたもので与えられる．変数を ζ から x に戻した波動関数

$$\phi_0(x) = C\exp\left\{-\frac{m\omega}{2\hbar}\sqrt{1 + \frac{ea}{m\omega^2}}\left(x - \frac{eE}{m\omega^2 + ea}\right)^2\right\}$$

とポテンシャルエネルギー

$$V(x) = \left(\frac{m\omega^2 + ea}{2}\right)\left(x - \frac{eE}{m\omega^2 + ea}\right)^2 - \frac{e^2 E^2}{2(m\omega^2 + ea)}$$

の概形は図 (c) のようになる.

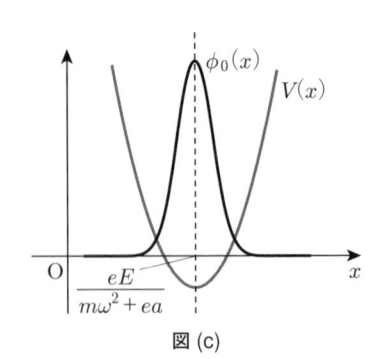

図 (c)

第 4 章の解答　　　　　　　　　　　　　　　　**221**

(4) 設問 (2) の波動関数は設問 (1) の波動関数に対して，極値が x 方向に $\frac{eE}{m\omega^2}$ だけ平行移動している．電場により釣り合いの位置にずれが生じるが，粒子の拡がり方に違いはない．

他方，設問 (3) の波動関数はポテンシャルエネルギーに対して $\sqrt{1+\frac{ea}{m\omega^2}}$ の因子の分だけ拡がり方が狭くなっている．このことは，電場勾配 $-ax$ が実効的にバネ定数を強くしたことにより，粒子が釣り合いの位置付近により強く拘束されることを意味している．

4.4 (1) $\widehat{N}$ と $\widehat{a}^\dagger$ との交換子を計算すると

$$[\widehat{N},\widehat{a}^\dagger] = \widehat{N}\widehat{a}^\dagger - \widehat{a}^\dagger\widehat{N} = \widehat{a}^\dagger\widehat{a}\widehat{a}^\dagger - \widehat{a}^\dagger\widehat{a}^\dagger\widehat{a} = \widehat{a}^\dagger(\widehat{a}\widehat{a}^\dagger - \widehat{a}^\dagger\widehat{a})$$

より

$$[\widehat{N},\widehat{a}^\dagger] = \widehat{a}^\dagger[\widehat{a},\widehat{a}^\dagger] \tag{1}$$

の関係を得る．また，時刻 t での**正準交換関係** $[\widehat{x}(0),\widehat{p}(0)] = i\hbar$ より

$$[\widehat{a},\widehat{a}^\dagger] = \widehat{a}\widehat{a}^\dagger - \widehat{a}^\dagger\widehat{a}$$
$$= \frac{m\omega}{2\hbar}\left\{\left(\widehat{x}(0)+\frac{i\widehat{p}(0)}{m\omega}\right)\left(\widehat{x}(0)-\frac{i\widehat{p}(0)}{m\omega}\right) - \left(\widehat{x}(0)-\frac{i\widehat{p}(0)}{m\omega}\right)\left(\widehat{x}(0)+\frac{i\widehat{p}(0)}{m\omega}\right)\right\}$$
$$= -\frac{i}{\hbar}\left(\widehat{x}(0)\widehat{p}(0)-\widehat{p}(0)\widehat{x}(0)\right) = 1 \tag{2}$$

と求められるので，これを (1) 式に代入すると

$$[\widehat{N},\widehat{a}^\dagger] = \widehat{a}^\dagger[\widehat{a},\widehat{a}^\dagger] = \widehat{a}^\dagger \tag{3}$$

を得る．同様に

$$[\widehat{N},\widehat{a}] = \widehat{a}^\dagger\widehat{a}\widehat{a} - \widehat{a}\widehat{a}^\dagger\widehat{a} = [\widehat{a}^\dagger,\widehat{a}]\widehat{a} = -\widehat{a}. \tag{4}$$

(2) (3) 式より $\widehat{N}\widehat{a}^\dagger = [\widehat{N},\widehat{a}^\dagger] + \widehat{a}^\dagger\widehat{N} = \widehat{a}^\dagger(1+\widehat{N})$ なので $\widehat{N}\widehat{a}^\dagger|n\rangle = \widehat{a}^\dagger(1+\widehat{N})|n\rangle$ となる．ここで $\widehat{N}|n\rangle = n|n\rangle$ であるから

$$\widehat{N}\widehat{a}^\dagger|n\rangle = (n+1)\widehat{a}^\dagger|n\rangle$$

が得られる．これは $\widehat{a}^\dagger|n\rangle$ が固有値 $n+1$ を持つ $\widehat{N}$ の固有状態であることを意味する．よって

$$\widehat{a}^\dagger|n\rangle = C|n+1\rangle \tag{5}$$

と書ける．ただし，C は定数である．同様に，(4) 式より

$$\widehat{N}\widehat{a}|n\rangle = \left([\widehat{N},\widehat{a}]+\widehat{a}\widehat{N}\right)|n\rangle$$
$$= (-\widehat{a}+\widehat{a}\widehat{N})|n\rangle = \widehat{a}(\widehat{N}-1)|n\rangle$$

となるので，$\widehat{N}\widehat{a}|n\rangle = (n-1)\widehat{a}|n\rangle$ が得られる．つまり，$\widehat{a}|n\rangle$ は固有値 $(n-1)$ を持つ $\widehat{N}$ の固有状態である．したがって

$$\widehat{a}|n\rangle = D|n-1\rangle \tag{6}$$

と書ける．ただし，D は定数である．

定数 C,D は以下のように規格化条件から定められる．(5) 式と，そのエルミート共役 $\langle n|\widehat{a} = \langle n+1|C^*$ との内積をとると

$$\langle n|\widehat{a}\widehat{a}^\dagger|n\rangle = \langle n+1||C|^2|n+1\rangle$$

が得られる．ここで (2) 式と規格化条件 $\langle n|n\rangle = 1$ を使うと

$$(左辺) = \langle n | ([\widehat{a}, \widehat{a}^\dagger] + \widehat{a}^\dagger \widehat{a}) | n \rangle = \langle n | (1 + \widehat{N}) | n \rangle = 1 + n$$

と求まり，また C は演算子ではなく可換な数（c–数）なので

$$(右辺) = |C|^2 \langle n+1 | n+1 \rangle = |C|^2$$

を得る．条件 $C > 0$ が与えられているので，結局 $C = \sqrt{n+1}$ と決定される．同様に，(6) 式のノルムを計算すると，関係式

$$\langle n | \widehat{a}^\dagger \widehat{a} | n \rangle = |D|^2 \langle n-1 | n-1 \rangle$$

が与えられ，(左辺) $= \langle n | \widehat{a}^\dagger \widehat{a} | n \rangle = \langle n | \widehat{N} | n \rangle = n$, (右辺) $= |D|^2 \langle n-1 | n-1 \rangle = |D|^2$, および与条件 $D > 0$ より $D = \sqrt{n}$ と定まる．結局

$$\widehat{a}^\dagger | n \rangle = \sqrt{n+1} | n+1 \rangle, \quad \widehat{a} | n \rangle = \sqrt{n} | n-1 \rangle \tag{7}$$

が成り立つことがわかった．

(3) $|\psi\rangle = \widehat{a} | n \rangle$ とすると，$\langle n | n \rangle = 1, \widehat{N} | n \rangle = n | n \rangle$ より

$$n = n \langle n | n \rangle = \langle n | \widehat{N} | n \rangle$$
$$= \langle n | \widehat{a}^\dagger \widehat{a} | n \rangle = \langle \psi | \psi \rangle = |\psi|^2 \geq 0$$

であるので，$n \geq 0$ がいえる．

固有値が整数であることを証明するのに，**背理法**を用いる．非整数の固有値 n が存在すると仮定する．例えば

$$0 < n < 1 \tag{8}$$

を満たす固有状態の存在を仮定する．このとき，$|\phi\rangle = \widehat{a}\widehat{a} | n \rangle$ を考えると

$$|\phi|^2 = \langle n | \widehat{a}^\dagger \widehat{a}^\dagger \widehat{a} \widehat{a} | n \rangle = \langle n | \widehat{a}^\dagger \widehat{N} \widehat{a} | n \rangle.$$

ここで，(7) 式とそのエルミート共役の式 $\langle n | \widehat{a}^\dagger = \sqrt{n} \langle n-1 |$ を用いると

$$|\phi|^2 = n \langle n-1 | \widehat{N} | n-1 \rangle = n(n-1)$$

となるが，(8) 式のもとでは $|\phi|^2 < 0$ となり**ノルム**の非負性に反する．よって，(8) 式の仮定は否定される．同様の議論により $n = 0, 1, 2, 3 \cdots$ が結論される．

(4) ハイゼンベルク表示では時刻 t での座標演算子 $\widehat{x}(t)$ と運動量演算子 $\widehat{p}(t)$ は，それぞれ

$$\widehat{x}(t) = \widehat{U}^\dagger(t) \widehat{x}(0) \widehat{U}(t), \tag{9}$$
$$\widehat{p}(t) = \widehat{U}^\dagger(t) \widehat{p}(0) \widehat{U}(t) \tag{10}$$

で与えられる．ここで $\widehat{U}(t), \widehat{U}^\dagger(t)$ は

$$\widehat{U}(t) = e^{-(i/\hbar)\widehat{\mathcal{H}}(0)t}, \quad \widehat{U}^\dagger(t) = e^{(i/\hbar)\widehat{\mathcal{H}}(0)t}$$

で定義される**ユニタリ演算子**で，ともに**エルミート演算子** $\widehat{\mathcal{H}}(0)$ と可換である．(9), (10) 式の両辺を t で微分すると

$$\frac{d\widehat{x}(t)}{dt} = \frac{i}{\hbar} \left(\widehat{U}^\dagger \widehat{\mathcal{H}}(0) \widehat{x}(0) \widehat{U} - \widehat{U}^\dagger \widehat{x}(0) \widehat{\mathcal{H}}(0) \widehat{U} \right)$$
$$= \frac{i}{\hbar} \widehat{U}^\dagger [\widehat{\mathcal{H}}(0), \widehat{x}(0)] \widehat{U}, \tag{11}$$

$$\frac{d\widehat{p}(t)}{dt} = \frac{i}{\hbar} \widehat{U}^\dagger [\widehat{\mathcal{H}}(0), \widehat{p}(0)] \widehat{U} \tag{12}$$

を得る．ここで
$$\widehat{\mathcal{H}}(0) = \hbar\omega\left(\widehat{a}^\dagger\widehat{a} + \frac{1}{2}\right) = \hbar\omega\left(\widehat{N} + \frac{1}{2}\right)$$
なので，(3), (4) 式は $[\widehat{\mathcal{H}}(0), \widehat{a}^\dagger] = \hbar\omega\widehat{a}^\dagger$, $[\widehat{\mathcal{H}}(0), \widehat{a}] = -\hbar\omega\widehat{a}$ を与える．これらの交換関係を，① 式から得られる

$$\widehat{x}(0) = \sqrt{\frac{\hbar}{2m\omega}}(\widehat{a} + \widehat{a}^\dagger), \tag{13}$$

$$\widehat{p}(0) = -i\sqrt{\frac{m\omega\hbar}{2}}(\widehat{a} - \widehat{a}^\dagger) \tag{14}$$

に適用すると
$$[\widehat{\mathcal{H}}(0), \widehat{x}(0)] = -i\frac{\hbar}{m}\widehat{p}(0)$$
を得る．これを (11) 式に代入すると
$$\frac{d\widehat{x}(t)}{dt} = \frac{1}{m}\widehat{U}^\dagger\widehat{p}(0)\widehat{U} = \frac{\widehat{p}(t)}{m}$$
が得られる．同様に $[\widehat{\mathcal{H}}(0), \widehat{p}(0)] = i\hbar\omega^2 m\widehat{x}(0)$ が得られるので，(12) 式に代入することにより
$$\frac{d\widehat{p}(t)}{dt} = -\omega^2 m\widehat{x}(t)$$
が導かれる．

(5) 前問の結果より，調和振動子の演算子が従うハイゼンベルク方程式は，古典的な**ニュートンの運動方程式**と同じ形であることがわかったので，一般解は
$$\widehat{x}(t) = \widehat{C}_1\cos\omega t + \widehat{C}_2\sin\omega t,$$
$$\widehat{p}(t) = \widehat{C}_3\cos\omega t + \widehat{C}_4\sin\omega t$$
となる．ただし，$\widehat{C}_1, \widehat{C}_2, \widehat{C}_3, \widehat{C}_4$ はそれぞれ時間に依存しない演算子である．初期条件より，これらを決定すると

$$\widehat{x}(t) = \widehat{x}(0)\cos\omega t + \frac{\widehat{p}(0)}{m\omega}\sin\omega t, \tag{15}$$

$$\widehat{p}(t) = \widehat{p}(0)\cos\omega t - m\omega\widehat{x}(0)\sin\omega t \tag{16}$$

が与えられる．

(6) $\langle n|\widehat{a}|n\rangle = \sqrt{n}\langle n|n-1\rangle = 0$, $\langle n|\widehat{a}^\dagger|n\rangle = \sqrt{n+1}\langle n|n+1\rangle = 0$ であるため，(13), (14) 式より，$\langle n|\widehat{x}(0)|n\rangle = \langle n|\widehat{p}(0)|n\rangle = 0$．よって (15), (16) 式より
$$\langle n|\widehat{x}(t)|n\rangle = \langle n|\widehat{p}(t)|n\rangle = 0.$$

(7) 状態 $|n\rangle$ の**重ね合わせ**を用いるとよい．例えば単純な例として，基底状態 $|0\rangle$ と第 1 励起状態 $|1\rangle$ から作られる
$$|\lambda\rangle = c_0|0\rangle + c_1|1\rangle = (c_0 + c_1\widehat{a}^\dagger)|0\rangle$$
を考えてみる．ここで c_0, c_1 は実数とする．すると
$$\langle\lambda|(\widehat{a} + \widehat{a}^\dagger)|\lambda\rangle = (c_0\langle 0| + c_1\langle 1|)(\widehat{a} + \widehat{a}^\dagger)(c_0|0\rangle + c_1|1\rangle)$$
$$= (c_0\langle 0| + c_1\langle 1|)(c_1|0\rangle + c_0|1\rangle + \sqrt{2}\,c_1|2\rangle) = 2c_0c_1$$

および
$$\langle\lambda|(\widehat{a}^\dagger-\widehat{a})|\lambda\rangle = (c_0\langle 0|+c_1\langle 1|)(\widehat{a}^\dagger-\widehat{a})(c_0|0\rangle+c_1|1\rangle)$$
$$= (c_0\langle 0|+c_1\langle 1|)(c_0|1\rangle+\sqrt{2}\,c_1|2\rangle-c_1|0\rangle) = 0$$

を得る．よって，$\langle\lambda|\widehat{x}(0)|\lambda\rangle = 2c_0c_1\sqrt{\frac{\hbar}{2m\omega}}$, $\langle\lambda|\widehat{p}(0)|\lambda\rangle = 0$ となるので

$$\langle\lambda|\widehat{x}(t)|\lambda\rangle = c_0c_1\sqrt{\frac{2\hbar}{m\omega}}\cos\omega t, \quad \langle\lambda|\widehat{p}(t)|\lambda\rangle = -c_0c_1\sqrt{2\hbar m\omega}\sin\omega t$$

というように古典解と類似の結果を得る．

別の例として，演算子 $\widehat{a}$ に対して次の関係

$$\widehat{a}|\lambda\rangle = \lambda|\lambda\rangle \tag{17}$$

を満たす状態 $|\lambda\rangle$ を与えることにする．この状態 $|\lambda\rangle$ は**コヒーレント状態**と呼ばれる．$\widehat{a}$ はエルミート演算子ではないので，固有値 λ は複素数である．よって，(17) 式のエルミート共役は $\langle\lambda|\widehat{a}^\dagger = \langle\lambda|\lambda^*$．また，$\langle\lambda|\lambda\rangle = 1$ と規格化されているものとする．この $|\lambda\rangle$ を用いると

$$\langle\lambda|\widehat{x}(0)|\lambda\rangle = \sqrt{\frac{\hbar}{2m\omega}}\left(\langle\lambda|\widehat{a}|\lambda\rangle+\langle\lambda|\widehat{a}^\dagger|\lambda\rangle\right)$$
$$= \sqrt{\frac{\hbar}{2m\omega}}(\lambda\langle\lambda|\lambda\rangle+\lambda^*\langle\lambda|\lambda\rangle) = \sqrt{\frac{2\hbar}{m\omega}}\operatorname{Re}\lambda,$$
$$\langle\lambda|\widehat{p}(0)|\lambda\rangle = \sqrt{2m\omega\hbar}\operatorname{Im}\lambda$$

となる．これらの結果より，$\alpha = \operatorname{Re}\lambda$, $\beta = \operatorname{Im}\lambda$ とおくと

$$\langle\lambda|\widehat{x}(t)|\lambda\rangle = \sqrt{\frac{2\hbar}{m\omega}}\{\alpha\cos\omega t+\beta\sin\omega t\}$$
$$\langle\lambda|\widehat{p}(t)|\lambda\rangle = \sqrt{2m\omega\hbar}\{\alpha\cos\omega t-\beta\sin\omega t\}$$

というように，古典解と類似の解が得られる．

コヒーレント状態 $|\lambda\rangle$ の具体的な形を求めてみる．$\{c_n\}_{n\geq 0}$ を未定係数として $|\lambda\rangle$ を $|n\rangle$ で展開する．

$$|\lambda\rangle = \sum_{n=0}^\infty c_n|n\rangle = \sum_{n=0}^\infty \frac{c_n}{\sqrt{n!}}(\widehat{a}^\dagger)^n|0\rangle.$$

これを (17) 式に代入すると

$$\sum_{n=0}^\infty \frac{c_n}{\sqrt{n!}}\widehat{a}(\widehat{a}^\dagger)^n|0\rangle = \lambda\sum_{n=0}^\infty \frac{c_n}{\sqrt{n!}}(\widehat{a}^\dagger)^n|0\rangle \tag{18}$$

となる．ここで，(18) 式の左辺の和の中で，$n=0$ の項は $\widehat{a}|0\rangle = 0$ より零，$n\geq 1$ に対しては

$$\widehat{a}(\widehat{a}^\dagger)^n|0\rangle = \sqrt{n!}\,\widehat{a}|n\rangle = n\sqrt{(n-1)!}\,|n-1\rangle = n(\widehat{a}^\dagger)^{n-1}|0\rangle$$

が成り立つので

$$(\text{左辺}) = \sum_{n=1}^\infty \frac{nc_n}{\sqrt{n!}}(\widehat{a}^\dagger)^{n-1}|0\rangle = \sum_{n=0}^\infty \frac{\sqrt{n+1}\,c_{n+1}}{\sqrt{n!}}(\widehat{a}^\dagger)^n|0\rangle$$

となる．(18) 式の右辺とを比較すると $\sqrt{n+1}\,c_{n+1} = \lambda c_n$ という**漸化式**が得られ，これを解くことにより $c_n = c_0 \frac{\lambda^n}{\sqrt{n!}}$ と求まる．以上より，コヒーレント状態 $|\lambda\rangle$ の具体的な表示

$$|\lambda\rangle = c_0 \sum_{n=0}^{\infty} \frac{\lambda^n}{n!}(\widehat{a}^\dagger)^n |0\rangle$$

が得られる．

参考：係数 c_0 は規格化条件より求めることができる．

$$1 = \langle \lambda|\lambda\rangle = |c_0|^2 \sum_{m=0}^{\infty} \sum_{n=0}^{\infty} \frac{(\lambda^*)^m \lambda^n}{\sqrt{m!}\sqrt{n!}} \langle m|n\rangle = |c_0|^2 \sum_{n=0}^{\infty} \frac{|\lambda|^{2n}}{n!} = |c_0|^2 e^{|\lambda|^2}. \tag{19}$$

$c_0 > 0$ とすると，$c_0 = e^{-|\lambda|^2/2}$．

4.5 (1) 定常状態なので，$\psi(\boldsymbol{r})$ は $\widehat{\mathcal{H}}$ の固有値方程式を満たす．固有値を E とすると $\widehat{\mathcal{H}}\psi(\boldsymbol{r}) = E\psi(\boldsymbol{r})$ である．これがエネルギー固有値 E を持つ時間に依存しないシュレーディンガー方程式である．

(2) 陽子と電子の間には静電ポテンシャル $V(\boldsymbol{r}) = -\frac{1}{4\pi\varepsilon_0}\frac{e^2}{r}$ がはたらくので，ハミルトニアン演算子は

$$\widehat{\mathcal{H}} = -\frac{\hbar^2}{2m}\Delta - \frac{1}{4\pi\varepsilon_0}\frac{e^2}{r}$$

で与えられる．

(3) $\psi_1(\boldsymbol{r})$ の x に関する偏導関数は

$$\frac{\partial \psi_1(r)}{\partial x} = \frac{x}{r}\frac{\partial}{\partial r}\psi_1(r) = -\frac{x}{r_0 r}\psi_1(r),$$

$$\frac{\partial^2 \psi_1(r)}{\partial x^2} = \frac{1}{r_0}\left(-\frac{1}{r} + \frac{x^2}{r_0 r^2} + \frac{x^2}{r^3}\right)\psi_1(r)$$

となるので，**ラプラシアン**部分は

$$\Delta \psi_1(r) = \frac{1}{r_0}\left(-\frac{3}{r} + \frac{1}{r_0} + \frac{1}{r}\right)\psi_1(r) = \left(\frac{1}{r_0^2} - \frac{2}{r_0 r}\right)\psi_1(r) \tag{1}$$

と求まる．したがって，ψ_1 のエネルギー固有値を E_1 とするとシュレーディンガー方程式は

$$-\frac{\hbar^2}{2m}\left(\frac{1}{r_0^2} - \frac{2}{r_0 r}\right)\psi_1(r) - \frac{e^2}{4\pi\varepsilon_0 r}\psi_1(r) = E_1 \psi_1(r)$$

$$\implies \left\{-\left(\frac{\hbar^2}{2mr_0^2} + E_1\right) + \left(\frac{\hbar^2}{mr_0} - \frac{e^2}{4\pi\varepsilon_0}\right)\frac{1}{r}\right\}\psi_1(r) = 0 \tag{2}$$

となる．この等式が任意の r で成り立つので

$$\frac{\hbar^2}{2mr_0^2} + E_1 = 0, \quad \frac{\hbar^2}{mr_0} - \frac{e^2}{4\pi\varepsilon_0} = 0$$

$$\iff r_0 = \frac{4\pi\varepsilon_0 \hbar^2}{me^2}, \quad E_1 = -\frac{\hbar^2}{2mr_0^2} = -\frac{me^4}{32\pi^2\varepsilon_0^2\hbar^2}. \tag{3}$$

(3) 式で与えられた r_0 は**ボーア半径**と呼ばれる．

(4) 規格化条件より

$$1 = \int |\psi_1|^2 dx dy dz = \int_0^\infty 4\pi r^2 |\psi_1|^2 dr$$
$$= 4\pi A^2 \int_0^\infty r^2 e^{-2r/r_0} dr. \tag{4}$$

ここで，c を正の実数として積分 $I_n(c) = \int_0^\infty r^n e^{-cr} dr$ を考える．部分積分を実行することにより，**漸化式**

$$I_n(c) = \int_0^\infty r^n e^{-cr} dr = \int_0^\infty r^n \left(-\frac{1}{c} e^{-cr}\right)' dr$$
$$= \left[-\frac{r^n}{c} c^{-cr}\right]_0^\infty + \frac{n}{c} \int_0^\infty r^{n-1} e^{-cr} dr$$
$$= \frac{n}{c} I_{n-1}(c)$$

が得られる．また $I_0(c) = \int_0^\infty e^{-cr} dr = \left[-\frac{1}{c} c^{-cr}\right]_0^\infty = \frac{1}{c}$ である．したがって

$$I_1(c) = \frac{1}{c} I_0(c) = \frac{1}{c^2}, \quad I_2(c) = \frac{2}{c} I_1(c) = \frac{2}{c^3},$$
$$I_3(c) = \frac{3}{c} I_2(c) = \frac{6}{c^4}, \quad I_4(c) = \frac{4}{c} I_3(c) = \frac{24}{c^5}, \cdots.$$

上の結果を $c = \frac{2}{r_0}$ として用いると，(4) 式より

$$1 = 4\pi A^2 I_2\left(\frac{2}{r_0}\right) = 4\pi A^2 2\left(\frac{r_0}{2}\right)^3 \implies A = \frac{1}{\sqrt{\pi r_0^3}}$$

と求まる．

(5) $\psi_1(r)$ は r のみの関数なので $X(\widehat{r})$ の期待値は

$$\langle X(\widehat{r}) \rangle = \int_0^\infty \psi_1^*(r) X(r) \psi_1(r) 4\pi r^2 dr = \frac{4}{r_0^3} \int_0^\infty X(r) r^2 e^{-2r/r_0} dr$$

で与えられる．よって

$$\langle \widehat{r} \rangle = \frac{4}{r_0^3} \int_0^\infty r^3 e^{-cr} dr = \frac{4}{r_0^3} I_3\left(\frac{2}{r_0}\right) = \frac{3}{2} r_0,$$
$$\langle \widehat{r}^2 \rangle = \frac{4}{r_0^3} \int_0^\infty r^4 e^{-cr} dr = \frac{4}{r_0^3} I_4\left(\frac{2}{r_0}\right) = 3 r_0^2.$$

運動量に関しては，(1) 式より

$$\widehat{p}^2 \psi_1(r) = (-i\hbar \nabla)^2 \psi_1(r) = -\hbar^2 \Delta \psi_1(r) = -\frac{\hbar^2}{r_0} \left(\frac{1}{r_0} - \frac{2}{r}\right) \psi_1(r)$$

であることを用いて

$$\langle \widehat{p}^2 \rangle = \int_0^\infty \psi_1^*(r) \widehat{p}^2 \psi_1(r) 4\pi r^2 dr$$
$$= -\frac{4\hbar^2}{r_0^5} \int_0^\infty r^2 e^{-cr} dr + \frac{8\hbar^2}{r_0^4} \int_0^\infty r e^{-cr} dr$$
$$= -\frac{4\hbar^2}{r_0^5} I_2\left(\frac{2}{r_0}\right) + \frac{8\hbar^2}{r_0^4} I_1\left(\frac{2}{r_0}\right) = \frac{\hbar^2}{r_0^2}.$$

(6) ψ_{2x} の x に関する偏導関数は

$$\frac{\partial \psi_{2x}}{\partial x} = \left(1 - \frac{ax^2}{r}\right)e^{-ar},$$

$$\frac{\partial^2 \psi_{2x}}{\partial x^2} = a\left(-\frac{2x}{r} + \frac{x^3}{r^3}\right)e^{-ar} + \left(1 - \frac{ax^2}{r}\right)e^{-ar}(-a)\frac{x}{r}$$

$$= a\left\{-\frac{3}{r} + \frac{1}{r^3}(1+ar)x^2\right\}xe^{-ar}$$

となる.また,y,z に関しても,それぞれ

$$\frac{\partial \psi_{2x}}{\partial y} = -\frac{axy}{r}e^{-ar}, \quad \frac{\partial^2 \psi_{2x}}{\partial y^2} = a\left\{-\frac{1}{r} + \frac{1}{r^3}(1+ar)y^2\right\}xe^{-ar},$$

$$\frac{\partial \psi_{2x}}{\partial z} = -\frac{axz}{r}e^{-ar}, \quad \frac{\partial^2 \psi_{2x}}{\partial z^2} = a\left\{-\frac{1}{r} + \frac{1}{r^3}(1+ar)z^2\right\}xe^{-ar}$$

と計算できる.以上より

$$\Delta \psi_{2x} = a\left\{-\frac{5}{r} + \frac{1}{r^3}(1+ar)r^2\right\}xe^{-ar} = a\left(a - \frac{4}{r}\right)\psi_{2x}.$$

これを時間を含まないシュレーディンガー方程式 $\widehat{\mathcal{H}}\psi_{2x} = E_2\psi_{2x}$ に代入して整理すると

$$\left\{-\left(E_2 + \frac{\hbar^2 a^2}{2m}\right) + \left(\frac{2\hbar^2 a}{m} - \frac{e^2}{4\pi\varepsilon_0}\right)\frac{1}{r}\right\}\psi_{2x} = 0$$

の関係を得る.これが任意の r で成立するので

$$a = \frac{me^2}{8\pi\varepsilon_0\hbar^2}, \quad E_2 = -\frac{\hbar^2 a^2}{2m}.$$

(7) $\psi_{2\pm}$ は ψ_{2x} と ψ_{2y} の線形結合なので $\widehat{\mathcal{H}}\psi_{2\pm} = E_2\psi_{2\pm}$ が成り立つ.また $\widehat{l}_z = \widetilde{x\widehat{p}_y} - \widetilde{y\widehat{p}_x}$ とすると

$$\sqrt{2}\,\widehat{l}_z\psi_{2\pm} = (\widetilde{x\widehat{p}_y} - \widetilde{y\widehat{p}_x})(\psi_{2x} \pm i\psi_{2y}) = -i\hbar\left(x\frac{\partial}{\partial y} - y\frac{\partial}{\partial x}\right)(\psi_{2x} \pm i\psi_{2y})$$

$$= -i\hbar\left[-\frac{ax^2y}{r} - y\left(1 - \frac{ax^2}{r}\right) \pm i\left\{x\left(1 - \frac{ay^2}{r}\right) + \frac{axy^2}{r}\right\}\right]e^{-ar}$$

$$= -i\hbar(-y \pm ix)e^{-ar} = \pm\sqrt{2}\,\hbar\psi_{2\pm} \quad \text{(複号同順)}$$

と計算される.したがって,磁場が加わった場合のハミルトニアン

$$\widehat{\mathcal{H}'} = \widehat{\mathcal{H}} + \delta\widehat{\mathcal{H}} = \widehat{\mathcal{H}} + \frac{eB}{2m}\widehat{l}_z$$

の $\psi_{2\pm}$ に関するエネルギー固有値は $E_2 \pm \frac{eB\hbar}{2m}$(複号同順)である.他方

$$\widehat{l}_z\psi_{2z} = -i\hbar\left(x\frac{\partial}{\partial y} - y\frac{\partial}{\partial x}\right)\psi_{2z} = 0$$

より,ψ_{2z} のエネルギー固有値は E_2 のままである.この結果は,水素原子の第 1 励起状態にある電子のエネルギー **3 重縮退状態**が,磁場をかけることによって 3 つの異なるエネルギー固有状態に分かれることを表している(これを**ゼーマン効果**という).

4.6 (1) $x \leq 0, x \geq a$ で $V(x) = \infty$ なので,時間を含まないシュレーディンガー方程式

$$-\frac{\hbar^2}{2m}\frac{d^2\phi}{dx^2} = E\phi \quad (0 \leq x \leq a) \tag{1}$$

を境界条件 $\phi(0) = 0, \phi(a) = 0$ の下で解けばよい.

$$k^2 = \frac{2mE}{\hbar^2} \neq 0 \tag{2}$$

とすれば,(1) 式より

$$\frac{d^2\phi}{dx^2} = -k^2\phi \implies \phi = A\sin kx + B\cos kx$$

と計算できる.ここで,A, B は定数である.境界条件 $\phi(0) = 0$ より

$$\phi(0) = B = 0 \implies \phi(x) = A\sin kx$$

であり,これと境界条件 $\phi(a) = 0$ より

$$\phi(a) = A\sin ka = 0 \iff k = \frac{n\pi}{a} \quad (n = 0, 1, 2, \cdots) \tag{3}$$

と波数 k が取り得る値が定まる.以上より

$$\phi(x) = A\sin\frac{n\pi}{a}x \tag{4}$$

が得られる.**規格化条件**

$$\int_{-\infty}^{\infty} |\phi|^2 dx = 1 \tag{5}$$

に (4) 式を代入すると $\int_0^a A^2 \sin^2\frac{n\pi}{a}x\, dx = |A|^2 \frac{a}{2} = 1$ と計算でき,$A = \sqrt{\frac{2}{a}}$ と定まる.以上より,固有関数 ϕ_n は

$$\phi_n(x) = \sqrt{\frac{2}{a}}\sin\frac{n\pi}{a}x \quad (n = 1, 2, 3, \cdots)$$

に決まる.また,エネルギーは (2), (3) 式より

$$E_n = \frac{\hbar^2 k^2}{2m} = \frac{\hbar^2}{2m}\left(\frac{n\pi}{a}\right)^2 = \frac{n^2\pi^2\hbar^2}{2ma^2} \quad (n = 1, 2, 3, \ldots)$$

で与えられる.

(2) 2 粒子系のハミルトニアンは

$$\mathcal{H} = -\frac{\hbar^2}{2m_1}\frac{\partial^2}{\partial x_1^2} - \frac{\hbar^2}{2m_2}\frac{\partial^2}{\partial x_2^2} + V(x_1) + V(x_2)$$

である.したがって,時間を含まないシュレーディンガー方程式はこれを用いて

$$\mathcal{H}\psi(x_1, x_2) = E\psi(x_1, x_2) \tag{6}$$

で与えられる.

(3) 題意に従って,$\psi(x_1, x_2) = f(x_1)g(x_2)$ として (6) 式に代入すると

$$g(x_2)\left\{-\frac{\hbar^2}{2m_1}\frac{\partial^2}{\partial x_1^2} + V(x_1)\right\}f(x_1)$$

$$+ f(x_1)\left\{-\frac{\hbar^2}{2m_2}\frac{\partial^2}{\partial x_2^2} + V(x_2)\right\}g(x_2) = Ef(x_1)g(x_2)$$

を得る．$f(x_1)$ と $g(x_2)$ はともに恒等的には零ではないので，$f(x_1)g(x_2) \neq 0$ と仮定して，この両辺を $f(x_1)g(x_2)$ で割って式変形すると

$$\frac{1}{f(x_1)}\left\{-\frac{\hbar^2}{2m_1}\frac{\partial^2}{\partial x_1^2}+V(x_1)\right\}f(x_1) = -\frac{1}{g(x_2)}\left\{-\frac{\hbar^2}{2m_2}\frac{\partial^2}{\partial x_2^2}+V(x_2)\right\}g(x_2) + E \quad (7)$$

という等式が得られる．(7) 式の左辺は x_1 のみの関数であり，右辺は x_2 のみの関数である．x_1 と x_2 は互いに独立な変数なので，(7) 式の両辺は，ともに x_1 にも x_2 にもよらない定数であり，その値が等しいことが結論される．その定数を ε_f とおくと

$$\left\{-\frac{\hbar^2}{2m_1}\frac{\partial^2}{\partial x_1^2}+V(x_1)\right\}f(x_1) = \varepsilon_f f(x_1),$$

$$\left\{-\frac{\hbar^2}{2m_2}\frac{\partial^2}{\partial x_2^2}+V(x_2)\right\}g(x_2) = (E-\varepsilon_f)g(x_2)$$

という 2 つの 1 粒子シュレーディンガー方程式が得られる．題意より

$$E - \varepsilon_f = \varepsilon_g \iff E = \varepsilon_f + \varepsilon_g$$

を得る．

(4) 設問 (1) の結果を用いて，$\varepsilon_f, \varepsilon_g$ は

$$\varepsilon_f = \frac{n_1^2 \pi^2 \hbar^2}{2m_1 a^2} \quad (n_1 = 1, 2, 3, \cdots)$$

$$\varepsilon_g = \frac{n_2^2 \pi^2 \hbar^2}{2m_2 a^2} \quad (n_2 = 1, 2, 3, \cdots)$$

したがって，2 粒子系のエネルギー準位は

$$E = E_{n_1, n_2} = \varepsilon_f + \varepsilon_g = \frac{\pi^2 \hbar^2}{2a^2}\left(\frac{n_1^2}{m_1}+\frac{n_2^2}{m_2}\right)$$

で与えられる．特に**基底状態**のエネルギー E_{gs} は

$$E_{\text{gs}} = E_{1,1} = \frac{\pi^2 \hbar^2}{2a^2}\left(\frac{1}{m_1}+\frac{1}{m_2}\right)$$

であり，この基底状態の固有関数は

$$\psi_{\text{gs}}(x_1, x_2) = \phi_1(x_1)\phi_1(x_2).$$

1 粒子波動関数は (5) 式のように規格化されているので

$$\int_{-\infty}^{\infty} dx_1 \int_{-\infty}^{\infty} dx_2 |\psi_{\text{gs}}(x_1, x_2)|^2 = \int_{-\infty}^{\infty}|\phi_1(x_1)|^2 dx_1 \int_{-\infty}^{\infty}|\phi_2(x_2)|^2 dx_2$$
$$= 1$$

であり，2 粒子系の波動関数としても**規格化**されている．

(5) エネルギーは $n_1 = 1, n_2 = 2$ のとき

$$E_{1,2} = \frac{\pi^2 \hbar^2}{2a^2}\left(\frac{1}{m_1}+\frac{4}{m_2}\right)$$

$n_1 = 2, n_2 = 1$ のとき

$$E_{2,1} = \frac{\pi^2 \hbar^2}{2a^2} \left(\frac{4}{m_1} + \frac{1}{m_2} \right)$$

また，$n_1 = 1, n_2 = 3$ のとき

$$E_{1,3} = \frac{\pi^2 \hbar^2}{2a^2} \left(\frac{1}{m_1} + \frac{9}{m_2} \right)$$

と与えられる．$m_1 < m_2 < \frac{8}{3} m_1$ なので

$$E_{2,1} - E_{1,2} = \frac{\pi^2 \hbar^2}{2a^2} \frac{3}{m_1 m_2} (m_2 - m_1) > 0,$$

$$E_{1,3} - E_{2,1} = \frac{\pi^2 \hbar^2}{2a^2} \frac{3}{m_1 m_2} \left(\frac{8}{3} m_1 - m_2 \right) > 0.$$

以上より，エネルギーの大小関係は

$$E_{1,3} > E_{2,1} > E_{1,2}$$

のように決まり，**第 1 励起状態**と**第 2 励起状態**のエネルギーは，$E_{1\mathrm{st}} = E_{1,2}$, $E_{2\mathrm{nd}} = E_{2,1}$ と決定される．それぞれに対応する固有関数は $\psi_{1\mathrm{st}}(x_1, x_2) = \phi_1(x_1)\phi_2(x_2)$, $\psi_{2\mathrm{nd}}(x_1, x_2) = \phi_2(x_1)\phi_1(x_2)$.

(6) フェルミ粒子は粒子の交換に対して反対称であるので

$$\psi_{\mathrm{gs}}(x_1, x_2) = \frac{1}{\sqrt{2}} \big(\phi_1(x_1)\alpha(1)\phi_1(x_2)\beta(2) - \phi_1(x_2)\alpha(2)\phi_1(x_1)\beta(1) \big)$$

となる．2 粒子ともに最低エネルギー状態を占有するので，スピンについては一方の粒子が上向きで，他方が下向きになる必要がある．したがって，全スピンは零となる．

(7) 同じエネルギー準位 ϕ_n にスピンが上向きの粒子を 2 個詰めたとして，反対称性の条件を課すと

$$\frac{1}{\sqrt{2}} \big(\phi_n(x_1)\alpha(1)\phi_n(x_2)\alpha(2) - \phi_n(x_2)\alpha(2)\phi_n(x_1)\alpha(1) \big) = 0$$

となる．これは状態が存在できないことを意味している．スピンが下向きの粒子を 2 個詰めたときも同様である．つまり，同一状態のフェルミ粒子を同じエネルギー準位に入れることはできない（これを**パウリの排他律**という）．

(8) スピン自由度まで考慮しても，3 粒子すべてが $n = 1$ の状態をとることはパウリの排他律より禁止されている．基底状態は 3 粒子のうち，2 つが $n = 1$, 残りの 1 つが $n = 2$ の状態をとるときである．そのときのエネルギーは

$$E_{\mathrm{gs}} = \frac{\pi^2 \hbar^2}{2a^2} \frac{1}{m} \left(1 + 1 + 2^2 \right) = \frac{3\pi^2 \hbar^2}{ma^2}$$

で与えられる．第 1 励起状態は 3 粒子のうち，1 つが $n = 1$, 残りの 2 つが $n = 2$ の状態をとるときで，エネルギーは

$$E_{1\mathrm{st}} = \frac{\pi^2 \hbar^2}{2a^2} \frac{1}{m} \left(1 + 2^2 + 2^2 \right) = \frac{9\pi^2 \hbar^2}{2ma^2}$$

で与えられる．さらに第 2 励起状態は $n = 1, 2, 3$ が占有されるときであり，エネルギーは

$$E_{2\mathrm{nd}} = \frac{\pi^2 \hbar^2}{2a^2} \frac{1}{m} \left(1 + 2^2 + 3^2 \right) = \frac{7\pi^2 \hbar^2}{ma^2}$$

となる．

第 4 章の解答

(9) 粒子の入替えに対して反対称なフェルミ多粒子系の固有関数は，以下のように**スレーター行列式**を用いて表される．基底状態は 2 重（上向きスピンが 2 つ，または下向きが 2 つ）に縮退しているので

$$\psi_{\text{gs}} = \frac{1}{\sqrt{3!}} \begin{vmatrix} \phi_1(x_1)\alpha(1) & \phi_1(x_2)\alpha(2) & \phi_1(x_3)\alpha(3) \\ \phi_1(x_1)\beta(1) & \phi_1(x_2)\beta(2) & \phi_1(x_3)\beta(3) \\ \phi_2(x_1)\alpha(1) & \phi_2(x_2)\alpha(2) & \phi_2(x_3)\alpha(3) \end{vmatrix}$$

と

$$\psi_{\text{gs}} = \frac{1}{\sqrt{3!}} \begin{vmatrix} \phi_1(x_1)\alpha(1) & \phi_1(x_2)\alpha(2) & \phi_1(x_3)\alpha(3) \\ \phi_1(x_1)\beta(1) & \phi_1(x_2)\beta(2) & \phi_1(x_3)\beta(3) \\ \phi_2(x_1)\beta(1) & \phi_2(x_2)\beta(2) & \phi_2(x_3)\beta(3) \end{vmatrix}$$

の 2 つが基底状態の固有関数である．

4.7 (1) 仕事関数を W とする．波長 λ の入射波が光電効果を起こすためには $\frac{hc}{\lambda} \geq W$ の関係を満たさなければならない．ここで等号が成立するときの波長が限界波長 λ_0 であり，それは $\frac{hc}{\lambda_0} = W \iff \lambda_0 = \frac{hc}{W} \simeq 6.5 \times 10^{-7}$ [m] と計算される．

(2) 波動関数 Ψ に対するシュレーディンガー方程式 $i\hbar \frac{\partial \Psi}{\partial t} = \mathcal{H}\Psi = -\frac{\hbar^2}{2m}\Delta\Psi + V\Psi$ と，その複素共役 $-i\hbar \frac{\partial \Psi^*}{\partial t} = \mathcal{H}^*\Psi^* = -\frac{\hbar^2}{2m}\Delta\Psi^* + V\Psi^*$ を使うと

$$\begin{aligned} \frac{\partial \rho}{\partial t} &= \frac{\partial}{\partial t}|\Psi|^2 = \Psi^* \frac{\partial \Psi}{\partial t} + \frac{\partial \Psi^*}{\partial t}\Psi \\ &= \frac{i}{\hbar}\left\{\Psi^*\left(\frac{\hbar^2}{2m}\Delta\Psi - V\Psi\right) + \left(-\frac{\hbar^2}{2m}\Delta\Psi^* + V\Psi^*\right)\Psi\right\} \\ &= \frac{i\hbar}{2m}(\Psi^*\Delta\Psi - \Psi\Delta\Psi^*). \end{aligned}$$

ここで

$$\nabla \cdot (\phi \nabla \psi) = \nabla \phi \cdot \nabla \psi + \phi \Delta \psi \tag{1}$$

の関係式を使うと

$$\begin{aligned} \frac{\partial \rho}{\partial t} &= \frac{i\hbar}{2m}\{\nabla \cdot (\Psi^*\nabla\Psi) - \nabla\Psi^* \cdot \nabla\Psi - \nabla \cdot (\Psi\nabla\Psi^*) + \nabla\Psi \cdot \nabla\Psi^*\} \\ &= -\nabla \cdot \frac{i\hbar}{2m}(\Psi\nabla\Psi^* - \Psi^*\nabla\Psi) = -\nabla \cdot \boldsymbol{j} \end{aligned}$$

が導かれる．

(3) A の期待値 $\langle A \rangle = \int \psi^*(t) A \psi(t) d\boldsymbol{r}$ の両辺を t で微分すると，A は時間 t を陽に含まないので

$$\begin{aligned} \frac{d}{dt}\langle A \rangle &= \int \left(\frac{d\psi^*}{dt}A\psi + \psi^* A \frac{d\psi}{dt}\right) d\boldsymbol{r} \\ &= \int \left(-\frac{1}{i\hbar}\mathcal{H}^*\psi^* A\psi + \frac{1}{i\hbar}\psi^* A \mathcal{H}\psi\right) d\boldsymbol{r}. \end{aligned}$$

ハミルトニアン $\mathcal{H}$ はエルミート演算子なので

$$\int (\mathcal{H}^*\psi^*)(A\psi) d\boldsymbol{r} = (\mathcal{H}\psi, A\psi) = (\psi, \mathcal{H}A\psi) = \int \psi^* \mathcal{H}A\psi d\boldsymbol{r}$$

が成り立つ．よって
$$\frac{d}{dt}\langle A\rangle = \frac{1}{i\hbar}\int(-\psi^*\mathcal{H}A\psi + \psi^*A\mathcal{H}\psi)\,d\boldsymbol{r}$$
$$= \frac{1}{i\hbar}\int\psi^*[A,\mathcal{H}]\psi d\boldsymbol{r} = \frac{1}{i\hbar}\langle[A,\mathcal{H}]\rangle$$

が示せた．

(4) $V(\boldsymbol{r})$ が x,y,z についてマクローリン展開可能であると仮定する．例えば $V(\boldsymbol{r})$ の x についてのマクローリン展開が
$$V(\boldsymbol{r}) = \sum_{n=0}^{\infty}\alpha_n(y,z)x^n \tag{2}$$

と書けるとする．x と $V(\boldsymbol{r})$ が可換であることは自明である．また，設問 (3) の結果を用いると
$$\frac{d\langle x\rangle}{dt} = \frac{1}{i\hbar}\langle[x,\mathcal{H}]\rangle = \frac{1}{i\hbar}\left\langle\left[x,\frac{\boldsymbol{p}^2}{2m}+V(\boldsymbol{r})\right]\right\rangle$$
$$= \frac{1}{2mi\hbar}\langle[x,p_x^2]\rangle = \frac{1}{2mi\hbar}\langle[x,p_x]p_x + p_x[x,p_x]\rangle = \frac{\langle p_x\rangle}{m}.$$

y,z 成分についても同様に考えることができ，結局 $\frac{d}{dt}\langle\boldsymbol{r}\rangle = \frac{1}{m}\langle\boldsymbol{p}\rangle$ が導かれる．

次に，p_x と x^n の**交換関係**を考える．演算子 A,B,C に対して，一般に
$$[A,BC] = [A,B]C + B[A,C]$$

の等式が成り立つので
$$[p_x,x^n] = [p_x,x^{n-1}]x + x^{n-1}[p_x,x] = [p_x,x^{n-1}]x - i\hbar x^{n-1}$$
$$= \left([p_x,x^{n-2}]x + x^{n-2}[p_x,x]\right)x - i\hbar x^{n-1}$$
$$= [p_x,x^{n-2}]x - 2i\hbar x^{n-1} = \cdots$$
$$= -i\hbar n x^{n-1} = -i\hbar\frac{\partial x^n}{\partial x}. \tag{3}$$

したがって，p_x と $V(\boldsymbol{r})$ の交換関係は，(2), (3) 式より
$$[p_x,V(\boldsymbol{r})] = \left[p_x,\sum_n\alpha_n(y,z)x^n\right] = \sum_n\alpha_n(y,z)[p_x,x^n]$$
$$= -i\hbar\sum_n\alpha_n(y,z)\frac{\partial x^n}{\partial x} = -i\hbar\frac{\partial}{\partial x}\sum_n\alpha_n(y,z)x^n$$
$$= -i\hbar\frac{\partial V(\boldsymbol{r})}{\partial x}$$

となる．以上より
$$\frac{d\langle p_x\rangle}{dt} = \frac{1}{i\hbar}\langle[p_x,\mathcal{H}]\rangle = \frac{1}{i\hbar}\left\langle\left[p_x,\frac{\boldsymbol{p}^2}{2m}+V(\boldsymbol{r})\right]\right\rangle$$
$$= \frac{1}{i\hbar}\langle[p_x,V(\boldsymbol{r})]\rangle = -\left\langle\frac{\partial V(\boldsymbol{r})}{\partial x}\right\rangle$$

となり，y, z 成分も同様に考えることで $\frac{d}{dt}\langle \boldsymbol{p}\rangle = -\langle \nabla V\rangle$ が成り立つことが示せた．

エーレンフェストの定理は，位置および運動量の瞬間的な値は量子力学では確定できない一方で，それらの期待値は古典力学と同じ振る舞いをすることを示している．

(5) 与えられた球対称ポテンシャルを代入すると，積分部分は

$$\int_0^\infty \frac{\sin Kr}{Kr} V(r) r^2 dr = \int_0^\infty \frac{\sin Kr}{Kr} N \frac{e^{-\alpha r}}{r} r^2 dr = \frac{N}{K}\int_0^\infty \sin(Kr) e^{-\alpha r} dr$$

$$= \frac{N}{K} \mathrm{Im}\left(\int_0^\infty e^{iKr - \alpha r} dr\right) = \frac{N}{K^2 + \alpha^2}$$

と計算される．また $\boldsymbol{k}_0$ と $\boldsymbol{k}$ のなす角度が θ ならば $K = 2k\sin\frac{\theta}{2}$ であるので，遷移確率 $w(\theta)$ は

$$w(\theta) = \frac{4mk}{\hbar^3 L^3}\left\{\frac{N}{\alpha^2 + \left(2k\sin\frac{\theta}{2}\right)^2}\right\}^2$$

で与えられる．$\alpha \to 0$ とすると

$$\lim_{\alpha \to 0} w(\theta) = \frac{4mk}{\hbar^3 L^3} \frac{N^2}{\left(4k^2 \sin^2\frac{\theta}{2}\right)^2}$$

$$= \frac{\hbar k_0}{mL^3} \frac{1}{16}\left\{\frac{2m}{(\hbar k)^2}\right\}^2 \frac{N^2}{\sin^4 \frac{\theta}{2}}$$

となり，ラザフォード散乱に対する遷移確率に帰着する．

(6) **相対論的エネルギー**の表式 $E^2 = m^2 c^4 + \boldsymbol{p}^2 c^2$ に，対応規則 $\boldsymbol{p} \leftrightarrow -i\hbar\nabla$, $E \leftrightarrow i\hbar\frac{\partial}{\partial t}$ を適用すると

$$\left(i\hbar\frac{\partial}{\partial t}\right)^2 = m^2 c^4 + (-i\hbar\nabla)^2 c^2$$

$$\iff -\frac{m^2 c^2}{\hbar^2} = \frac{1}{c^2}\frac{\partial^2}{\partial t^2} - \Delta \equiv \Box$$

が得られる．波動関数 $\Psi(\boldsymbol{r}, t)$ に作用させると

$$\Box \Psi = -\frac{m^2 c^2}{\hbar^2} \Psi \tag{4}$$

のように，**クライン–ゴルドン方程式**が得られる．

確率密度の保存則

$$\int |\Psi|^2 d\boldsymbol{r} = 1$$

$$\iff \frac{\partial}{\partial t}\int |\Psi|^2 d\boldsymbol{r} = -\int \nabla \cdot \boldsymbol{j} d\boldsymbol{r} = 0 \tag{5}$$

は，設問 (2) で見たようにシュレーディンガー方程式では任意の時刻で成り立つ．他方，クライン–ゴルドン方程式は時間に関する 2 階の微分方程式なので，解を得るためには Ψ と $\frac{\partial \Psi}{\partial t}$ の 2 つの値を初期条件として必要とする．つまり，Ψ と $\frac{\partial \Psi}{\partial t}$ に対して任意の値を与えることが可能になるので，(5) 式の関係をすべての時刻で満足させることができなくなる．このように，波動関数の 2 乗が確率密度を与えるという物理的解釈に困難が生じることがクライン–ゴルドン方程

式の問題点である．

(7) クライン–ゴルドン方程式の複素共役

$$\Box \Psi^* = -\frac{m^2 c^2}{\hbar^2}\Psi^* \tag{6}$$

と (1) 式の関係を用いて，$\Psi^* \times$ (4) 式 $- \Psi \times$ (6) 式 を計算すると

$$\begin{aligned}
0 &= \frac{1}{c^2}\left(\Psi^*\frac{\partial^2 \Psi}{\partial t^2} - \Psi\frac{\partial^2 \Psi^*}{\partial t^2}\right) - \Psi^* \Delta\Psi + \Psi \Delta\Psi^* \\
&= \frac{1}{c^2}\left(\Psi^*\frac{\partial^2 \Psi}{\partial t^2} - \Psi\frac{\partial^2 \Psi^*}{\partial t^2}\right) - \nabla\cdot(\Psi^*\nabla\Psi) + \nabla\cdot(\Psi\nabla\Psi^*) \\
&= \frac{1}{c^2}\frac{\partial}{\partial t}\left(\Psi^*\frac{\partial \Psi}{\partial t} - \Psi\frac{\partial \Psi^*}{\partial t}\right) + \frac{2m}{i\hbar}\nabla\cdot j
\end{aligned}$$

と計算される．つまり，連続の式が成り立つためには

$$\rho = \frac{i\hbar}{2mc^2}\left(\Psi^*\frac{\partial \Psi}{\partial t} - \Psi\frac{\partial \Psi^*}{\partial t}\right) \tag{7}$$

とすればよいことがわかる．

ρ の次元 $[\rho]$ は $[\rho] = \frac{[\hbar]}{[m][c^2]}[\Psi^*]\frac{[\Psi]}{[t]}$ と表せる．$h\nu$ も mc^2 もエネルギーの次元を持つことを考えると $[\rho] = [\Psi^*\Psi]$ であることがわかる．つまり，波動関数の次元を設問 (2) と同様に定義するならば，この場合も ρ は密度の次元を持っていることが示せた．しかし，(7) 式の表式は ρ の非負性を保証しない．

第 5 章

5.1 (1) $J_{jk} = \frac{J}{N}$ を ① 式に代入すると

$$\begin{aligned}
\mathcal{H}_N &= -\frac{1}{2}\sum_{j=1}^{N}\sum_{k=1}^{N}\frac{J}{N}\sigma_j\sigma_k = -\frac{J}{2N}\sum_{j=1}^{N}\sum_{k=1}^{N}\sigma_j\sigma_k \\
&= -\frac{J}{2N}\left(\sum_{j=1}^{N}\sigma_j\right)^2
\end{aligned}$$

を得る．よって，② 式より

$$\mathcal{H}_N = -\frac{JN}{2}m_N^2 \tag{1}$$

である．m_N が与えられると，全エネルギーの値は (1) 式で与えられることになるので，1 スピン当たりのエネルギーは $u(m_N) = -\frac{J}{2}m_N^2$ である．

(2) N 個の**イジングスピン**のうち，上向きが N_+ 個，下向きが N_- 個とすると，状態数は

$$W = \frac{N!}{N_+!N_-!}$$

と表される．全エントロピーはボルツマンの関係式 $S = k_B \ln W$ で与えられるので，1 スピン当たりのエントロピー s は

$$s = \frac{k_B}{N}\ln W \simeq \frac{k_B}{N}(N\ln N - N_+\ln N_+ - N_-\ln N_-)$$

$$= -k_{\rm B}\left(\frac{N_+}{N}\ln\frac{N_+}{N} + \frac{N_-}{N}\ln\frac{N_-}{N}\right)$$

となる．ここで $\sigma_j = \pm 1$ なので，② 式は $m_N = \frac{1}{N}(N_+ - N_-)$ に等しい．これと $N_+ + N_- = N$ より

$$\frac{N_+}{N} = \frac{1+m_N}{2}, \quad \frac{N_-}{N} = \frac{1-m_N}{2}$$

なので

$$s(m_N) = -k_{\rm B}\left(\frac{1+m_N}{2}\ln\frac{1+m_N}{2} + \frac{1-m_N}{2}\ln\frac{1-m_N}{2}\right)$$

と表すことができる．

(3) ここまでの結果を用いると，1 スピン当たりの自由エネルギー f は m_N の関数として

$$f(m_N) = -\frac{J}{2}m_N^2 + \frac{1}{\beta}\left(\frac{1+m_N}{2}\ln\frac{1+m_N}{2} + \frac{1-m_N}{2}\ln\frac{1-m_N}{2}\right)$$

と書ける．自由エネルギーが最小値（極小値）をとるとき

$$\frac{\partial}{\partial m}f(m) = -Jm + \frac{1}{2\beta}\ln\frac{1+m}{1-m} = 0 \tag{2}$$

$$\frac{\partial^2}{\partial m^2}f(m) = \frac{1-\beta J(1-m^2)}{\beta(1-m^2)} > 0 \tag{3}$$

の関係を満たす．(2) 式より，m が満たすべき方程式は

$$2Jm\beta = \ln\frac{1+m}{1-m} \iff e^{2Jm\beta} = \frac{1+m}{1-m}$$

$$\iff m = \frac{e^{2\beta Jm} - 1}{e^{2\beta Jm} + 1}$$

$$\iff m = \tanh(\beta Jm) \tag{4}$$

と求まる．ただし，(4) 式で決まる m が安定であるためには，(3) 式の不等式を満たす必要がある．

(4) 磁化 m は，2 つの関数

$$y = m \tag{5}$$

$$y = \tanh(\beta Jm) \tag{6}$$

の交点で決まる（図 (a) 参照）．(6) 式右辺の $\tanh(\beta Jm)$ は m について単調増加の奇関数である．$m \to -\infty$ で -1 に収束，$m = 0$ で零を通り，$m \to \infty$ では 1 に収束する．また，$m = 0$ での傾きは βJ である．

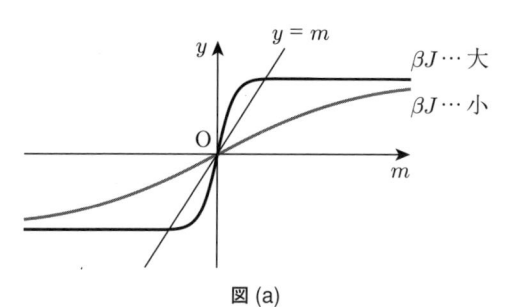

図 (a)

$\beta J < 1$ の場合, (5) 式と (6) 式は $m = 0$ のみを交点として持つ. このとき

$$\left.\frac{\partial^2 f(m)}{\partial m^2}\right|_{m=0} = \frac{1 - \beta J}{\beta} > 0$$

より, $m = 0$ は安定な解になっていることがわかる.

$\beta J > 1$ になると, (5), (6) 式は $m = 0, \pm m_0$ の 3 点を交点として持つ. ただし, m_0 は (4) 式の正値解である. この場合

$$\left.\frac{\partial^2 f(m)}{\partial m^2}\right|_{m=0} = \frac{1 - \beta J}{\beta} < 0$$

となるので $m = 0$ で自由エネルギー f は極大値をとる. すなわち, $m = 0$ は不安定な解である. 他方, $m = \pm m_0$ は f の極小値を与え, 安定な解である.

実現される**磁化** m の温度依存性についてまとめると, 次のようになる. まず, $\beta J = 1$ となる温度を T_c とする. 具体的には $T_c = \frac{J}{k_B}$ である.

$T > T_c$ では $m = 0$, つまり磁化は生じない. $T = T_c$ で $m = 0$ の解が**不安定化**し, $T < T_c$ で零でない磁化を持つようになる.

$T < T_c$ かつ T_c 近傍での m_0 の増加の様子をみるために, $|x| \ll 1$ の場合の近似式 $\tanh x \simeq x - \frac{x^3}{3}$ を (4) 式に代入すると

$$m_0 \simeq \beta J m_0 - \frac{1}{3}(\beta J)^3 m_0^3$$
$$\implies |m_0| \simeq \sqrt{\frac{3(\beta J - 1)}{(\beta J)^3}} \simeq \sqrt{\frac{3(T_c - T)}{T_c}}. \tag{7}$$

つまり, 温度を T_c から下げると, m_0 の大きさは $\sqrt{T_c - T}$ に比例して増加する. 他方, 低温極限 $T \to 0$ では, $m_0 \to \pm 1$ に収束する. 磁化 m の概略を図 (b) に示した.

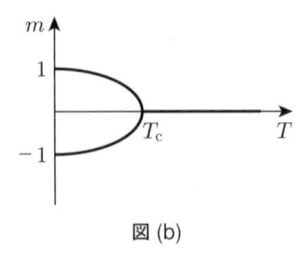

図 (b)

(5) (**外部磁場**がなければ) 磁化が生じない高温相 $(T > T_c)$ を**常磁性相**, (外部磁場がなくても) **自発磁化** $(m_0 \neq 0)$ が生じる低温相 $(T < T_c)$ を**強磁性相**という. 2 つの相の境界を与える温度は $T_c = \frac{J}{k_B}$ であり, これを**相転移温度** (あるいは**キュリー温度**) という.

5.2 (1) 1 格子点当たりのハミルトニアンは $\mathcal{H}_1 = -\mu H \sigma$ で与えられるので, 対応する分配関数は

$$Z_1(T, H) = \sum_{\sigma = \pm 1} \exp\left(-\frac{1}{k_B T}\mathcal{H}_1\right) = 2\cosh\left(\frac{\mu H}{k_B T}\right).$$

Z_1 から, 1 格子点当たりの自由エネルギー f とエントロピー s は

$$f = -k_{\mathrm{B}}T \ln Z_1 = -k_{\mathrm{B}}T \ln\left\{2\cosh\left(\frac{\mu H}{k_{\mathrm{B}}T}\right)\right\} \tag{1}$$

$$s = -\left(\frac{\partial f}{\partial T}\right) = k_{\mathrm{B}} \ln\left\{2\cosh\frac{\mu H}{k_{\mathrm{B}}T}\right\} - \frac{\mu H}{T}\tanh\left(\frac{\mu H}{k_{\mathrm{B}}T}\right) \tag{2}$$

と求まる.

(2) (i) $H = 0$ の場合, (2) 式は $s = k_{\mathrm{B}}\ln 2$ となり, エントロピーは T によらず一定値をとる.

(ii) $H \neq 0$ として $\alpha = \frac{\mu H}{k_{\mathrm{B}}T}$ とおくと, (2) 式は

$$\begin{aligned} s &= k_{\mathrm{B}}\{\ln(e^{\alpha} + e^{-\alpha}) - \alpha\tanh\alpha\} \\ &= k_{\mathrm{B}}\{\alpha(1 - \tanh\alpha) + \ln(1 + e^{-2\alpha})\} \end{aligned}$$

と書ける. $T \to \infty$ で $\alpha \to 0$ なので, この極限では $s \to k_{\mathrm{B}}\ln 2$ となる. また

$$\alpha(1 - \tanh\alpha) = \frac{2\alpha e^{-\alpha}}{e^{\alpha} + e^{-\alpha}} = \frac{2\alpha}{e^{2\alpha} + 1} \to 0 \quad (\alpha \to \infty)$$

より, $T \to 0$ で $s \to 0$ となることがわかる.

(iii) $H \neq 0$ かつ H が (ii) の場合より大きいときは, 温度 T が大きくなるにつれ, (ii) と同様にエントロピー s は零から増加し $k_{\mathrm{B}}\ln 2$ に収束する. ただし, s の変化は (ii) の場合よりも緩やかになる. グラフを図 (a) に示した.

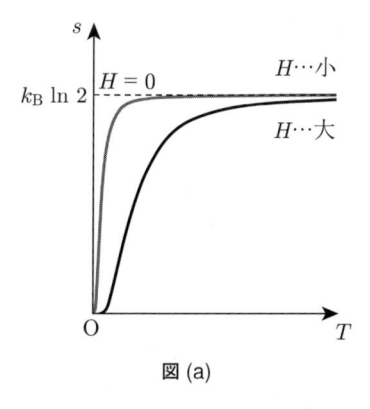

図 (a)

(3) この変化は**断熱過程**なので $\delta Q = 0$ であるから, エントロピー変化は $ds = \frac{\delta Q}{T} = 0$ である. 初期状態でのエントロピーを s_{i}, 終状態でのエントロピーを s_{f} とすると $s_{\mathrm{i}} = s_{\mathrm{f}}$ が成り立つ. (2) 式からエントロピーは $\frac{H}{T}$ の関数である. したがって, $\frac{H_{\mathrm{i}}}{T_{\mathrm{i}}} = \frac{H_{\mathrm{f}}}{T_{\mathrm{f}}}$ が成り立つ. 以上より終状態の磁性体の温度 T_{f} は

$$T_{\mathrm{f}} = \frac{H_{\mathrm{f}}}{H_{\mathrm{i}}} T_{\mathrm{i}} \tag{3}$$

と求められる.

(4) エントロピー s を $s > 0$ で一定としたまま $H_{\mathrm{f}} \to 0$ とすると, 前問の結果より $T_{\mathrm{f}} \to 0$ となる. つまり, 絶対零度が実現されることになるが, 設問 (2) の答えより, このときエントロピーは零になるはずである. これは最初に述べた仮定に反するので, 不合理である.

(5) 現実の磁性体, すなわちスピン間の相互作用がある場合には, ある有限な相転移温度

$T_c > 0$ があり，$0 \leq T < T_c$ では自発的な磁化が生じる．この磁化により系には自発的な内部磁場 H_{spon} が生じ，全磁場 H_{total} はこれと外部磁場 H_f との和で与えられることになる．このため，$H_f \to 0$ でも H_{total} は零にならず温度 T_f は有限に保たれるものと考えられる．

(6) $\mu H \ll k_B T$ の場合，(1) 式は $f \simeq -k_B T \ln 2 - \frac{(\mu H)^2}{2k_B T}$ と近似できる．この式で

$$(\mu H_f)^2 \to (\mu H_f)^2 + \frac{J^2 z}{2} \tag{4}$$

の置き換えを行うと ① 式に一致するので，この系は設問 (5) で考えた自発的な磁場が

$$H_{\text{spon}} = \sqrt{\frac{z}{2}\frac{J}{\mu}}$$

で与えられた場合に相当していると考えられる．

断熱消磁を実行している間，エントロピーは一定なので (3) 式の関係は，この系に対しても成り立っている．そこで (3) 式に (4) 式の置き換えを適用すると，最終磁場 H_f における温度 T_f を H_f の関数として

$$T_f = \frac{\sqrt{(\mu H_f)^2 + \frac{J^2 z}{2}}}{\mu H_i} T_i$$

のように得ることができる．

T_f は $H_f \to 0$ において

$$T_f \to \frac{J}{\mu H_i}\sqrt{\frac{z}{2}} T_i \equiv T_0 > 0$$

となり，**スピン間相互作用**の存在により，温度 T_f は有限に保たれることがわかる．また H_f が増加し $(\mu H_f)^2 \gg J^2 \frac{z}{2}$ になると T_f は H_f に比例して増加するようになる．結果を図 (b) に示した．

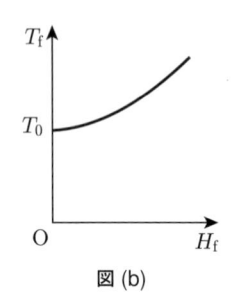

図 (b)

5.3 (問 1) (a) 場合の数 W は，N 個の中から任意に n_1 個を選ぶ組合せに等しい．すなわち，$W = {}_N C_{n_1} = \frac{N!}{n_1! n_2!}$ で与えられる．

(b) エントロピー S は**ボルツマンの関係式**を用いて $S = k_B \ln W = k_B \ln \frac{N!}{n_1! n_2!}$ で与えられる．$N \gg 1$ のとき，スターリングの公式を適用することにより

$$S \simeq k_B(N \ln N - N - n_1 \ln n_1 + n_1 - n_2 \ln n_2 + n_2)$$
$$= k_B(N \ln N - n_1 \ln n_1 - n_2 \ln n_2). \tag{1}$$

(c) 鎖の長さ L は n_1, n_2 を用いて

$$L = (n_1 - n_2)d \tag{2}$$

第 5 章の解答

で与えられる．また，$N = n_1 + n_2$ である．これより n_1, n_2 は

$$n_1 = \frac{Nd + L}{2d} = \frac{N}{2}\left(1 + \frac{L}{Nd}\right) = \frac{N}{2}(1 + x), \tag{3}$$

$$n_2 = \frac{Nd - L}{2d} = \frac{N}{2}\left(1 - \frac{L}{Nd}\right) = \frac{N}{2}(1 - x) \tag{4}$$

と表せる．

(d) (1) 式に (3), (4) 式を代入し，整理することで

$$S \simeq Nk_{\rm B}\left\{\ln 2 - \frac{1}{2}(1 + x)\ln(1 + x) - \frac{1}{2}(1 - x)\ln(1 - x)\right\}$$

が得られる．棒は繋ぎ目で自由に折れ曲がるので，内部エネルギー U は L によらない．そこでここでは，その内部エネルギーの一定値を零とする．自由エネルギーは $F = U - TS$ の関係式で $U = 0$ とした

$$F(x) = -Nk_{\rm B}T\left\{\ln 2 - \frac{1}{2}(1 + x)\ln(1 + x) - \frac{1}{2}(1 - x)\ln(1 - x)\right\}$$

で与えられる．

(e) **張力** Y は等温条件の下，鎖の全長 L に対する自由エネルギーの変化率

$$Y = \left(\frac{\partial F}{\partial L}\right)_T = \frac{1}{Nd}\left(\frac{\partial F}{\partial x}\right)_T$$

によって与えられる．F の表式を代入して整理すると

$$Y = k_{\rm B}NT\left\{\frac{\ln(1+x)}{2Nd} + \frac{1}{2Nd} - \frac{\ln(1-x)}{2Nd} - \frac{1}{2Nd}\right\}$$

$$= \frac{k_{\rm B}T}{2d}\ln\frac{1+x}{1-x}$$

が得られる．

(**問 2**) (a) 1 本の棒のハミルトニアン $\mathcal{H}$ は，$\mathcal{H} = -\mu H \sigma, \sigma = \pm 1$ と表されるので，1 本の棒当たりの分配関数は

$$Z_1 = \sum_{\sigma = \pm 1} e^{-\beta \mathcal{H}} = 2\cosh(\beta \mu H).$$

(b) 当然 $n_1 + n_2 = N$ なので，系のエネルギー E は

$$E = -n_1 \mu H + n_2 \mu H = (N - 2n_1)\mu H = -(N - 2n_2)\mu H$$

と表される．逆に，n_1 および n_2 は N と E を用いて

$$n_1 = \frac{1}{2}\left(N - \frac{E}{\mu H}\right), \quad n_2 = \frac{1}{2}\left(N + \frac{E}{\mu H}\right) \tag{5}$$

と書ける．棒の間には相互作用はなく，それぞれ独立に振る舞うので，全体の分配関数は $Z = Z_1^N$ で与えられる．これからエネルギーを求めると

$$E = -\frac{\partial}{\partial \beta}\ln Z = -N\mu H\tanh(\beta \mu H)$$

を得る．これを (5) 式に代入すると

$$n_1 = \frac{N}{2}\{1 + \tanh(\beta \mu H)\}, \quad n_2 = \frac{N}{2}\{1 - \tanh(\beta \mu H)\}.$$

(c) 鎖の長さ L は (2) 式で与えられるので，前問の結果を使うと
$$L = (n_1 - n_2)d = Nd\tanh(\beta\mu H).$$
これは，② 式に等しい．

(問 3) ① 式の右辺に ② 式を代入すると
$$x = \tanh(\beta\mu H) \iff x = \frac{e^{2\beta\mu H} - 1}{e^{2\beta\mu H} + 1}.$$
この式を $e^{2\beta\mu H}$ について解くと $e^{2\beta\mu H} = \frac{1+x}{1-x}$ が得られるので，両辺の対数をとって整理すると
$$\mu H = \frac{1}{2\beta}\ln\frac{1+x}{1-x} = Yd.$$
すなわち ③ 式が導かれる．

5.4 (問 1) (a) 運動量成分を $\boldsymbol{p}_1 = (p_{1x}, p_{1y}, p_{1z})$ とし，積分 $\int d\boldsymbol{r}_1 = V$ を用いると，正準分配関数 Z_1 は
$$\begin{aligned}Z_1 = Z_1(T,V) &= \frac{1}{h^3}\int d\boldsymbol{r}_1 d\boldsymbol{p}_1 e^{-\beta \boldsymbol{p}_1^2/2m} \\ &= \frac{V}{h^3}\left(\int_{-\infty}^{\infty} dp_{1x} e^{-\beta p_{1x}^2/2m}\right)^3 \\ &= \frac{V}{h^3}\left(\sqrt{\frac{2\pi m}{\beta}}\right)^3 = V\left(\frac{2\pi m}{\beta h^2}\right)^{3/2}.\end{aligned} \tag{1}$$

(b) 前問で求めた Z_1 を用いると
$$\begin{aligned}Z_2(T,V) &= \frac{1}{2!h^6}\int d\boldsymbol{r}_1 d\boldsymbol{r}_2 d\boldsymbol{p}_1 d\boldsymbol{p}_2 e^{-\beta\{\boldsymbol{p}_1^2/2m + \boldsymbol{p}_2^2/2m + \phi(|\boldsymbol{r}_2 - \boldsymbol{r}_1|)\}} \\ &= \frac{Z_1^2}{2V^2}\int d\boldsymbol{r}_1 d\boldsymbol{r}_2 e^{-\beta\phi(|\boldsymbol{r}_2 - \boldsymbol{r}_1|)} \\ &= \frac{Z_1^2}{2V^2}\int d\boldsymbol{r}_1 d\boldsymbol{r}_2 \left\{1 + (e^{-\beta\phi(|\boldsymbol{r}_2 - \boldsymbol{r}_1|)} - 1)\right\} \\ &= \frac{Z_1^2}{2}\left\{1 + \frac{1}{V^2}\int d\boldsymbol{r}_1 d\boldsymbol{r}_2 (e^{-\beta\phi(|\boldsymbol{r}_2 - \boldsymbol{r}_1|)} - 1)\right\}.\end{aligned}$$
ここで，2 粒子の**重心座標** $\boldsymbol{Q} = \frac{\boldsymbol{r}_1 + \boldsymbol{r}_2}{2}$ および**相対座標** $\boldsymbol{r} = \boldsymbol{r}_2 - \boldsymbol{r}_1$ を導入する．$r = |\boldsymbol{r}|$ とすれば，$\phi(|\boldsymbol{r}_2 - \boldsymbol{r}_1|) = \phi(r)$ と書け，また $d\boldsymbol{r}_1 d\boldsymbol{r}_2 = d\boldsymbol{r} d\boldsymbol{Q}$ および $\int d\boldsymbol{Q} = V$ であるので
$$\begin{aligned}Z(T,V,N=2) &= \frac{Z_1^2}{2}\left\{1 + \frac{1}{V^2}\int d\boldsymbol{r} d\boldsymbol{Q}(e^{-\beta\phi(r)} - 1)\right\} \\ &= \frac{Z_1^2}{2}\left\{1 + \frac{1}{V}\int (e^{-\beta\phi(r)} - 1) d\boldsymbol{r}\right\} \\ &= \frac{Z_1^2}{2}\left(1 + \frac{I}{V}\right).\end{aligned}$$

(問 2) グランドポテンシャル $J(T,V,\mu)$ は示量性変数なので，T と μ の関数である $j(T,\mu)$

を導入して $J(T,V,\mu) = j(T,\mu)V$ と表記することができる．この表記を使うと，J の全微分の表式より

$$p = -\left(\frac{\partial J}{\partial V}\right)_{T,\mu} = -j(T,\mu)$$

の関係が得られる．すなわち

$$J(T,V,\mu) = -pV \tag{2}$$

であることが導かれる．また，(2) 式の両辺を微分することにより

$$-SdT - pdV - \overline{N}d\mu = -Vdp - pdV$$
$$\iff -SdT + Vdp - \overline{N}d\mu = 0.$$

(**問3**) (a) $\phi(r) = 0$ の場合，$Z_N(T,V) = \frac{Z_1^N}{N!}$ であるので，大正準分配関数は

$$\Xi(T,V,\mu) = \sum_{N=0}^{\infty} \frac{Z_1^N \lambda^N}{N!} = e^{Z_1 \lambda}.$$

よって，グランドポテンシャル J は

$$J = -k_B T \ln \Xi = -k_B T Z_1 \lambda$$

となる．また，J の全微分の表式より $\overline{N} = -\left(\frac{\partial J}{\partial \mu}\right)_{T,V}$ であるので，分子数の平均値 $\overline{N}$ は

$$\overline{N} = -\left(\frac{\partial J}{\partial \mu}\right)_{T,V} = -\left(\frac{\partial \lambda}{\partial \mu}\right)_T \left(\frac{\partial J}{\partial \lambda}\right)_{T,V}$$
$$= (-\beta \lambda) \times (-k_B T Z_1) = Z_1 \lambda. \tag{3}$$

(b) 理想気体の場合，λ は (1) および (3) 式より

$$\lambda = \frac{\overline{N}}{Z_1} = \left(\frac{h^2}{2\pi m k_B T}\right)^{3/2} \frac{\overline{N}}{V}$$

と求まり，低密度かつ高温の場合は $\lambda \ll 1$ であることがわかる．グランドポテンシャル

$$J = -k_B T \ln\left(\sum_{N=0}^{\infty} Z_N(T,V) \lambda^N\right)$$
$$= -k_B T \ln(1 + Z_1(T,V)\lambda + Z_2(T,V)\lambda^2 + \cdots)$$

を，$x \ll 1$ の場合の近似式 $\ln(1+x) \simeq x - \frac{x^2}{2}$ を使い，λ の 2 次まで展開すると

$$\Omega \simeq -k_B T \left\{ Z_1(T,V)\lambda + \left(-\frac{1}{2}Z_1(T,V)^2 + Z_2(T,V)\right)\lambda^2 \right\}$$
$$= -k_B T \left(Z_1 \lambda + \frac{Z_1^2 I}{2V} \lambda^2\right).$$

ただし，ここで (**問1**) (b) の結果を用いた．圧力 p と分子数密度 n は，それぞれ λ の 2 次まで残す近似で

$$p = -\frac{J}{V} = k_B T \left(\frac{Z_1}{V}\lambda + \frac{Z_1^2 I}{2V^2}\lambda^2\right), \tag{4}$$

$$n = -\frac{1}{V}\left(\frac{\partial J}{\partial \mu}\right)_{T,V} = -\frac{1}{V}\left(\frac{\partial \lambda}{\partial \mu}\right)_T \left(\frac{\partial J}{\partial \lambda}\right)_{T,V}$$

$$= \frac{1}{V}\beta\lambda \times k_{\mathrm{B}}T\left(Z_1 + \frac{Z_1^2 I}{V}\lambda\right)$$

$$= \frac{Z_1}{V}\lambda + \frac{Z_1^2 I}{V^2}\lambda^2 \tag{5}$$

と計算される．以上より，展開係数は

$$a_1 = k_{\mathrm{B}}T\frac{Z_1}{V}, \quad a_2 = k_{\mathrm{B}}T\frac{Z_1^2 I}{2V^2}, \quad b_1 = \frac{Z_1}{V}, \quad b_2 = \frac{Z_1^2 I}{V^2}.$$

(c) (5) 式に $k_{\mathrm{B}}T$ を掛けて (4) 式から引くと

$$p - k_{\mathrm{B}}Tn = -k_{\mathrm{B}}T\frac{Z_1^2 I}{2V^2}\lambda^2.$$

ここで，(5) 式より $n^2 \simeq \left(\frac{Z_1}{V}\right)^2 \lambda^2$ であることを用いて λ^2 を消去すると

$$p - k_{\mathrm{B}}Tn \simeq -k_{\mathrm{B}}T\frac{Z_1^2 I}{2V^2}\left(\frac{V}{Z_1}\right)^2 n^2$$

$$\iff p \simeq k_{\mathrm{B}}Tn\left(1 - \frac{I}{2}n\right). \tag{6}$$

以上より，$B(T) = -\frac{I}{2}$.

(d) 与えられたモデルポテンシャルの場合，I は

$$I = \int \left(e^{-\beta\phi(r)} - 1\right) d^3\boldsymbol{r} = 4\pi \int_0^\infty r^2 \left(e^{-\beta\phi(r)} - 1\right) dr$$

$$\sim -4\pi \int_0^d r^2 dr - 4\pi\beta \int_d^\infty r^2 \phi(r) dr$$

$$= -4\pi \int_0^d r^2 dr + 4\pi\beta u_0 d^6 \int_d^\infty r^{-4} dr$$

$$= -\frac{4}{3}\pi d^3 + \frac{1}{k_{\mathrm{B}}T}\frac{4}{3}\pi u_0 d^3$$

と計算される．ここで正の定数 a, b を $a = \frac{2}{3}\pi u_0 d^3, b = \frac{2}{3}\pi d^3$ と定義すると，$\frac{I}{2} = -b + \frac{a}{k_{\mathrm{B}}T}$ となり，これを (6) 式に代入すると

$$p = k_{\mathrm{B}}Tn\left\{1 + \left(b - \frac{a}{k_{\mathrm{B}}T}\right)n\right\}$$

$$= k_{\mathrm{B}}Tn(1 + bn) - an^2.$$

$bn \ll 1$ の場合の近似式 $\frac{1}{1-bn} \simeq 1 + bn$ を使うと

$$p = \frac{k_{\mathrm{B}}Tn}{1-bn} - an^2 \tag{7}$$

という関係式が得られる．これは**ファン・デル・ワールスの状態方程式**に他ならない．この方程式を理想気体の状態方程式 $p = k_{\mathrm{B}}Tn$ と比較する．(7) 式の右辺第 1 項の分母の $1 - bn$ は，排除体積効果を表すが，これは 1 分子の効果である．分子間相互作用の効果は n^2 に比例する

(7) 式の右辺第 2 項で表されている. 負符号であることから, 引力的な分子間相互作用により, 圧力降下が起こることを意味している.

5.5 (問 1)　(a)　$H = 0$ のとき, ハミルトニアンは

$$\mathcal{H} = \sum_{j=1}^{N} \frac{p_j^2}{2m} \tag{1}$$

で与えられる. この電子系は相互作用がなく, ハミルトニアン (1) 式は 1 電子ハミルトニアン $\frac{p_j^2}{2m}$ の和である. よって, 1 電子当たりの分配関数を Z_1 と書くことにすると, N 電子系の分配関数は

$$Z_N = \frac{Z_1^N}{N!} \tag{2}$$

で与えられることになる. ここで, 同種粒子の集まりなので, $N!$ で割っておく必要があることに注意. 1 電子当たりの分配関数は, $\mathcal{H}_1 = \frac{p^2}{2m}$ として

$$Z_1 = \frac{1}{h} \int_{-\infty}^{\infty} dp \int_0^L dx \, e^{-\beta \mathcal{H}_1} = \frac{L}{h} \sqrt{2\pi m k_\mathrm{B} T}$$

と求まる. ただしここで, **ガウス積分**の公式

$$\int_{-\infty}^{\infty} e^{-ax^2} dx = \sqrt{\frac{\pi}{a}} \quad (a > 0)$$

を用いた. この結果を (2) 式に代入することにより, N 電子系の分配関数は

$$Z_N = \frac{L^N}{N! h^N} (2\pi m k_\mathrm{B} T)^{N/2}$$

と求めることができる.

(b)　内部エネルギー U は

$$U = -\frac{\partial}{\partial \beta} \ln Z_N = \frac{N}{2\beta} = \frac{1}{2} N k_\mathrm{B} T$$

と計算できる.

(c)　$H \neq 0$ の場合, 1 電子当たりのボルツマン因子 $e^{-\beta(p_j^2/2m - \mu_j H)}$ に対して, 磁気モーメントの和をとると

$$\sum_{\mu_j = \pm \mu_\mathrm{B}} e^{-\beta p_j^2/2m + \beta \mu_j H} = e^{-\beta p_j^2/2m} \left(e^{\beta \mu_\mathrm{B} H} + e^{-\beta \mu_\mathrm{B} H} \right)$$

$$= e^{-\beta p_j^2/2m} \times 2 \cosh(\beta \mu_\mathrm{B} H)$$

と計算できる. 位置および運動量の自由度とスピン磁気モーメントの自由度とは独立なので, 1 電子当たりの分配関数は

$$Z_1 = \frac{L}{h} \sqrt{2\pi m k_\mathrm{B} T} \times 2 \cosh(\beta \mu_\mathrm{B} H)$$

と求まる. よって, (2) 式に代入することにより, N 電子系の分配関数は

$$Z_N = \frac{L^N}{N! h^N} (2\pi m k_\mathrm{B} T)^{N/2} \times \{2 \cosh(\beta \mu_\mathrm{B} H)\}^N$$

と求められる.

(d) まず，内部エネルギーを計算すると
$$U = -\frac{\partial}{\partial \beta} \ln Z_N = \frac{N}{2}\frac{1}{\beta} - N\frac{\partial}{\partial \beta}\ln\{2\cosh(\beta\mu_B H)\}$$
$$= \frac{N}{2}\frac{1}{\beta} - N\mu_B H\tanh(\beta\mu_B H). \tag{3}$$

系の熱容量は $C = \left(\frac{\partial U}{\partial T}\right)_H$ により計算できるので，(3) 式を代入して整理すると
$$C = \frac{Nk_B}{2} + N\mu_B H\frac{1}{k_B T^2}\frac{\partial}{\partial \beta}\tanh(\beta\mu_B H)$$
$$= \frac{Nk_B}{2} + \frac{N\mu_B^2 H^2}{k_B T^2}\frac{1}{\cosh^2(\beta\mu_B H)}$$

と求まる．

(e) 1 粒子当たりのスピン磁気モーメントの期待値 $\langle\mu_j\rangle$ を計算するには，スピン自由度のみを考えればよいので
$$\langle\mu_j\rangle = \frac{\displaystyle\sum_{\mu_j=\pm\mu_B}\mu_j e^{-\beta\mu_j H}}{\displaystyle\sum_{\mu_i=\pm\mu_B}e^{-\beta\mu_j H}}$$
$$= \frac{\mu_B e^{\beta\mu_B H} - \mu_B e^{-\beta\mu_B H}}{e^{\beta\mu_B H} + e^{-\beta\mu_B H}} = \mu_B\tanh(\beta\mu_B H).$$

よって，磁化 M と磁場 H の関係
$$M = \frac{1}{L}\sum_{j=1}^{N}\langle\mu_j\rangle = \frac{N\mu_B}{L}\tanh(\beta\mu_B H)$$

を得る．

(f) $H \simeq 0$ では $\tanh(\beta\mu_B H) \simeq \beta\mu_B H$ なので，これを用いて**帯磁率**を計算すると
$$\chi = \frac{N\mu_B}{L}\lim_{H\to 0}\frac{\tanh(\beta\mu_B H)}{H} = \frac{N\mu_B^2}{Lk_B T}.$$

(**問 2**) (a) $T = 0$ では電子が持つエネルギーは，**フェルミ準位** ε_F 以下に縮退しているので，内部エネルギーは
$$U = \int_0^{\varepsilon_F}\varepsilon D(\varepsilon)d\varepsilon$$

と書ける．ここで，ε は電子が持つエネルギーを，$D(\varepsilon)$ はエネルギー ε を持つ電子の密度を表す．

$D(\varepsilon)$ の具体的な表式を得るため，エネルギー ε 以下を持つ電子の状態数 $\widetilde{W}(\varepsilon)$ を考える．エネルギーが ε 以下の場合，運動量は
$$\frac{p^2}{2m} \leq \varepsilon \iff -\sqrt{2m\varepsilon} \leq p \leq \sqrt{2m\varepsilon}$$

の範囲をとる．電子はスピン $\frac{1}{2}$ を持つので，各エネルギー準位ごとに**アップスピン状態**と**ダウンスピン状態**の 2 電子がある．そのため，$\widetilde{W}(\varepsilon)$ は

$$\widetilde{W}(\varepsilon) = 2 \times \int_{\frac{p^2}{2m}<\varepsilon} \frac{dqdp}{h}$$
$$= 2\frac{L}{h}\int_{-\sqrt{2m\varepsilon}}^{\sqrt{2m\varepsilon}} dp = \frac{4L}{h}\sqrt{2m\varepsilon}$$

である．よって
$$D(\varepsilon) = \frac{d}{d\varepsilon}\widetilde{W}(\varepsilon) = \frac{2L}{h}\sqrt{\frac{2m}{\varepsilon}}.$$

これにより，$T=0$ での内部エネルギーは
$$U = \int_0^{\varepsilon_F} \varepsilon D(\varepsilon) d\varepsilon = \frac{4L\sqrt{2m}}{3h}\varepsilon_F^{3/2}$$

と計算できる．粒子数 N については
$$N = \int_0^{\varepsilon_F} D(\varepsilon) d\varepsilon = \frac{4L\sqrt{2m}}{h}\varepsilon_F^{1/2} \tag{4}$$

と求めることができるので，両者を比較すると $U = \frac{1}{3}N\varepsilon_F$ が導かれる．

(b) スピン磁気モーメントが $+\mu_B$ または $-\mu_B$ である電子の数をそれぞれ N_+ および N_- とすると，磁化 M は
$$M = \frac{1}{L}\sum_{j=1}^N \langle \mu_j \rangle = \frac{\mu_B}{L}(N_+ - N_-) \tag{5}$$

と書ける．ただし，$N = N_+ + N_-$ とする．

　磁場がかかることによって，エネルギー準位が $\pm\mu_B H$ だけずれるので，スピン磁気モーメントの正負 $\pm\mu_B$ によってエネルギー準位の値に差が生じる．それによって電子の移動が起こり，N_+ と N_- の数が異なることで，磁化を帯びる．このような磁性を**パウリ常磁性**という．

　$H \neq 0$ の場合のフェルミ準位を ε_F' とおく．スピン磁気モーメントが μ_B の電子が占有できるエネルギー準位の範囲は $-\mu_B H \leq \varepsilon \leq \varepsilon_F'$，スピン磁気モーメントが $-\mu_B$ の電子が占有できるエネルギー準位の範囲は $\mu_B H \leq \varepsilon \leq \varepsilon_F'$ である．ただし，後者のエネルギー範囲は，$\mu_B H > \varepsilon_F'$ のときは空集合となってしまう．そこで，まずは $\mu_B H > \varepsilon_F'$ の場合を考えることにする．この場合には，スピン磁気モーメントが $-\mu_B$ である電子の数は $N_- = 0$ であり，スピン磁気モーメントが μ_B である電子の数は

$$N_+ = \int_{-\mu_B H}^{\varepsilon_F'} \frac{1}{2}D(\varepsilon + \mu_B H)d\varepsilon = \int_{-\mu_B H}^{\varepsilon_F'} \frac{L}{h}\sqrt{\frac{2m}{\varepsilon + \mu_B H}}\,d\varepsilon$$
$$= \int_0^{\varepsilon_F' + \mu_B H} \frac{L}{h}\sqrt{\frac{2m}{\varepsilon}}\,d\varepsilon$$
$$= \frac{2L\sqrt{2m}}{h}\sqrt{\varepsilon_F' + \mu_B H} \tag{6}$$

である．$N_+ = N$ であり，よって (4) 式と (6) 式が等しいという条件より
$$\sqrt{\varepsilon_F' + \mu_B H} = 2\varepsilon_F^{1/2} \iff \varepsilon_F' = 4\varepsilon_F - \mu_B H$$

という関係式が得られる．この関係式を用いると，いま考えている条件 $\mu_B H > \varepsilon_F'$ は

$$\mu_B H > 4\varepsilon_F - \mu_B H \iff \mu_B H > 2\varepsilon_F$$

となる．このとき，磁化 M は $M = \frac{\mu_B}{L} N$ で与えられる．

次に，$\mu_B H \leq 2\varepsilon_F$ の場合を考える．上述のように，このときは $\mu_B H < \varepsilon_F'$ なので，$N_- > 0$ であり

$$\begin{aligned} N_- &= \int_{\mu_B H}^{\varepsilon_F'} \frac{1}{2} D(\varepsilon - \mu_B H) d\varepsilon \\ &= \frac{2L\sqrt{2m}}{h} \sqrt{\varepsilon_F' - \mu_B H} \end{aligned} \tag{7}$$

で与えられる．$N_+ + N_- = N$ なので (4), (6), (7) 式より

$$\sqrt{\varepsilon_F' + \mu_B H} + \sqrt{\varepsilon_F' - \mu_B H} = 2\varepsilon_F^{1/2}$$

という関係式が求まる．この両辺を 2 乗すると

$$\varepsilon_F' + \mu_B H + 2\sqrt{(\varepsilon_F')^2 - (\mu_B H)^2} + \varepsilon_F' - \mu_B H = 4\varepsilon_F$$
$$\iff \sqrt{(\varepsilon_F')^2 - (\mu_B H)^2} = 2\varepsilon_F - \varepsilon_F'.$$

再び両辺を 2 乗すると

$$\begin{aligned} (\varepsilon_F')^2 - (\mu_B H)^2 &= 4\varepsilon_F^2 - 4\varepsilon_F \varepsilon_F' + (\varepsilon_F')^2 \\ \iff \varepsilon_F' &= \varepsilon_F + \frac{(\mu_B H)^2}{4\varepsilon_F} \end{aligned} \tag{8}$$

を得る．

磁化 M は (5) 式に (6), (7), (8) 式を代入することにより

$$\begin{aligned} M &= \frac{\mu_B}{L}(N_+ - N_-) = \frac{2\mu_B \sqrt{2m}}{h} \left(\sqrt{\varepsilon_F' + \mu_B H} - \sqrt{\varepsilon_F' - \mu_B H} \right) \\ &= \frac{2\mu_B \sqrt{2m}}{h} \left\{ \sqrt{\varepsilon_F + \frac{(\mu_B H)^2}{4\varepsilon_F} + \mu_B H} - \sqrt{\varepsilon_F + \frac{(\mu_B H)^2}{4\varepsilon_F} - \mu_B H} \right\} \\ &= \frac{2\mu_B \sqrt{2m}}{h} \left\{ \sqrt{\left(\sqrt{\varepsilon_F} + \frac{\mu_B H}{2\sqrt{\varepsilon_F}}\right)^2} - \sqrt{\left(\sqrt{\varepsilon_F} - \frac{\mu_B H}{2\sqrt{\varepsilon_F}}\right)^2} \right\} \\ &= \frac{2\mu_B^2}{h} \sqrt{\frac{2m}{\varepsilon_F}} H \end{aligned} \tag{9}$$

と求まる．

(c) (9) 式より帯磁率は

$$\chi = \lim_{H \to 0} \frac{M}{H} = \frac{2\mu_B^2}{h} \sqrt{\frac{2m}{\varepsilon_F}} = \frac{\mu_B^2}{L} D(\varepsilon_F). \tag{10}$$

ボルツマン統計では $T \to 0$ で帯磁率が無限大になるが，フェルミ統計における帯磁率は (10) 式にみられるように温度を含まず，フェルミ準位での状態密度のみに依存している．これは $T \to 0$ では電子が基底状態から順番にエネルギー準位を占有している**縮退状態**にあるため，磁場 H の影響を受けるのは**フェルミ準位**近傍の電子に限られているためと考えられる．

5.6（問 1）(a) $f(\varepsilon)$ はエネルギー準位 ε を占有する粒子の平均個数を意味するので $f(\varepsilon) \geq 0 \implies e^{\beta(\varepsilon-\mu)} \geq 1$ が必要となる．基底エネルギーの値が ε_0 の場合 $\mu \leq \varepsilon_0$ が必要となる．以下では $\varepsilon_0 = 0$ を仮定する．このとき $\mu \leq 0$ である．

(b) $f(\varepsilon)$ は μ について増加関数なので，$\mu = 0$ で最大値をとる．

（問 2）d 次元系のボース粒子の運動量を $\boldsymbol{p} = (p_1, p_2, \cdots, p_d)$ と書くと $p^2 = |\boldsymbol{p}|^2 = \sum_{j=1}^{d} p_j^2$ であり，1 粒子エネルギー ε は

$$\varepsilon = \frac{p^2}{2m} = \sum_{j=1}^{d} \frac{p_j^2}{2m}$$

で与えられる．粒子数 N' は

$$N' = \frac{1}{h^d} \int d\boldsymbol{q} \int d\boldsymbol{p} \, \frac{1}{e^{\beta(\boldsymbol{p}^2/2m - \mu)} - 1}$$

$$= \frac{V}{h^d} \int d\boldsymbol{p} \, \frac{1}{e^{\beta(p^2/2m - \mu)} - 1}$$

で与えられるが，被積分関数が $\boldsymbol{p}$ の大きさ $p = |\boldsymbol{p}|$ のみの関数であることから

$$N' = \frac{V}{h^d} \int_0^\infty dp \, \frac{S_d p^{d-1}}{e^{\beta(p^2/2m - \mu)} - 1}$$

$$= \frac{2^{d/2-1} m^{d/2} S_d V}{h^d} \beta^{-d/2} \int_0^\infty dx \, \frac{x^{d/2-1}}{e^{x - \beta\mu} - 1}$$

となる．ただし，最後の等式では積分変数を $\frac{\beta p^2}{2m} = x$ に従って $p \to x$ と変換した．① 式で与えられた関数を用いると

$$\frac{N'}{V} = \frac{2^{d/2-1} m^{d/2} S_d}{h^d} \beta^{-d/2} F_{d/2}(-\beta\mu) \tag{1}$$

と表せる．

（問 3）① 式の被積分関数は

$$\frac{x^{d/2-1}}{e^{x+\alpha} - 1} = x^{d/2-1} \frac{e^{-(x+\alpha)}}{1 - e^{-(x+\alpha)}} = x^{d/2-1} \sum_{n=1}^{\infty} e^{-n(x+\alpha)}$$

のように無限級数展開ができる．**項別積分**すると

$$F_{d/2}(\alpha) = \sum_{n=1}^{\infty} e^{-\alpha n} \int_0^\infty x^{d/2-1} e^{-nx} dx$$

となるが，各項ごとに $nx = t$ により積分変数を変換すると

$$F_{d/2}(\alpha) = \sum_{n=1}^{\infty} e^{-\alpha n} n^{-d/2} \int_0^\infty t^{d/2-1} e^{-t} dt$$

$$= \Gamma\left(\frac{d}{2}\right) \sum_{n=1}^{\infty} e^{-\alpha n} n^{-d/2}$$

が得られる．ただし，Γ は ③ 式で与えられた**ガンマ関数**である（$\Gamma(x)$ は $x > 0$ では有限値を

与える). 以上より, 励起状態にある粒子の数密度に対して

$$\frac{N'}{V} = \frac{2^{d/2-1} m^{d/2} S_d}{h^d} \beta^{-d/2} \Gamma\left(\frac{d}{2}\right) \sum_{n=1}^{\infty} e^{\beta\mu n} n^{-d/2}$$

という表式が得られた. **(問 1)** (b) の答えより, $\beta = $ 一定のとき, これは $\mu = 0$ で最大となるが

$$\lim_{\mu \to 0} \sum_{n=1}^{\infty} e^{\beta\mu n} n^{-d/2} = \zeta\left(\frac{d}{2}\right)$$

である. ここで ζ は ② 式で与えられている**リーマンのツェータ関数**であるが, $\zeta(z)$ は $z \leq 1$ で発散する. このことから, $d = 1, 2$ においては μ を零に近づけることで励起状態にある粒子の数密度 $\frac{N'}{V}$ をいくらでも大きくとることができる. すなわち, μ を調節することで $\frac{N}{V} = \frac{N'}{V}$ を実現することが可能になる. そのため, 1 次元系および 2 次元系では全粒子数 N のオーダーの数の粒子が基底エネルギー状態に落ち込むことはなく, ボース–アインシュタイン凝縮は起こらない.

(問 4) (a) $d = 3$ の場合, 励起状態にある粒子の数密度は (1) 式より

$$\frac{N'}{V} = \frac{4\sqrt{2}\,\pi m^{3/2}}{h^3} \beta^{-3/2} F_{3/2}(-\beta\mu)$$

となる. ただし, $S_3 = 4\pi$ を用いた. ボース–アインシュタイン凝縮の生じる温度を T_c としたとき, $T \leq T_c$ では各温度で $\frac{N'}{V}$ を最大にするために μ は最大値 $\mu = 0$ を取り続け

$$\begin{aligned}\frac{N'}{V} &= \frac{4\sqrt{2}\,\pi m^{3/2}}{h^3} \beta^{-3/2} F_{3/2}(0) \\ &= \frac{4\sqrt{2}\,\pi m^{3/2}}{h^3} (k_B T)^{3/2} \Gamma\left(\frac{3}{2}\right) \zeta\left(\frac{3}{2}\right) \\ &= \left(\frac{2\pi m k_B}{h^2}\right)^{3/2} \zeta\left(\frac{3}{2}\right) T^{3/2}\end{aligned} \quad (2)$$

となる. ただしここで, ③ 式より定まる $\Gamma\left(\frac{3}{2}\right) = \frac{\sqrt{\pi}}{2}$ という値を用いた. 他方, T_c の定義より, $T \geq T_c$ では $\frac{N'}{V} = \frac{N}{V}$ である. したがって, $T = T_c$ では (2) 式かつ $\frac{N'}{V} = \frac{N}{V}$ であることから

$$\frac{N}{V} = \left(\frac{2\pi m k_B}{h^2}\right)^{3/2} \zeta\left(\frac{3}{2}\right) T_c^{3/2} \quad (3)$$

が成り立つ. これを T_c について解くと

$$T_c = \frac{h^2}{2\pi m k_B}\left(\frac{N}{V}\frac{1}{\zeta\left(\frac{3}{2}\right)}\right)^{2/3}$$

が得られる. ここで, $\zeta\left(\frac{3}{2}\right) = 2.612\cdots$ である.

(b) $T \leq T_c$ のとき, 励起状態の数密度 $\frac{N'}{V}$ は (2) 式で与えられているが, これを (3) 式と比較すると $\frac{N'}{N} = \left(\frac{T}{T_c}\right)^{3/2}$ という等式が得られる. これを

$$n_c = \frac{N - N'}{V} = \frac{N}{V}\left(1 - \frac{N'}{N}\right)$$

に代入すると

第 5 章の解答

$$n_c = n\left\{1 - \left(\frac{T}{T_c}\right)^{3/2}\right\}$$

という表式が得られる．

(問 5) ボース–アインシュタイン凝縮は化学ポテンシャル μ が負の値から零になることで起こる．しかし，光子の化学ポテンシャルは恒等的に零なので，**光子気体**ではボース–アインシュタイン凝縮は起こらない．

5.7 (1) $\frac{h\nu}{k_B T} \ll 1$ で $e^{h\nu/k_B T} \simeq 1 + \left(\frac{h\nu}{k_B T}\right)$ と近似できる．これを ① 式に代入すると

$$I_T(\nu) \simeq \frac{2h\nu^3}{c^2}\frac{1}{1 + \frac{h\nu}{k_B T} - 1} = \frac{2\nu^2}{c^2}k_B T$$

と計算できる．したがって，$I_T(\nu)$ は $\frac{h\nu}{k_B T} \ll 1$ の極限において，ν の 2 乗および T の 1 乗に比例することがわかる．

(2) $I_T(\nu)$ を ν で微分すると

$$\frac{\partial I_T(\nu)}{\partial \nu} = \frac{2h}{c^2}\frac{\partial}{\partial \nu}\left(\nu^3 \frac{1}{e^{h\nu/k_B T} - 1}\right)$$

$$= \frac{2h}{c^2}\left\{3\nu^2 \frac{1}{e^{h\nu/k_B T} - 1} - \nu^3 \frac{h}{k_B T}\frac{e^{h\nu/k_B T}}{\left(e^{h\nu/k_B T} - 1\right)^2}\right\}$$

が得られる．**スペクトル**のピークにおいては

$$\left.\frac{\partial I_T(\nu)}{\partial \nu}\right|_{\nu = \nu_{\text{peak}}} = 0$$

であるので

$$3\nu_{\text{peak}}^2 \frac{1}{e^{h\nu_{\text{peak}}/k_B T} - 1} - \nu_{\text{peak}}^3 \frac{h}{k_B T}\frac{e^{h\nu_{\text{peak}}/k_B T}}{\left(e^{h\nu_{\text{peak}}/k_B T} - 1\right)^2} = 0$$

$$\iff \nu_{\text{peak}} = 3\frac{k_B}{h}(1 - e^{-h\nu_{\text{peak}}/k_B T})T \tag{1}$$

が成り立つ．また，$\nu_{\text{peak}}(T) = a\frac{k_B T}{h}$ とおくと (1) 式は

$$a\frac{k_B T}{h} = 3\frac{k_B T}{h}\left(1 - e^{-a}\right) \iff a = 3(1 - e^{-a})$$

となり，② 式が導かれる．② 式は零の他に正値解を 1 つ持つ．この正値解が a を与える．以上より，$\nu_{\text{peak}}(T)$ が T に比例することが証明された．

(3) 与えられた数値を ν_{peak} の定義式に代入すると

$$\nu_{\text{peak}} = a\,\frac{k_B}{h}\,T = 6 \times 10^{10} \times T \text{ [Hz]}.$$

よって，**輝度スペクトル**がピークになる振動数は $T = 10^4$ [K] で $\nu_{\text{peak}} = 6 \times 10^{14}$ [Hz]，$T = 10^7$ [K] で $\nu_{\text{peak}} = 6 \times 10^{17}$ [Hz]．

また，与えられた数値では

$$\frac{I_T(\nu)}{I_0} = \left(\frac{\nu}{6 \times 10^{14}}\right)^3 \frac{e^3 - 1}{e^{\nu/(T \times 2 \times 10^{10})} - 1}$$

となり，$T = 10^7$ [K] における輝度スペクトルのピーク値は 1×10^9 と求まる．

横軸が振動数，縦軸が輝度スペクトルのグラフを両対数表示で描く．まず，ピーク値を与える点は $T=10^4\,[\text{K}]$ では $\left(\nu, \frac{I_T(\nu)}{I_0}\right)=(6\times 10^{14}, 1)$ に，$T=10^7\,[\text{K}]$ では $\left(\nu, \frac{I_T(\nu)}{I_0}\right)=(6\times 10^{17}, 1\times 10^9)$ に位置するので，横軸で3目盛り，縦軸で9目盛りだけ離れた位置にピークを与える2つの点を打つ．ピーク点の右側では，輝度スペクトルはともに急激に減少する．また，ピーク点の左側では，温度が変わっても直線部分の傾きが，ともに2（横軸1目盛りに対して，縦軸2目盛り分増加）になるような線をそれぞれ下図のように描けばよい．

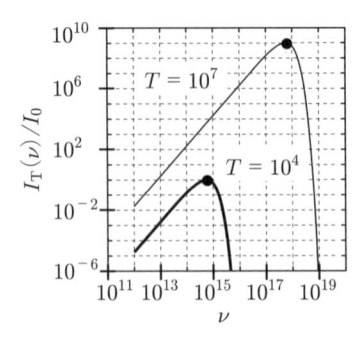

ν_{peak} に対応する波長は，$T=10^4\,[\text{K}]$ のとき $\lambda_{\text{peak}}=\frac{c}{\nu_{\text{peak}}}\simeq 500\,[\text{nm}]$ となり**可視光領域**に属している．$T=10^7\,[\text{K}]$ のときは $\lambda_p=\frac{c}{\nu_{\text{peak}}}\simeq 0.5\,[\text{nm}]$ となり **X 線領域**に属している．

(4) $F(T)$ は $I_T(\nu)$ を立体角 S と振動数 ν について積分することにより求めることができる．

$$F(T)=\int dS \int_0^\infty d\nu\, I_T(\nu)=4\pi\int_0^\infty d\nu\, I_T(\nu)$$
$$=\frac{8\pi h}{c^2}\int_0^\infty d\nu\, \nu^3\frac{1}{\exp\left(\frac{h\nu}{k_B T}\right)-1}$$
$$=\frac{8\pi k_B^4 T^4}{c^2 h^3}\int_0^\infty d\alpha\, \frac{\alpha^3}{e^\alpha-1}.$$

最後の積分は有限な定数を与えるため，$F(T)$ は T^4 に比例することがわかる．

参考：積分は

$$\int_0^\infty d\alpha\, \frac{\alpha^3}{e^\alpha-1}=\int_0^\infty d\alpha\, \frac{\alpha^3 e^{-\alpha}}{1-e^{-\alpha}}=\int_0^\infty d\alpha\, \alpha^3 e^{-\alpha}\sum_{n=0}^\infty e^{-n\alpha}$$
$$=\sum_{n=0}^\infty \int_0^\infty d\alpha\, \alpha^3 e^{-(n+1)\alpha}=\sum_{n=0}^\infty \frac{1}{(n+1)^4}\int_0^\infty d\beta\, \beta^3 e^{-\beta}$$
$$=6\sum_{n=0}^\infty \frac{1}{(n+1)^4}=6\zeta(4)=\frac{\pi^4}{15}$$

のように計算できる．ただし，最後の等号で，リーマンのツェータ関数 $\zeta(s)=\sum_{n=1}^\infty \frac{1}{n^s}$ の特殊値 $\zeta(4)=\frac{\pi^4}{90}$ を用いた．

(5) 最も遠心力が強いのは，天体の赤道上である．そこに置かれた質点 m にはたらく重力 F_g は，天体の質量を M とすると $F_\mathrm{g} = G\frac{mM}{R^2}$ と表すことができる．ここで

$$M = \frac{4}{3}\pi R^3 \rho \tag{2}$$

より

$$F_\mathrm{g} = G\frac{m}{R^2}\left(\frac{4}{3}\pi R^3 \rho\right) = \frac{4}{3}\pi GmR\rho.$$

遠心力 F_c は回転の角速度を ω とすれば $F_\mathrm{c} = mR\omega^2$ で与えられる．周期 P と角速度 ω は $P = \frac{2\pi}{\omega}$ の関係にあるので

$$F_\mathrm{c} = mR\left(\frac{2\pi}{P}\right)^2 = \frac{4\pi^2 mR}{P^2}.$$

天体が安定に存在するためには，$F_\mathrm{g} > F_\mathrm{c}$ が必要なので，天体の密度の下限値 ρ_0 は

$$\frac{4}{3}\pi GmR\rho > \frac{4\pi^2 mR}{P^2} \iff \rho > \frac{3\pi}{GP^2} \equiv \rho_0 \tag{3}$$

で与えられる．

(6) 単位時間，単位面積当たりの放射エネルギー総量 f は，設問 (4) で得られた結果より T^4 に比例する．また，エネルギーは距離の 2 乗で減衰するので，天体と地球までの距離を r とすると，地球で観測される値は $f \sim \frac{T^4}{r^2}$ の関係にある．地球と天体との距離は十分長いと考えると，天体からの**全放射エネルギー**は天体の表面積に比例すると考えてよい．よって，天体の半径 R を用いて

$$f \sim \frac{T^4}{r^2}R^2 \tag{4}$$

と記述することができる．この関係は太陽と地球との間でも同様に成り立つので，f, r, R, T に対応する太陽の物理量をそれぞれ $f_\odot, r_\odot, R_\odot, T_\odot$ とすると

$$f_\odot \sim \frac{T_\odot^4}{r_\odot^2}R_\odot^2 \tag{5}$$

が成り立つ．(4) および (5) 式は同じ物理現象なので，比例係数が等しいと考えれば

$$\frac{T^4}{r^2 f}R^2 = \frac{T_\odot^4}{r_\odot^2 f_\odot}R_\odot^2 \tag{6}$$

が成り立つはずである．(6) 式に与えられた値を代入すると，天体の半径 R は

$$R = \left(\frac{T_\odot}{T}\right)^2 \frac{r}{r_\odot}\sqrt{\frac{f}{f_\odot}} R_\odot \implies R = 1\times 10^6\,[\mathrm{m}]. \tag{7}$$

(7) (3) 式の下限値 ρ_0 に与えられた値を代入すると

$$\rho_0 = \frac{3\pi}{GP^2} = \frac{3\pi}{7\times 10^{-11}\cdot (1\times 10^{-3})^2} = 1\times 10^{17}\,[\mathrm{kg}\cdot\mathrm{m}^{-3}]. \tag{8}$$

水の密度は $\rho_\text{水} = 1\,[\mathrm{g}\cdot\mathrm{cm}^{-3}] = 1\times 10^3\,[\mathrm{kg}\cdot\mathrm{m}^{-3}]$ なので，この天体の密度とは 14 桁も異なる．質量 A の**原子核**を半径 r_0 の球とみなすと，その密度は

$$\rho_\text{核} = \frac{A}{\frac{4}{3}\pi r_0^3} \tag{9}$$

で与えられる．一般に質量数 a の安定な原子核の半径は $r_\text{核}a^{1/3}$ で与えられることが知ら

れている．ただし，$r_{核} \simeq 1.2\,[\text{fm}]$（$1\,[\text{fm}] = 10^{-15}\,[\text{m}]$）．水素原子核（$a = 1$）を考えると，質量は $A \simeq 1.67 \times 10^{-27}\,[\text{kg}]$，半径は $r_0 \simeq r_{核}$ である．これらを (9) 式へ代入すると $\rho_{核} = 2 \times 10^{17}\,[\text{kg} \cdot \text{m}^{-3}]$ となり，この天体の密度が原子核の密度と同程度であることがわかる．

また，この天体の質量の下限値は (2) 式に (7), (8) 式を代入することで $M_0 \sim \frac{4\pi}{3} \times 10^{35}\,[\text{kg}]$ で与えられるので，**太陽質量**との比は $\frac{M_0}{M_\odot} \sim \frac{2\pi}{3} \times 10^5 \simeq 2 \times 10^5$ と計算できる．

第6章

6.1 複素平面の上半平面の半円（半径が無限大）を反時計周りに回る経路 C に沿って行う複素積分に拡張して考える．積分経路の内部には $z = ae^{i\pi/4}$ と $z = ae^{i3\pi/4}$ の2つの**極**があるので

$$\int_{-\infty}^{\infty} \frac{dx}{x^4 + a^4} = \oint_C \frac{dz}{z^4 + a^4}$$
$$= 2\pi i \{\text{Res}(ae^{i\pi/4}) + \text{Res}(ae^{i3\pi/4})\}.$$

まず，極 $z = ae^{i\pi/4}$ での**留数**

$$\text{Res}(ae^{i\pi/4}) = \lim_{z \to ae^{i\pi/4}} \frac{z - ae^{i\pi/4}}{z^4 + a^4}$$

を求める．分母の $z^4 + a^4$ を極のまわりでテイラー展開してみる．

$$z^4 + a^4 = (z^4 + a^4)\big|_{z = ae^{i\pi/4}} + \frac{d}{dz}(z^4 + a^4)\big|_{z = ae^{i\pi/4}}(z - ae^{i\pi/4}) + \mathcal{O}((z - ae^{i\pi/4})^2).$$

ここで，$(z^4 + a^4)\big|_{z = ae^{i\pi/4}} = 0$ であり，$\frac{d}{dz}(z^4 + a^4) = 4z^3$ なので

$$\text{Res}(ae^{i\pi/4}) = \lim_{z \to ae^{i\pi/4}} \frac{1}{4z^3} = \frac{1}{4a^3} e^{-3\pi i/4} = \frac{1}{4a^3}\left(\cos\frac{3\pi}{4} - i\sin\frac{3\pi}{4}\right)$$
$$= \frac{1}{4a^3}\left(-\frac{\sqrt{2}}{2} - i\frac{\sqrt{2}}{2}\right).$$

同様に

$$\text{Res}(ae^{i3\pi/4}) = \lim_{z \to ae^{i3\pi/4}} \frac{1}{4z^3} = \frac{1}{4a^3} e^{-i9\pi/4} = \frac{1}{4a^3} e^{-i\pi/4}$$
$$= \frac{1}{4a^3}\left(\frac{\sqrt{2}}{2} - i\frac{\sqrt{2}}{2}\right).$$

以上より次式が得られる．

$$\int_{-\infty}^{\infty} \frac{dx}{x^4 + a^4} = 2\pi i \frac{1}{4a^3}(-i\sqrt{2}) = \frac{\sqrt{2}\pi}{2a^3}.$$

6.2 (1) ガンマ関数の定義式で部分積分を行うと次式が得られる．

$$\Gamma(x+1) = \int_0^\infty e^{-t} t^x dt = \left[-e^{-t} t^x\right]_0^\infty - \int_0^\infty dt\,(-e^{-t}) x t^{x-1}$$
$$= x \int_0^\infty dt\, e^{-t} t^{x-1} = x \Gamma(x).$$

(2) $e^{-t}t^x = e^{-f(t)}$ の両辺の対数をとると
$$f(t) = t - x\ln t.$$
この関数の極値を求めればよい．$f(t)$ の微分は
$$\frac{df(t)}{dt} = 1 - \frac{x}{t} \tag{1}$$
である．$f'(t_0) = 0$ となる t_0 は $1 - \frac{x}{t_0} = 0 \iff t_0 = x$ より，唯一 x で与えられることがわかる．

(3) (1) 式を t で再度微分すると $f''(t) = \frac{x}{t^2}$ を得る．よって $f(t)$ を t_0 のまわりで t の 2 次の項までテイラー展開をすると
$$\begin{aligned}f(t) &= f(t_0) + \left.\frac{df(t)}{dt}\right|_{t=t_0}(t-t_0) + \frac{1}{2}\left.\frac{d^2 f(t)}{dt^2}\right|_{t=t_0}(t-t_0)^2 + \cdots \\ &\simeq t_0 - x\ln t_0 + \left(1 - \frac{x}{t_0}\right)(t-t_0) + \frac{1}{2}\frac{x}{t_0^2}(t-t_0)^2\end{aligned}$$
となる．ここで $t_0 = x$ なので，これを代入すると
$$f(t) \simeq x - x\ln x + \frac{1}{2x}(t-x)^2 \tag{2}$$
が求められる．

(4) (2) 式より $f(t)$ は下に凸で $t = x$ で最小値をとることがわかる．よって，$e^{-f(t)}$ は上に凸で $t = x$ で最大値をとる．(2) 式の表式を用いて被積分関数を近似すると
$$\begin{aligned}\Gamma(x+1) &= \int_0^\infty e^{-f(t)}dt \simeq \int_0^\infty e^{-x+x\ln x - (t-x)^2/2x}dt \\ &= x^x e^{-x}\int_0^\infty e^{-(t-x)^2/2x}dt.\end{aligned}$$
ここで
$$\frac{t-x}{\sqrt{2x}} = u \tag{3}$$
によって積分変数を $t \to u$ と変換すると
$$\int_0^\infty e^{-(t-x)^2/2x}dx = \sqrt{2x}\int_{-\sqrt{x/2}}^\infty e^{-u^2}du.$$
ここで $x \gg 1$ として，積分の下限 $-\sqrt{\frac{x}{2}}$ を $-\infty$ に置き換えると，この積分はガウス積分の公式 ① 式を用いて
$$\sqrt{2x}\int_{-\infty}^\infty e^{-u^2}du = \sqrt{2\pi x}$$
と計算できる．以上より
$$\Gamma(x+1) \approx \sqrt{2\pi}\, x^{x+1/2}e^{-x} \tag{4}$$
が導かれる．

$f(t)$ の $n\,(\geq 1)$ 階微分は，一般に $f^{(n)}(t) = (-1)^n(n-1)!\frac{x}{t^n}$ で与えられるので，$f(x)$ の $t = t_0 = x$ のまわりの**テイラー展開**は

$$f(t) = x - x\ln x + \frac{1}{2x}(t-x)^2 + \sum_{n=3}^{\infty}(-1)^n \frac{(t-x)^n}{nx^{n-1}}$$

で与えられる．ここで (3) 式に従って変数変換 $t \to u$ を行うと

$$\widetilde{f}(u) = f(t) = x - x\ln x + u^2 + \sum_{n=3}^{\infty}\frac{(-1)^n 2^{n/2}}{n} x^{-(n-2)/2} u^n$$

となる．この関数は $x \to \infty$ で $x - x\ln x + u^2$ に漸近する．このことから，(2) 式の近似に基づいて行われた上述の**漸近展開公式** (4) の導出が正当化される．

6.3 (1) ② 式はエルミート多項式に対する**ロドリーグの公式**と呼ばれる．これより

$$H_n(x) = (-1)^n e^{x^2/2} \frac{d^n}{dx^n} e^{-x^2/2} \tag{1}$$

なので

$$\begin{aligned}
H_0(x) &= (-1)^0 e^{x^2/2} e^{-x^2/2} = 1, \\
H_1(x) &= (-1)^1 e^{x^2/2} \frac{d}{dx} e^{-x^2/2} \\
&= -e^{x^2/2}(-x) e^{-x^2/2} = x, \\
H_2(x) &= (-1)^2 e^{x^2/2} \frac{d^2}{dx^2} e^{-x^2/2} \\
&= e^{x^2/2}(-1+x^2) e^{-x^2/2} = x^2 - 1
\end{aligned}$$

と求められる．

(2) ③ 式をフーリエ変換し，(1) 式を用いると

$$\widehat{\psi}_n(k) = \int_{-\infty}^{\infty} H_n(x) e^{-x^2/4} e^{-ikx} dx$$

$$= (-1)^n \int_{-\infty}^{\infty} \left(\frac{d^n}{dx^n} e^{-x^2/2}\right) e^{x^2/4 - ikx} dx.$$

両辺に $\frac{t^n}{n!}$ をかけ，さらに n について和をとると

$$\sum_{n=0}^{\infty} \widehat{\psi}_n(k) \frac{t^n}{n!} = \int_{-\infty}^{\infty} \left(\sum_{n=0}^{\infty} \frac{(-t)^n}{n!} \frac{d^n}{dx^n} e^{-x^2/2}\right) e^{x^2/4 - ikx} dx.$$

被積分関数の中の括弧内の部分と，y の関数 $f(y)$ を $y = x$ のまわりでテイラー展開した式

$$f(y) = \sum_{n=0}^{\infty} \frac{(y-x)^n}{n!} \frac{d^n}{dy^n} f(y)\bigg|_{y=x} = \sum_{n=0}^{\infty} \frac{(y-x)^n}{n!} \frac{d^n}{dx^n} f(x)$$

と見比べると，$y - x = -t, f(y) = e^{-y^2/2}$ の場合とみなせて

$$\sum_{n=0}^{\infty} \frac{(-t)^n}{n!} \frac{d^n}{dx^n} e^{-x^2/2} = e^{-y^2/2} = e^{-(x-t)^2/2}$$

であることがわかる．よって

$$\sum_{n=0}^{\infty} \widehat{\psi}_n(k) \frac{t^n}{n!} = e^{-t^2/2} \int_{-\infty}^{\infty} e^{xt - x^2/4 - ikx} dx$$

が得られる．ここで，指数関数の引数を x について**平方完成**すると

$$xt - \frac{x^2}{4} - ikx = -\frac{1}{4}\{x - 2(t - ik)\}^2 + (t - ik)^2$$

となるので，① 式の積分を使うと

$$\sum_{n=0}^{\infty} \widehat{\psi}_n(k) \frac{t^n}{n!} = e^{-t^2/2} e^{(t-ik)^2} \int_{-\infty}^{\infty} e^{-\{x-2(t-ik)\}^2/4} dx$$
$$= 2\sqrt{\pi}\, e^{-t^2/2} e^{(t-ik)^2} = 2\sqrt{\pi}\, e^{k^2} e^{-(2k+it)^2/2} \qquad (2)$$

となる．(2) 式の右辺の $e^{-(2k+it)^2/2}$ を t について**マクローリン展開**する．

$$e^{-(2k+it)^2/2} = \sum_{n=0}^{\infty} \frac{t^n}{n!} \frac{d^n}{dt^n} e^{-(2k+it)^2/2} \bigg|_{t=0}. \qquad (3)$$

ここで $y = y(t) = 2k + it$ とおくと，合成関数の微分則より

$$\frac{d}{dt} e^{-y(t)^2/2} = \frac{dy(t)}{dt} \frac{d}{dy} e^{-y^2/2} \bigg|_{y=2k+it} = i \frac{d}{dy} e^{-y^2/2} \bigg|_{y=2k+it}$$

なので，$n = 2, 3, \cdots$ に対しては

$$\frac{d^n}{dt^n} e^{-y(t)^2/2} = i^n \frac{d^n}{dy^n} e^{-y^2/2} \bigg|_{y=2k+it}$$

となる．よって

$$\frac{d^n}{dt^n} e^{-(2k+it)^2/2} \bigg|_{t=0} = i^n \frac{d^n}{dy^n} e^{-y^2/2} \bigg|_{y=2k}$$

であるが，② 式を用いると，これは $(-i)^n H_n(2k) e^{-(2k)^2/2}$ に等しいことになる．この結果を (3) 式に代入することにより，(2) 式は

$$\sum_{n=0}^{\infty} \widehat{\psi}_n(k) \frac{t^n}{n!} = 2\sqrt{\pi} \sum_{n=0}^{\infty} \frac{t^n}{n!} (-i)^n H_n(2k) e^{-k^2}$$

と書き直すことができる．t の各べきの係数を等値することにより

$$\widehat{\psi}_n(k) = 2\sqrt{\pi}\, (-i)^n H_n(2k) e^{-k^2}$$

と求まる．

6.4 図 (a) で示された**ノギス**は**副尺**の目盛り "0" が指す**主尺**の目盛り位置が $1\,\mathrm{mm}$ の精度を，主尺と副尺の目盛りが一致している副尺の目盛り位置が $0.1\,\mathrm{mm}$ の精度の測定値を表す．

図 (b) に示される円柱棒の外径に関しては，副尺の目盛り "0" が主尺の目盛りの "10" と "11" の間にあるので，まず測定値は $10\,\mathrm{mm}$ 台であることがわかる．次に主尺と副尺の目盛りが一致しているのが，副尺の目盛り "7" なので，円柱棒の外径は $10.7\,\mathrm{mm}$ と計測される．

以下，ノギスの測定原理について述べる．ノギスは主尺と副尺の長さの「ずれ」を利用している．図 (a) を見ると副尺の全体の長さは $39\,\mathrm{mm}$ であることがわかる．すなわち，主尺に対して

副尺は，副尺の 1 目盛り当たり $(40-39) \div 10 = 0.1$ [mm] だけ「ずれ」ている．ここで円柱棒の例を用いると，副尺の目盛り "0" が主尺の "10" と "11" の間を指しているため，測定値は 10.xx [mm] であり，主尺の目盛り "10" と副尺の目盛り "0" は 0.xx [mm] だけ「ずれ」ている．副尺の目盛り "0" から始めて，その目盛りが 1 進むに連れて，0.1 mm だけ「ずれ」が解消していく．そして完全に解消するのが，この場合は副尺の目盛り "7" であったので 0.xx [mm] は 0.7 mm であったことがわかる．すなわち，副尺の目盛り "0" から見て，最初に主尺の目盛りと一致する副尺の目盛りが 0.1 mm の精度の測定値を表すことになる．

6.5 (問 1) 時間 t の間に，k 回右を選ぶ確率なので

$$p_k = \binom{t}{k}\left(\frac{1+v}{2}\right)^k \left(\frac{1-v}{2}\right)^{t-k}$$
$$= \frac{t!}{k!(t-k)!}\left(\frac{1+v}{2}\right)^k \left(\frac{1-v}{2}\right)^{t-k} \tag{1}$$

である．また，二項展開の公式である

$$(x+y)^n = \sum_{k=0}^{n} \binom{n}{k} x^k y^{n-k}$$

を用いることにより

$$\sum_{k=0}^{t} p_k = \left(\frac{1+v}{2} + \frac{1-v}{2}\right)^t = 1^t = 1$$

であり，p_k が規格化条件を満たすことが確かめられる．

(問 2) (a) (1) 式右辺の階乗成分に対して，スターリングの公式を用いると

$$\frac{t!}{k!(t-k)!} = \frac{\sqrt{2\pi t}\left(\frac{t}{e}\right)^t}{\sqrt{2\pi k}\left(\frac{k}{e}\right)^k \sqrt{2\pi(t-k)}\left(\frac{t-k}{e}\right)^{t-k}}$$
$$= \sqrt{\frac{t}{2\pi k(t-k)}} \frac{t^t}{k^k (t-k)^{t-k}}$$

が得られる．ここで $x = 2k - t \iff k = \frac{x+t}{2}$ のように変数変換すると，p_k は

$$p_{(x+t)/2} = \sqrt{\frac{2t}{\pi(t^2-x^2)}} \frac{t^t}{\left(\frac{x+t}{2}\right)^{(x+t)/2} \left(\frac{t-x}{2}\right)^{(t-x)/2}} \left(\frac{1+v}{2}\right)^{(t+x)/2} \left(\frac{1-v}{2}\right)^{(t-x)/2}$$

と表せる．t^t を $(t^2)^{t/2}$ と書き直すなど，この式を整理することで

$$p_{(x+t)/2} = \sqrt{\frac{2t}{\pi(t^2-x^2)}} \left\{\frac{t^2(1-v^2)}{t^2-x^2}\right\}^{t/2} \left\{\frac{(t-x)(1+v)}{(t+x)(1-v)}\right\}^{x/2}$$

が得られる．これと ① 式を比べることにより

$$\alpha = \frac{t^2(1-v^2)}{t^2-x^2}, \quad \beta = \frac{(t-x)(1+v)}{(t+x)(1-v)}$$

と求まる．

(b) 設問に与えられている ② 式の形の近似式は，$(1+v)^{x/2}$ の対数をとることにより，次

のように導ける．すなわち，まず $|v| = \mathcal{O}\left(\frac{1}{\sqrt{t}}\right) \ll 1$ より，v について展開して

$$\frac{x}{2}\ln(1+v) = \frac{x}{2}\left(v - \frac{v^2}{2} + \frac{v^3}{3} - \cdots\right) \qquad (2)$$

とする．ここで $\frac{|x|}{t} = \mathcal{O}\left(\frac{1}{\sqrt{t}}\right) \ll 1$ とすると $x = \left(\frac{x}{t}\right) \times t$ は $\mathcal{O}(\sqrt{t})$ なので，$xv = \mathcal{O}(1)$ となる．これに対して

$$xv^n = \mathcal{O}\left(\left(\frac{1}{\sqrt{n}}\right)^n\right) \ll 1 \quad (n=2,3,\cdots)$$

である．そこで (2) 式で $\mathcal{O}(1)$ まで考慮することにすると
$$\frac{x}{2}\ln(1+v) \simeq \frac{xv}{2}$$
という近似式が成立することになる．この両辺を再び指数関数に変換すると，$(1+v)^{x/2} \approx e^{xv/2}$ が得られるのである．この方法を使い，指数部分が $\mathcal{O}(1)$ になるように近似する．具体的には，$(\alpha)^{t/2}$ では，べき $\frac{t}{2}$ は当然 $\mathcal{O}(t)$ なので，α については $v^2, \frac{xv}{t}, \left(\frac{x}{t}\right)^2$ など $\mathcal{O}\left(\frac{1}{t}\right)$ まで，また $(\beta)^{x/2}$ では，べき $\frac{x}{2}$ は $\mathcal{O}(\sqrt{t})$ なので，β については $v, \frac{x}{t}$ など $\mathcal{O}\left(\frac{1}{\sqrt{t}}\right)$ まで展開すると

$$\begin{aligned}(\alpha)^{t/2} &= \left\{\frac{t^2(1-v^2)}{t^2-x^2}\right\}^{t/2} \simeq \left[(1-v^2)\left\{1+\left(\frac{x}{t}\right)^2\right\}\right]^{t/2} \\ &\simeq \left\{1+\left(\frac{x}{t}\right)^2 - v^2\right\}^{t/2} \simeq \exp\left(\frac{x^2}{2t} - \frac{v^2 t}{2}\right)\end{aligned}$$

および

$$\begin{aligned}(\beta)^{x/2} &= \left\{\frac{(t-x)(1+v)}{(t+x)(1-v)}\right\}^{x/2} \\ &\simeq \left\{\left(1-\frac{x}{t}\right)\left(1-\frac{x}{t}\right)(1+v)(1+v)\right\}^{x/2} \\ &\simeq \left(1-\frac{2x}{t}+2v\right)^{x/2} \simeq \exp\left(-\frac{x^2}{t}+vx\right)\end{aligned}$$

が得られる．また，① 式の平方根成分についても

$$\sqrt{\frac{2t}{\pi(t^2-x^2)}} = \sqrt{\frac{2}{\pi t\left(1+\frac{x}{t}\right)\left(1-\frac{x}{t}\right)}} \simeq \sqrt{\frac{2}{\pi t}}$$

と近似できる．ここで，$x = 2k - t$ の関係より x の基本ステップ幅は 2 であり，**離散ステップの和**と**連続極限**での積分の間には，$\sum_k \iff \int \frac{dx}{2}$ という対応関係があることがわかる．よって，確率 $f(x,t)dx$ に対して

$$\begin{aligned}f(x,t)dx &\simeq \sqrt{\frac{2}{\pi t}}\exp\left(\frac{x^2}{2t} - \frac{v^2 t}{2}\right)\exp\left(-\frac{x^2}{t}+vx\right)\frac{dx}{2} \\ &= \frac{1}{\sqrt{2\pi t}}\exp\left\{-\frac{(x-vt)^2}{2t}\right\}dx \qquad (3)\end{aligned}$$

を得る．以上より②式の γ は

$$\gamma = -\frac{(x-vt)^2}{2t}$$

と求められる．

(問 3) まず③式に $\theta = x$ を代入すると

$$f(x,t) = \int_0^t dt' f(0, t-t') p_x(t') \tag{4}$$

を得る．この式は「時刻 t'（$0 \leq t' \leq t$）に x に初めて到達し，残りの $t-t'$ の時間で x に戻ってくる確率を，t' について 0 から t まで積分すると $f(x,t)$ になる」ということを意味する．

関数 $f(x,t)$ の t に関する**ラプラス変換**を，ここでは

$$\mathcal{L}_s[f(x,t)] = \int_0^\infty dt\, e^{-st} f(x,t) \tag{5}$$

と表すことにする．

(4) 式の両辺をラプラス変換すると

$$\begin{aligned}\mathcal{L}_s[f(x,t)] &= \mathcal{L}_s\left[\int_0^t dt'\, f(0, t-t') p_x(t')\right] \\ &= \mathcal{L}_s[f(0,t)]\, \mathcal{L}_s[p_x(t)]\end{aligned} \tag{6}$$

を得る．ここでラプラス変換の**たたみこみ**の公式を用いた．左辺に (3) 式を代入して式変形すると

$$\begin{aligned}\mathcal{L}_s[f(x,t)] &= \int_0^\infty dt\, \frac{1}{\sqrt{2\pi t}} \exp\left\{-\frac{(x-vt)^2}{2t} - st\right\} \\ &= \frac{\exp(vx)}{\sqrt{2}} \int_0^\infty dt\, \frac{1}{\sqrt{\pi t}} \exp\left\{-\frac{(\sqrt{2}\,x)^2}{4t} - \left(\frac{v^2}{2} + s\right)t\right\}\end{aligned}$$

となるので，④式で与えられた積分を用いると

$$\mathcal{L}_s[f(x,t)] = \frac{\exp(vx)}{\sqrt{v^2 + 2s}} \exp\left(-|x|\sqrt{v^2 + 2s}\right) \tag{7}$$

を得る．この式で特に $x = 0$ とすると

$$\mathcal{L}_s[f(0,t)] = \frac{1}{\sqrt{v^2 + 2s}} \tag{8}$$

を得る．(7), (8) 式を (6) 式に代入して $\mathcal{L}_s[p_x(t)]$ について解くと

$$\begin{aligned}\mathcal{L}_s[p_x(t)] &= \frac{\mathcal{L}_s[f(x,t)]}{\mathcal{L}_s[f(0,t)]} \\ &= \exp(vx) \exp(-|x|\sqrt{v^2 + 2s}).\end{aligned}$$

ここで，⑤式で与えられた積分を用いて右辺を書き換えると

$$\begin{aligned}\mathcal{L}_s[p_x(t)] &= e^{vx} \int_0^\infty dt\, \frac{|x|}{2\sqrt{\pi t^3}} \exp\left\{-\frac{x^2}{4t} - (v^2 + 2s)t\right\} \\ &= \int_0^\infty dt\, e^{-st} \left\{\frac{|x|}{\sqrt{2\pi t^3}} \exp\left(-\frac{(x-vt)^2}{2t}\right)\right\}\end{aligned}$$

が得られる．ただし，2番目の等式では $2t \to t$ の変数変換を行っている．これをラプラス変換の定義式 (5) 式と比べることにより

$$p_x(t) = \frac{|x|}{\sqrt{2\pi t^3}} \exp\left\{-\frac{(x-vt)^2}{2t}\right\}$$

が結論される．

6.6 (1) 指数関数 $\exp(x)$ を $x = 0$ のまわりでテイラー展開（マクローリン展開）すれば

$$\exp(x) = \sum_{n=0}^{\infty} \frac{x^n}{n!}$$

のように x のべき級数展開が得られる．

(2) 行列についても前問の結果と同様

$$\exp(A) = \sum_{n=0}^{\infty} \frac{A^n}{n!}$$

というように行列 A のべき級数展開で表される．ただし，$A^0 = I$ は 2×2 の単位行列である．

(3) A^2 まで展開すると

$$\exp(A) \simeq I + A + \frac{1}{2}A^2$$

となる．これに ① 式で与えられた成分を代入することで

$$\begin{aligned}\exp(A) &\simeq \begin{pmatrix} 1 & 0 \\ 0 & 1 \end{pmatrix} + \begin{pmatrix} a & c \\ c & b \end{pmatrix} + \frac{1}{2}\begin{pmatrix} a^2+c^2 & ac+bc \\ ac+bc & b^2+c^2 \end{pmatrix} \\ &= \begin{pmatrix} 1+a+\frac{a^2+c^2}{2} & c+\frac{ac+bc}{2} \\ c+\frac{ac+bc}{2} & 1+b+\frac{b^2+c^2}{2} \end{pmatrix}\end{aligned}$$

が得られる．

(4) $c = 0$ の場合

$$A = \begin{pmatrix} a & 0 \\ 0 & b \end{pmatrix} \implies A^n = \begin{pmatrix} a^n & 0 \\ 0 & b^n \end{pmatrix}$$

なので

$$\exp(A) = \begin{pmatrix} \sum_{n=0}^{\infty} \frac{a^n}{n!} & 0 \\ 0 & \sum_{n=0}^{\infty} \frac{b^n}{n!} \end{pmatrix} = \begin{pmatrix} e^a & 0 \\ 0 & e^b \end{pmatrix}$$

が求まる．

(5)

$$AB = \begin{pmatrix} ad+cg & af+ce \\ cd+bg & cf+be \end{pmatrix}$$

より

$$\begin{aligned}\det\{AB\} &= (ad+cg)(cf+be) - (af+ce)(cd+bg) \\ &= adbe + c^2gf - afbg - c^2ed\end{aligned}$$

が得られる．他方，$\det\{A\} = ab - c^2, \det\{B\} = de - fg$ より
$$\det\{A\}\det\{B\} = adbe + c^2gf - afbg - c^2ed$$
が求まる．以上より
$$\det\{AB\} = \det\{A\}\det\{B\}$$
が示された．

(6) 行列 Λ を
$$\Lambda = \begin{pmatrix} \lambda_1 & 0 \\ 0 & \lambda_2 \end{pmatrix}$$
と定義する．② 式が成り立つので
$$\exp(A) = \exp(U\Lambda U^{-1}) = I + \sum_{n=1}^{\infty} \frac{1}{n!}(U\Lambda U^{-1})^n$$
$$= I + \sum_{n=1}^{\infty} \frac{1}{n!}(U\Lambda U^{-1})(U\Lambda U^{-1})\cdots(U\Lambda U^{-1})$$
$$= I + \sum_{n=1}^{\infty} \frac{1}{n!}U\Lambda(U^{-1}U)\Lambda(U^{-1}U)\cdots(U^{-1}U)\Lambda U^{-1}.$$

U は**ユニタリ行列**で，$U^{-1}U = UU^{-1} = I$ であるので，
$$\exp(A) = UU^{-1} + \sum_{n=1}^{\infty} \frac{1}{n!}U\Lambda^n U^{-1}$$
$$= U\left(I + \sum_{n=1}^{\infty} \frac{1}{n!}\Lambda^n\right) U^{-1} = U\exp(\Lambda)U^{-1}.$$

よって，行列式に対しては
$$\det\{\exp(A)\} = \det\left\{U\exp(\Lambda)U^{-1}\right\}$$
という等式が成立することになる．ここで設問 (5) の結果を用いると
$$(右辺) = \det\{U\}\det\{\exp(\Lambda)\}\det\{U^{-1}\}$$
$$= \det\{U\}\det\{U^{-1}\}\det\{\exp(\Lambda)\}$$
$$= \det\{UU^{-1}\}\det\{\exp(\Lambda)\} = \det\{\exp(\Lambda)\}.$$

ここで，$\det\{UU^{-1}\} = \det\{I\} = 1$ を用いた．Λ は対角行列なので設問 (4) の結果より
$$\exp(\Lambda) = \begin{pmatrix} e^{\lambda_1} & 0 \\ 0 & e^{\lambda_2} \end{pmatrix} \tag{1}$$
と求まるので，結果として
$$\det\{\exp(A)\} = \det\{\exp(\Lambda)\} = \exp(\lambda_1)\exp(\lambda_2) = \exp(\lambda_1 + \lambda_2)$$
が得られる．$\det\{\exp(A)\}$ は λ_1, λ_2 のみを用いて表すことができるのである．

(7) 行列 AB については

$$\mathrm{tr}[AB] = ad + cg + cf + be$$

BA に関しては

$$BA = \begin{pmatrix} ad + cf & cd + bf \\ ag + ce & cg + be \end{pmatrix}$$

より

$$\mathrm{tr}[BA] = ad + cf + cg + be$$

と計算できる．よって，$\mathrm{tr}[AB] = \mathrm{tr}[BA]$ であることが示される．

(8) $U^{-1}U = I$ なので

$$\begin{aligned}
\{\exp(A)\}^N &= (U\exp(\Lambda)U^{-1})^N \\
&= (U\exp(\Lambda)U^{-1})(U\exp(\Lambda)U^{-1})\cdots(U\exp(\Lambda)U^{-1}) \\
&= U\exp(\Lambda)(U^{-1}U)\exp(\Lambda)(U^{-1}U)\cdots(U^{-1}U)\exp(\Lambda)U^{-1} \\
&= U\{\exp(\Lambda)\}^N U^{-1}.
\end{aligned}$$

$\exp(\Lambda)$ は (1) 式のように**対角行列**なので

$$\{\exp(\Lambda)\}^N = \begin{pmatrix} e^{N\lambda_1} & 0 \\ 0 & e^{N\lambda_2} \end{pmatrix}$$

である．よって

$$Z = \mathrm{tr}\left[\{\exp(A)\}^N\right] = \mathrm{tr}\left[U\{\exp(\Lambda)\}^N U^{-1}\right].$$

ここで設問 (7) の結果を用いると

$$Z = \mathrm{tr}\left[UU^{-1}\{\exp(\Lambda)\}^N\right] = \mathrm{tr}\left[\{\exp(\Lambda)\}^N\right] = e^{N\lambda_1} + e^{N\lambda_2}. \tag{2}$$

(9) (2) 式より

$$\begin{aligned}
F &= \lim_{N\to\infty}\frac{1}{N}\ln\{\exp(N\lambda_1) + \exp(N\lambda_2)\} \\
&= \lambda_1 + \lim_{N\to\infty}\frac{1}{N}\ln[1 + \exp\{N(\lambda_2 - \lambda_1)\}].
\end{aligned}$$

$\lambda_1 > \lambda_2$ なので，$N \to \infty$ で $\exp\{N(\lambda_2 - \lambda_1)\} \to 0$．よって，$F = \lambda_1$ となる（これらの計算は統計力学における**転送行列**の計算によく現れるものである）．

6.7 (1) **斉次微分方程式**を，$\frac{dy}{y} = -\cos t\, dt$ と変数分離する．両辺を積分すれば

$$\ln y = -\sin t + c$$

となる．ただし，c は積分定数である．両辺の指数関数を考えると

$$y = Ce^{-\sin t} \tag{1}$$

を得る．ここで，$C = e^c$ も積分定数である．

非斉次微分方程式 ② 式の**特殊解**を，斉次方程式の解 (1) 式 の定数 C が t の関数 $C(t)$ であるとして求める．この方法を**定数変化法**という．すなわち

$$y = C(t)e^{-\sin t} \tag{2}$$

と仮定し，② 式に代入すると $\frac{dC(t)}{dt} = e^{\sin t}\sin 2t$ という $C(t)$ に対する微分方程式が得られる．$C(0) = 0$ と仮定して両辺を積分すると

$$C(t) = \int_0^t e^{\sin s} \sin 2s \, ds = 2\int_0^t e^{\sin s} \sin s \, \cos s \, ds.$$

ここで $x = \sin s$ とおくと, $dx = \cos s \, ds$ なので

$$C(t) = 2\int_0^{\sin t} e^x x \, dx = 2[e^x(x-1)]_0^{\sin t} = 2\{e^{\sin t}(\sin t - 1) + 1\} \tag{3}$$

と計算できる. (3) 式を (2) 式に代入すると, 非斉次方程式の特殊解 $y = 2(\sin t - 1 + e^{-\sin t})$ が求められる. したがって, 一般解は $y = Ce^{-\sin t} + 2(\sin t - 1 + e^{-\sin t})$. ② 式内で与えられた初期条件より $C = 0$ と求まるので, 求める解は

$$y = 2e^{-\sin t} + 2(\sin t - 1)$$

と定まる.

(2) λ を未定定数として $y = e^{\lambda t}$ と仮定してみる. これを ③ 式に代入すると $\lambda^2 - 2\lambda + 2 = 0$ という代数方程式が得られる. これを微分方程式 ③ に対する特性方程式という. この 2 次方程式を解くと $\lambda = 1 \pm i$ を得る. つまり e^{t+it} と e^{t-it} がともに ③ 式の解であることになる. 一般解は, C_1 と C_2 を複素数の未定定数として

$$y = C_1 e^{t+it} + C_2 e^{t-it}. \tag{4}$$

これより

$$\frac{dy}{dt} = (1+i)C_1 e^{t+it} + (1-i)C_2 e^{t-it}. \tag{5}$$

初期条件を (4), (5) 式に代入すると

$$C_1 + C_2 = 0, \quad (1+i)C_1 + (1-i)C_2 = 1$$
$$\iff C_1 = -C_2 = \frac{1}{2i}$$

と定まる. 以上より, 与えられた初期値問題の解は

$$y = e^t \frac{e^{it} - e^{-it}}{2i} = e^t \sin t.$$

6.8 (1) グリーン関数 G の偏導関数は

$$\frac{\partial G}{\partial t} = \frac{1}{(2\pi)^2} \int_{-\infty}^{\infty} \int_{-\infty}^{\infty} (-i\omega) g_0(k,\omega) \exp\{ik(x-\xi) - i\omega(t-\tau)\} dk d\omega, \tag{1}$$

$$\frac{\partial^2 G}{\partial x^2} = \frac{1}{(2\pi)^2} \int_{-\infty}^{\infty} \int_{-\infty}^{\infty} (-k^2) g_0(k,\omega) \exp\{ik(x-\xi) - i\omega(t-\tau)\} dk d\omega. \tag{2}$$

デルタ関数のフーリエ積分表示を利用すると

$$\delta(x-\xi)\delta(t-\tau) = \frac{1}{(2\pi)^2} \int_{-\infty}^{\infty} \int_{-\infty}^{\infty} \exp\{ik(x-\xi) - i\omega(t-\tau)\} dk d\omega \tag{3}$$

が得られる. (1)~(3) 式を ② 式に代入すると

$$\frac{1}{(2\pi)^2} \int_{-\infty}^{\infty} \int_{-\infty}^{\infty} (-k^2 + i\omega) g_0(k,\omega) \exp\{ik(x-\xi) - i\omega(t-\tau)\} dk d\omega$$

$$= -\frac{1}{(2\pi)^2} \int_{-\infty}^{\infty} \int_{-\infty}^{\infty} \exp\{ik(x-\xi) - i\omega(t-\tau)\} dk d\omega$$

が得られる．両辺が一致することから

$$(-k^2 + i\omega)g_0(k,\omega) = -1 \implies g_0(k,\omega) = \frac{1}{k^2 - i\omega}$$

のように $g_0(k,\omega)$ が求められる．

(2) $g_0(k,\omega)$ を ③ 式に代入し整理すると

$$G = \frac{1}{(2\pi)^2} \int_{-\infty}^{\infty} \int_{-\infty}^{\infty} \frac{1}{k^2 - i\omega} \exp\{ik(x-\xi) - i\omega(t-\tau)\} dk d\omega$$

$$= \frac{1}{2\pi} \int_{-\infty}^{\infty} dk \left[\frac{1}{2\pi} \int_{-\infty}^{\infty} d\omega \frac{1}{k^2 - i\omega} \exp\{-i\omega(t-\tau)\} \right] \exp\{ik(x-\xi)\}. \quad (4)$$

(4) 式の中の ω の積分

$$I = \int_{-\infty}^{\infty} d\omega \frac{1}{k^2 - i\omega} \exp\{-i\omega(t-\tau)\} \quad (5)$$

を考える．因子 $\exp\{-i\omega(t-\tau)\}$ は，$t > \tau$ のとき $\mathrm{Im}\,\omega \to -\infty$ で指数関数的に減少して零になる．よって，この場合は図 (a) に示したような，複素下半平面に半径 R の半円部分を持つ閉経路についての複素積分を考え，その $R \to \infty$ の極限をとると I が得られることになる．

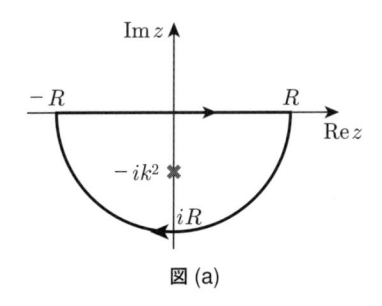

図 (a)

$t < \tau$ のときは，複素上平面に半円部分を持つ閉経路上の複素積分を用いて計算できる．積分 I の被積分関数は下半平面に位置する $\omega = -ik^2$ に 1 位の極を持つが，それ以外では正則な関数である．したがって $t < \tau$ の場合には，閉経路内に**極**はなく，$I = 0$ である．よって，恒等的に $G = 0$ となる．

他方，$t > \tau$ の場合は以下に示すように

$$I \neq 0 \implies G \neq 0$$

となる．② 式の右辺は，時刻 $t = \tau$ で（位置 $x = \xi$ に）熱源が与えられたことを意味するので，(4) 式で与えられた G は，熱源が与えられた時刻 τ よりあとにだけ**熱伝導**（**熱拡散**）が起こり得るという**因果律**を満たしていることになる．$t > \tau$ の場合に，$\omega = -ik^2$ における**留数**を計算すると

$$\mathrm{Res} = \lim_{\omega \to -ik^2} (\omega + ik^2) \frac{1}{k^2 - i\omega} \exp\{-i\omega(t-\tau)\}$$

$$= \lim_{\omega \to -ik^2} (\omega + ik^2) \frac{i}{\omega + ik^2} \exp\{-i\omega(t-\tau)\}$$

$$= i \exp\{-k^2(t-\tau)\}$$

を得る．**留数定理**を使うと，(5) 式の積分値は

$$I = -2\pi i \mathrm{Res} = 2\pi \exp\{-k^2(t-\tau)\}.$$

これを (4) 式に代入すると

$$G = \frac{1}{2\pi}\int_{-\infty}^{\infty} \exp\{-k^2(t-\tau) + ik(x-\xi)\}dk$$

となる．ここで ④ 式を用いることにより G は計算できて

$$G = \begin{cases} \dfrac{1}{\sqrt{4\pi(t-\tau)}}\exp\left\{-\dfrac{(x-\xi)^2}{4(t-\tau)}\right\} & (t>\tau) \\ 0 & (t<\tau) \end{cases}$$

と求めることができる（$t>\tau$ の表式で $t \to \tau+$ とすると**デルタ関数** $\delta(x-\xi)$ になると考えられる）．

 (3) $\xi=0, \tau=0$ のときは，$t>0$ で

$$G = \frac{1}{\sqrt{4\pi t}}\exp\left(-\frac{x^2}{4t}\right).$$

これは平均 0，分散 $2t$ の**ガウス分布**である．t が増加するにつれ，分散が増加する．曲線と x 軸との間の面積は一定なので，t が増加するにつれ，中心 $x=0$ でのピーク値は下がり，グラフは左右に拡がり，平坦な形になっていく（図 (b) 参照）．

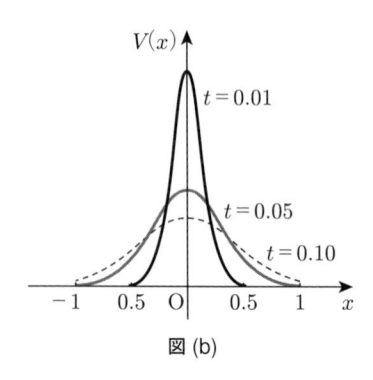

図 (b)

参考文献

第 1 章 古典力学

[1] 江沢洋,『力学』, 日本評論社, 2005
[2] 後藤憲一, 山本邦夫, 神吉健共編,『詳解 力学演習』, 共立出版, 1971
[3] エリ・ランダウ, イェ・エム・リフシッツ著, 広重徹, 水戸巌翻訳,『力学（増訂第 3 版)』, 東京図書, 1986
[4] 松下貢,『物理学講義 力学』, 裳華房, 2012
[5] 山内恭彦, 末岡清市編,『大学演習 力学』, 裳華房, 1957

第 2 章 電磁気学

[1] 後藤憲一, 山崎修一郎 共編,『詳解 電磁気学演習』, 共立出版, 1970
[2] 砂川重信,『電磁気学』, 岩波書店, 1987
[3] 砂川重信,『理論電磁気学 第 3 版』, 紀伊國屋書店, 1999
[4] 霜田光一, 近角聰信編,『大学演習 電磁気学 全訂版』, 裳華房, 1980
[5] 松下貢,『物理学講義 電磁気学』, 裳華房, 2014

第 3 章 熱力学

[1] 久保亮五,『大学演習 熱学・統計力学 修訂版』, 裳華房, 1998
[2] 松下貢,『物理学講義 熱力学』, 裳華房, 2009

第 4 章 量子力学

[1] 後藤憲一, 西山敏之, 山本邦夫, 望月和子, 神吉健, 興地斐男共編,『詳解 理論応用 量子力学演習』共立出版, 1982
[2] W. グライナー著, 伊藤伸泰, 早野龍五監訳,『量子力学概論 新装版』丸善出版, 2012
[3] L.D. Landau, E.M. Lifshitz, "Quantum Mechanics (Non-Relativistic Theory) Course of Theoretical Physics, Volume 3, Third Edition", Butterworth-Heinemann, 1981
[4] A. Messiah, "Quantum Mechanics", Dover Publications, 2014
[5] 西島和彦,『相対論的量子力学』, 培風館, 1973
[6] J.J. Sakurai, J. Napolitano 著, 桜井明夫訳,『現代の量子力学（上) 第 2 版』, 吉岡書店, 2014

第 5 章　統計力学

[1] 香取眞理,『統計力学』, 裳華房, 2010
[2] C. キッテル, H. クレーマー著, 山下次郎, 福地充共訳,『熱物理学　第 2 版』, 丸善, 1983
[3] 久保亮五,『大学演習　熱学・統計力学　修訂版』, 裳華房, 1998
[4] L.D. Landau, E.M. Lifshitz, "Statistical Physics, Part 1, 3rd Edition", Butterworth-Heinemann, 1984

第 6 章　物理実験・物理数学

[1] 小野寺嘉孝,『物理のための応用数学』, 裳華房, 1988
[2] 神保道夫,『複素関数入門』, 岩波書店, 2003
[3] 高木貞治,『定本　解析概論』, 岩波書店, 2010
[4] 松下貢,『物理数学』, 裳華房, 1999
[5] J.R. Taylor, "An Introduction to Error Analysis, 2nd Edition", University Science Books, 1997

その他

[1] 姫野俊一,『演習 大学院入試問題［物理学］I〈第 2 版〉』, サイエンス社, 2000
[2] 姫野俊一,『演習 大学院入試問題［物理学］II〈第 2 版〉』, サイエンス社, 2000
[3] 国立天文台,『理科年表　平成 31 年』, 丸善出版, 2018
[4] BIPM, "9th edition of the SI Brochure", 2019

索　引

―――― あ 行 ――――

アップスピン　244
圧力　53
圧力降下　59
アボガドロ定数　161, 206
暗黒物質　26
アンペールの法則の積分形　31, 45, 181
アンペールの法則の微分形　31
イジングスピン　120, 234
イジングモデル　120
位相　191
位相因子　84
位相空間　11, 103, 112
位相速度　33
位相のずれ　216
一意性の定理　28
1次元調和振動子　80, 97, 155
1次摂動　83
1次相転移　69
位置ベクトル　1
1粒子系の分配関数　108
1体問題　176
一般解　145, 193, 194
一般化座標　9
一般化速度　9
井戸型ポテンシャル　86, 96, 99, 217
因果律　146, 263
引力　27

渦なし　27
運動エネルギー　3, 4
運動量　3
エーレンフェストの定理　101, 233
液化　60
液相　59
液相・固相境界線　70
SI 単位系　46
X 線　128

X 線領域　250
N 粒子系の分配関数　108
エネルギー固有関数　76
エネルギー固有値　76, 96, 118, 159
エネルギー等分配の法則　117
エネルギー密度　34
MKSA 単位系　46
エルミート演算子　75, 222
エルミート共役　74
エルミート多項式　80, 142, 218
エルミートの微分方程式　157
円運動　14, 20
演算子　74
演算子の期待値　74
遠心力　3, 129
エンタルピー　58, 69
円筒導体　46
エントロピー　53, 56, 105
エントロピー増大の法則　57
オイラーの関係式　124
オイラーの公式　148
オームの法則　30
音速　55, 67
温度　53
音波　55, 67

―――― か 行 ――――

外界　53
外積　149
回転　150, 196
回転対称性　182
回転の運動方程式　5
外部磁場　236
開放端　203
ガウス積分　109, 112, 123, 243
ガウスの記号　158
ガウスの定理　151
ガウスの法則　27, 36

ガウスの法則の積分形　28
ガウスの法則の微分形　28
ガウス分布　131, 136, 143, 264
化学ポテンシャル　53, 57, 106, 110, 127, 206
可換　75
可逆機関　66, 203
可逆なサイクル　56
角運動量　4, 91
角運動量演算子　80
角運動量保存則　4, 8, 21
角速度　2
確率密度　77, 89, 101, 233
確率密度関数　104
確率密度の流れ　97
確率密度の流れベクトル　77, 101
下降演算子　95
重ね合わせ　187, 223
可視光　128
可視光領域　250
加速度ベクトル　1
カノニカルアンサンブル　105, 123
カノニカル分布　104
加法定理　148
カルノー機関　65, 200
カルノーの定理　65
換算質量　25, 176
関数方程式　155
慣性の法則　1
慣性モーメント　7, 15, 23
完全系　78
完全透過　97, 217
完全導体　43
観測値　74
ガンマ関数　142, 154, 247, 252
ガンマ線　128

規格化　73, 83, 84, 229
規格化因子　104
規格化条件　80, 225, 228
奇関数　212
基準振動　19
基準振動モード　164
気相　59
気相・液相境界線　70

気体定数　55
期待値　74, 98, 105
基底状態　99, 100, 229
基底ベクトル　2
起電力　31
軌道角運動量　91
輝度スペクトル　249
ギブス–デュエムの関係式　124
ギブスの自由エネルギー　53, 59, 68, 69
基本振動　203
q–数　75
級数解　158
球対称性　36
球面調和関数　81, 160
キュリー温度　236
境界条件　41, 48, 77
強磁性　121
強磁性・常磁性相転移　120
強磁性相　236
強磁性体　110
凝縮　60
共振　194
鏡像電荷　28, 36
鏡像法　28, 36
共存状態　59
共存線　60
行列式　85, 101, 145, 163
極　133, 141, 252, 263
極座標　1, 26
極低温　119
巨視的　53

偶関数　211
偶然誤差　130
クーロンの法則　27, 36
クーロン力　27
屈折　34
屈折率　34, 52
クライン–ゴルドン方程式　85, 102, 233
クラウジウスの関係式　56
クラウジウスの原理　56, 65
グランドカノニカルアンサンブル　106
グランドカノニカル分布　106
グランドポテンシャル　106, 124
グリーン関数　145

索引　　**269**

グリーン関数法　145
クロネッカーのデルタ記号　76

系　53
経験則　9
系統誤差　137
ケットベクトル　73
ケプラー運動　20
ケプラーの第3法則　20, 167
ケプラーの法則　9
ケルビン温度　53
原子核　26, 251

高温極限　201
交換可能　75
交換関係　75, 81, 91, 232
交換子　75
光子　72, 110
光子気体　128, 249
較正　137
光速（光速度）　33, 50
剛体　6
剛体の運動方程式　8
光電効果　72, 101
恒等式　182
勾配　3, 150
項別積分　247
項別微分　157
高密度天体　129
効率　57, 65
黒体放射　128
誤差　130
固定端　203
古典解　98
コヒーレント状態　224
固有関数　75, 96
固有状態　75, 91
固有値　75, 91
固有波動関数　159
固有ベクトル　75
コリオリの力　3, 26
孤立系　53
転がり摩擦　172
混合気体　113
コンデンサ　29, 38

──── さ 行 ────

最確値　130
最近接格子点　121
サイクロイド　24
最小作用の原理　10
最小2乗法　136, 139
最速降下曲線　24
最尤値　130, 136
鎖状高分子　69
作用　9
作用・反作用の法則　1
三角関数　148
残差　130
3次元円柱座標　152
3次元極座標　47, 153
3次元デカルト座標　152, 153
3重縮退状態　227
3重点　69
散乱　25, 102
散乱角　178

c-数　75, 93
磁化　120, 236
磁荷　30
紫外線　128
時間を含まないシュレーディンガー方程式　76, 87, 100, 155
時間を含むシュレーディンガー方程式　76
磁気双極子　47
磁気モーメント　109, 121
示強性　59, 124
示強性状態量　70
仕事関数　72, 101
仕事率　192
四重極子磁場　190
指数関数　147
指数関数的　197, 199
磁性体　120
磁束密度　30
磁束密度ベクトル　30
実験室系　25
質点　1
磁場　30, 109
自発磁化　236

索引

自明な解　163
重心　4, 15
重心運動　5, 15
重心系　25
重心座標　240
収束座標　135
収束線　135
自由端　203
自由電子　29, 49
自由度　53
自由粒子系　108
重力　12, 16, 129
重力定数　8
縮重　101
縮退　166
縮退したフェルミ粒子　110
縮退状態　111, 246
主尺　143, 255
シュレーディンガーの波動関数　73
シュレーディンガー表示　79
シュレーディンガー方程式　76, 86, 96, 155
純粋気体　113
準静的過程　53
準静的断熱過程　55
準静的な断熱変化　61
省エネルギー　65
昇降演算子　95
常磁性相　236
上昇演算子　95
小正準集団　103
小正準分布　103
状態図　70
状態数　103
状態方程式　55, 70
状態密度　104
状態量　53
常伝導体　51, 196
衝突径数　25
初期条件　2
初期値問題　145
初期通過時刻　144
初等関数　147
示量性　59, 124
真空の放射インピーダンス　49

振動モード　163
真の値　130
振幅　33

水素原子　98
スイングバイ　21
スカラー関数　150
スカラー積　149
スカラー場　27, 150
スカラーポテンシャル　27
スターリングの公式　109, 112, 120, 122, 142, 143
ストークスの定理　31, 151
スネルの法則　34
スピン　100, 109
スピン間相互作用　109, 121, 238
スピン自由度　101, 111
スペクトル　249
滑り運動　171
スレーター行列式　85, 231

正規直交エルミート関数系　159
正規直交関数系　78
正規直交系　75
正規分布　131
斉次形　132
静止質量　195
斉次微分方程式　194, 261
静止摩擦係数　23
静止摩擦力　172
正準交換関係　221
正準集団　105, 123
正準分配関数　105, 123
正準分布　104
正準変数　11, 103
整数スピン　110
成績係数　66, 202
正則　157
静電磁場　35
静電ポテンシャル　27, 47, 81
静電容量　28
精度　130
ゼーマン効果　227
赤外線　128
斥力　27

索　引　271

セ氏温度　53
絶縁　46
接線ベクトル　151
接続条件　77, 212, 216
絶対温度　53
絶対屈折率　34
接地　37
遷移確率　102
漸化式　157, 158, 159, 225, 226
前期量子論　72
漸近展開公式　254
線形演算子　74
線形結合　165
線形微分方程式　132
線素ベクトル　151
全断面積　179
潜熱　60, 205
全反射　52, 199
全微分　54
全放射エネルギー　251
線密度　15

双曲線関数　149
相対運動　6
相対屈折率　34
相対座標　176, 240
相対論的エネルギー　233
相対論的な運動方程式　51, 195
相対論的な運動量　195
相対論的な関係式　85
相対論的表式　50
相転移　60, 68, 205
相転移温度　236
相平衡状態　59
速度ベクトル　2
速度モーメント　9
束縛状態　77, 86, 96
素電荷　109
素粒子　26
存在確率密度　73

―――― た 行 ――――

第 1 励起状態　100, 230
対応関係　74
対角化可能　79
対角行列　261
対角項の和　145
大気圧　204
対称な波動関数　84
帯磁率　126, 244
対数関数　147
代数規則　76
大正準集団　106
大正準分配関数　106, 124
大正準分布　106
体積　53
体積積分　7
第 2 励起状態　100, 230
大分配関数　106
太陽　129
太陽質量　252
ダウンスピン　244
多項式解　158
たたみこみ　134, 135, 258
単位ベクトル　1
単原子理想気体　107
単色光　49
単振動　17, 193
単調減少　171
単調増加　171
断熱過程　56, 68, 204, 237
断熱消磁　120, 238
遅延ポテンシャル　35
力のモーメント　4
秩序状態　121
窒素ガス　67
中心力　8, 12
中心力ポテンシャル　81, 98, 168
中性子　110
超伝導体　51, 196
張力　122, 239
調和振動子　97, 98, 115
調和振動ポテンシャル　19
直線偏光　191

直列接続　29
直交　73
直交関係　149
直交関数系　189
直交軸の定理　8
直交性　158, 159

つり合いの式　13

定圧熱容量　55
d 次元単位球の表面積　127
ディーゼル機関　61
抵抗係数　196
定在波　203
定常状態　53
定数変化法　132, 261
定積熱容量　55
テイラー展開　147, 253
ディラックのブラケット記法　73
デカルト座標　1
デルタ関数　46, 96, 140, 154, 264
デルタ関数型ポテンシャル　96, 212
デルタ関数のフーリエ積分表示　146
デルタ関数のフーリエ変換　140
電位　27
電荷　27
転回点　169, 176
電荷の保存則　30
電荷密度　28
電気影像　28, 47, 186
電気影像法　28
電気回路　31
電気感受率　29
電気双極子　29, 47, 189
電気伝導率　30
電気容量　28, 38
電子　109, 110
電磁場　33
電磁波　33, 40, 191
電磁誘導の法則　32
転送行列　261
電束密度　29
転置　74
点電荷　27
電場　27

電波　128
電場勾配　97
天文観測衛星　21
電離層　52, 198
電流密度ベクトル　30

等温圧縮率　70, 71, 210
等温過程　55
透過　78
透過角　204
等確率　103
透過係数　78
導関数に関する接続条件　212
統計誤差　130, 136
動径方向　13
逃散能　106
同次形　132
同時固有状態　81, 93
等時性　174
等重率の原理　103
同種粒子　84, 103
同種粒子の識別不能性　84
透磁率　31
等速度運動　1
等電位面　39
導波管　40, 44
動摩擦係数　23
動摩擦力　171
特異点　133
特殊解　132, 194, 261
特殊関数　155
特性方程式　133
独立変数　54
トムソンの原理　56
トルク　4
トレース　145
トンネル効果　77

──────── **な 行** ────────

内積　149
内部エネルギー　53, 105
ナブラ　150

2 階線形常微分方程式　132

2次元極座標　151
2次元デカルト座標　151
2体問題　176
入射角　204
ニュートンの運動方程式　1, 223

熱拡散　263
熱機関　56
熱転移　69
熱転移温度　69
熱伝導　263
熱伝導方程式　145
熱平均　115
熱平衡状態　53
熱膨張率　70
熱容量　54, 66, 115
熱力学関数　57, 124
熱力学第1法則　55, 61, 64
熱力学第2法則　56, 65, 205
熱力学的極限　104
熱力学的重率　103
熱力学的状態　53
ノギス　143, 255
ノルム　73, 94, 222

――――は 行――――

排除体積　59, 209
ハイゼンベルクの不確定性原理　73, 103, 112
ハイゼンベルク表示　79, 98
ハイゼンベルク方程式　79, 98
背理法　222
パウリ常磁性　126, 245
パウリの排他原理　110
パウリの排他律　85, 230
波数　191
波長　33
発散　30, 150
波動関数　73, 84, 86
波動方程式　33, 42, 67
バネ定数　19
ハミルトニアン　11, 104, 112
ハミルトニアン演算子　76, 97, 98

ハミルトンの正準方程式　11
腹　203
反強磁性　121
反射　78
反射角　204
反射係数　78
半整数スピン　110
反対称な波動関数　84
半波長　217
万有引力　8
万有引力定数　8, 20, 129
ヒートポンプ　65, 202
ビオ–サバールの法則　31
非可換　75, 91
光の強度　192
光の波長　161
非自明な解　163
非斉次形　132
非斉次微分方程式　194, 261
非同次形　132
比熱比　55, 61
微分演算子　28
微分可能な関数　147
微分散乱断面積　25, 177
微分方程式　1
標準正規分布　131
標準偏差　131
不安定化　236
ファン・デル・ワールスの状態方程式　59, 71, 123, 242
フーリエ逆変換　134, 140
フーリエ変換　134, 140, 142
フェルミ運動量　111
フェルミ準位　126, 244, 246
フェルミ–ディラック統計　100, 110, 126
フェルミ分布関数　110
フェルミ粒子　84, 100, 110
フォノン　110
不可逆機関　66, 203
不確定性　72, 86
不確定性原理　86
フガシティ　106, 125
複合機関　200

副尺　143, 255
複素関数　133
複素共役　73
複素平面　133
複素平面の下半平面　141
複素平面の上半平面　141
節　203
物理定数　161
物理量　53, 74
不変性　164
ブラウン運動　143
ブラウン粒子　144
プラズマ　52, 199
プラズマ角振動数　199
フラックス　77, 97, 215
フラックスの保存　78
ブラベクトル　73
プランク定数　72
プランクの法則　128
フロベニウス–フックスの定理　157
分圧　205
分極　29
分散　131
分散関係　199
分子間引力　59
分子間相互作用　123
分子量　55
分配関数　105, 112

平均値　105, 131
平均場　120
平行移動　164
平行軸の定理　7
並進運動　163
閉塞端　203
平方完成　255
平面波　34
並列接続　29
ベクトル　149
ベクトル解析　151
ベクトル積　149
ベクトルの外積　149
ベクトルの内積　149
ベクトル場　27, 150
ベクトルポテンシャル　31, 45, 81

ヘリウムガス　67
ヘルムホルツの自由エネルギー　53, 58, 64, 105
変位電流　32, 52
偏角　176
偏光　33
変数分離　18, 155, 208, 209
変数分離法　41, 42
変分　10, 24

ポアソン方程式　28
ポインティングベクトル　33, 49
方位角　179
飽和水蒸気圧　205
ボーア磁子　109, 126
ボーア半径　225
ボース–アインシュタイン凝縮　111, 127
ボース–アインシュタイン統計　110, 127
ボース分布関数　110, 116
ボース粒子　84, 110
母関数　158, 159
保存　3
保存力　3
ポテンシャルエネルギー　3
ボルツマン因子　104
ボルツマン定数　104, 206
ボルツマン統計　110, 126
ボルツマンの関係式　104, 206, 238

──────── ま 行 ────────

マイスナー効果　51
マイヤーの関係式　55, 62
マクスウェルの規則　71
マクスウェルの速度分布関数　108
マクスウェル方程式　32, 40, 51
マクローリン展開　147, 157, 255
摩擦　171

右手系　152, 153
ミクロカノニカルアンサンブル　103
ミクロカノニカル分布　103
ミクロな状態　103

無次元量　80, 88, 156

索　引　　　**275**

面積速度　8, 12
面積要素ベクトル　151
面素ベクトル　151

モル比熱　55

─────── や 行 ───────

ヤコビアン　152, 153, 154

有効数字　130
誘電体　29, 36
誘電率　27
ユニタリ演算子　78, 222
ユニタリ行列　78, 260
ユニタリ変換　78

陽イオン　52

─────── ら 行 ───────

ラグランジアン　9, 12
ラグランジュ点　21, 167
ラグランジュの方程式　10, 13, 24
ラザフォード散乱　102
ラプラシアン　28, 150, 225
ラプラス逆変換　135
ラプラス変換　135, 144, 258
ラプラス方程式　28, 47
ランダムウォーク　143
ランデの g 因子　109

リーマンのツェータ関数　248, 250

力学的エネルギー　4
力学的エネルギー保存則　4, 23
力学的状態　11
力学変数　93
離散ステップ　257
離心率　20
理想気体　55, 112
理想気体の状態方程式　61, 68
立体構造変化　69
粒子数　53
粒子の同種性　112
留数　133, 141, 252, 263
留数定理　134, 141, 142, 264
量子状態　73
量子統計　110
量子力学　72
量子力学的状態　73
臨界温度　59, 71, 111
臨界状態　59
臨界点　71

ルジャンドル多項式　48, 159, 189
ルジャンドル変換　64

励起スペクトル　118
零行列　163
連続極限　6, 257
連続体　6

ローレンツゲージ　35
ローレンツ力　32, 50
ロドリーグの公式　158, 159, 254

監修者略歴

香取 眞理
かとり まこと

1988年 東京大学大学院理学系研究科博士課程修了
現　在　中央大学教授　理学博士

主要著訳書
『複雑系を解く確率モデル』（講談社）
『統計力学』（裳華房）
『非平衡統計力学』（裳華房）
『Coherent Anomaly Method』（World Scientific，共著）
『科学技術者のための数学ハンドブック』（朝倉書店，共訳）
『物理数学の基礎』（サイエンス社，共著）
『統計物理学ハンドブック』（朝倉書店，共訳）
『問題例で深める物理』（サイエンス社，共著）
『Bessel Processes, Schramm–Loewner Evolution, and the Dyson Model』（Springer）
『例題から展開する力学』（サイエンス社，共著）
『例題から展開する電磁気学』（サイエンス社，共著）
『例題から展開する熱・統計力学』（サイエンス社，共著）

著者略歴

小林 奈央樹
こばやし なおき

2005年 中央大学大学院理工学研究科博士課程修了
現　在　日本大学生産工学部教養・基礎科学系教授　博士（理学）

森山 修
もりやま おさむ

1998年 中央大学大学院理工学研究科博士課程修了
現　在　中央大学理工学部講師　博士（理学）

主要著書
『例題から展開する力学』（サイエンス社，共著）
『例題から展開する電磁気学』（サイエンス社，共著）
『例題から展開する熱・統計力学』（サイエンス社，共著）

詳解と演習 大学院入試問題〈物理学〉

2016 年 3 月 10 日 ©　　　　　　初 版 発 行
2024 年 1 月 10 日　　　　　　　初版第 5 刷発行

監修者　香取眞理　　　　　発行者　矢沢和俊
著　者　小林奈央樹　　　　印刷者　山岡影光
　　　　森山　修　　　　　製本者　小西惠介

【発行】　株式会社　数 理 工 学 社
〒151-0051 東京都渋谷区千駄ヶ谷 1 丁目 3 番 25 号
☎ (03) 5474-8661（代）　　　　サイエンスビル

【発売】　株式会社　サ イ エ ン ス 社
〒151-0051 東京都渋谷区千駄ヶ谷 1 丁目 3 番 25 号
営業 ☎ (03) 5474-8500（代）　振替 00170-7-2387
FAX ☎ (03) 5474-8900

印刷 三美印刷　　製本 ブックアート

《検印省略》

本書の内容を無断で複写複製することは，著作者および
出版者の権利を侵害することがありますので，その場合
にはあらかじめ小社あて許諾をお求め下さい．

ISBN978-4-86481-036-4

PRINTED IN JAPAN

サイエンス社・数理工学社の
ホームページのご案内
http://www.saiensu.co.jp
ご意見・ご要望は
suuri@saiensu.co.jp まで．

━━━ ライブラリ 物理の演習しよう ━━━

演習しよう 力学
これでマスター！ 学期末・大学院入試問題
鈴木監修　松永・須田共著　2色刷・A5・本体2200円

演習しよう 電磁気学
これでマスター！ 学期末・大学院入試問題
鈴木監修　羽部・榎本共著　2色刷・A5・本体2200円

演習しよう 量子力学
これでマスター！ 学期末・大学院入試問題
鈴木・大谷共著　2色刷・A5・本体2450円

演習しよう 熱・統計力学
これでマスター！ 学期末・大学院入試問題
鈴木監修　北著　2色刷・A5・本体2000円

演習しよう 物理数学
これでマスター！ 学期末・大学院入試問題
鈴木監修　引原著　2色刷・A5・本体2400円

演習しよう 振動・波動
これでマスター！ 学期末・大学院入試問題
鈴木監修　引原著　2色刷・A5・本体1800円

＊表示価格は全て税抜きです．

━━━ 発行・数理工学社／発売・サイエンス社 ━━━

━━━ 大学院入試問題 ━━━

詳解と演習
大学院入試問題〈数学〉
大学数学の理解を深めよう

海老原・太田共著　Ａ５・本体2350円

解法と演習
工学・理学系大学院入試問題
〈数学・物理学〉[第2版]

陳・姫野共著　Ａ５・本体3300円

大学院入試問題 解法と演習
電気・電子・通信Ⅱ，Ⅲ

姫野俊一著　Ａ５・Ⅱ：本体2950円
Ⅲ：本体2800円

＊表示価格は全て税抜きです．

━━━ 発行・数理工学社／発売・サイエンス社 ━━━

━━━━━━ 大学院入試問題 ━━━━━━

演習 大学院入試問題
［数学］I, II ＜第3版＞
姫野・陳共著　Ａ５・I：本体2850円
II：本体2550円

演習 大学院入試問題
［物理学］I, II ＜第3版＞
姫野俊一著　Ａ５・本体各2980円

＊表示価格は全て税抜きです．

━━━━━━ サイエンス社 ━━━━━━